超导电缆及其工程应用

宗曦华　著

机械工业出版社

本书从电力电缆以及电力用户的视角，对超导电缆的结构、超导电缆系统的组成、超导电缆工程设计和运行等方面进行了介绍，旨在讲解有关超导电缆的设计、安装和运行的基本知识，也反映了当前国内外高温超导电缆的研究和应用水平。

本书为超导电缆的技术专著，全书共 8 章，分别阐述了超导电缆系统的主要应用领域、主要结构和基本组成元件；介绍了超导电缆系统的工程设计方法，以及超导电缆工程的敷设、安装、试验及运维等相关内容。

本书可作为从事超导电缆及其附件研究开发、制造以及超导电缆系统设计、敷设安装、运行维护等专业人员的参考用书，也适合从事超导电缆应用研究的专业技术人员参考阅读。

图书在版编目（CIP）数据

超导电缆及其工程应用 / 宗曦华著. -- 北京：机械工业出版社，2024. 12. -- ISBN 978-7-111-76840-1

Ⅰ. TM249

中国国家版本馆 CIP 数据核字第2024JL3478 号

机械工业出版社（北京市百万庄大街 22 号　邮政编码 100037）

策划编辑：翟天睿　　责任编辑：翟天睿

责任校对：曹若菲　王　延　　封面设计：马若濛

责任印制：常天培

固安县铭成印刷有限公司印刷

2025 年 1 月第 1 版第 1 次印刷

169mm×239mm · 15 印张 · 292 千字

标准书号：ISBN 978-7-111-76840-1

定价：99.00 元

电话服务　　网络服务

客服电话：010-88361066　　机　工　官　网：www.cmpbook.com

010-88379833　　机　工　官　博：weibo.com/cmp1952

010-68326294　　金　书　网：www.golden-book.com

封底无防伪标均为盗版　　机工教育服务网：www.cmpedu.com

前　言

在电能传输中，电力电缆扮演着非常重要的角色。随着社会发展的不断进步，用电需求不断增加，如何提高电力电缆输电容量、降低输电损耗、提高电力电缆系统可靠性、降低电力电缆全寿命周期碳排放，以及电缆的智能制造、服役状态在线监测等，是电力电缆领域研究发展的方向。自从超导电性被发现以来，由于超导材料的零电阻特性有助于降低电能在传输过程中的损耗，因此实用化超导材料及超导电缆的研究一直吸引着广大科研工作者的目光。

20 世纪 60 年代，人们制备出可实用化的 NbTi 和 Nb_3Sn 低温超导线材，超导电缆和超导磁体技术都得到了长足的发展。原机械工业部上海电缆研究所也在 20 世纪 80 年代开发出了低温超导电缆样品，与常规电力电缆相比，低温超导电缆虽然能以较低的交流损耗传输更高的电流，但是由于超导材料工作在 4.2K 的液氦温度，在整体经济性上没有明显的优势，且技术成本、维护成本增加，所以低温超导电缆应用没有取得实质性进展。

1986 年，临界温度大于 20K 的高温超导材料被发现，到 20 世纪 90 年代后期，高温超导带材进入商业化阶段，极大地推动了超导电力技术的发展，世界上相关国家相继开发出了超导电力电缆、超导故障电流限制器、超导变压器、超导电机、超导储能等超导电力装置样机，开展了多条超导电缆试验和示范工程线路，为超导电力技术的大规模应用奠定了基础。

超导电力技术属于当前高新科学技术的重要研究领域，具有重要的应用价值，也是未来智能电网的重要研究内容之一。在众多的超导电力装置中，由于超导电缆的技术成熟度相对较高、对整个超导产业链的推动力较强、能在城市电网智能化改造中发挥重要作用等原因，超导电缆及其工程应用一直是超导电力技术研究的重点。

本书从电力电缆以及电力用户的视角，对超导电缆的结构、超导电缆系统的组成、超导电缆工程设计和运行等方面进行了介绍，旨在讲解有关超导电缆的设计、安装和运行的基本知识，也反映了当前国内外高温超导电缆的研究和应用水平。

与电力电缆相关的知识涉及许多专业，加上超导电缆还处于大规模商业化进程之中，很难将超导电缆的相关内容一一详尽描述清楚。在本书撰写的过程中，作者参考并引用了国内外一些电力电缆、超导电力技术相关的研究成果和书目，书中所列参考文献或许对希望深入了解的读者有所帮助，在此谨对这些成果的著作权人表示衷心的感谢和诚挚的敬意。感谢上海国际超导科技有限公司的张智勇先生、韩云武先生、张大义先生、王天龙先生、黄逸佳先生、余静薇女士等在本书编写过程中给予的大力支持和帮助。

限于作者学识有限、经验不足，书中难免存在疏漏和不妥之处，敬请广大读者批评指正。

宗曦华

目 录

第1章　超导电缆概述

1.1　超导技术

1.1.1　超导现象及其基本特征

1. 零电阻特性

超导现象是指超导体在一定条件下电阻消失的现象。1911 年，荷兰物理学家海克・卡麦林・昂尼斯首次在液氦温度 4.2K 发现纯汞（Hg）的超导现象。之后进一步开展了著名的永恒电流试验，即通过在铅制超导线圈中激发 0.6A 的电流，经过 1h 后，超导线圈的电流没有衰减。多位科学家用不同的方式，改进和重复了该试验，验证了超导材料的零电阻特性。

2. 迈斯纳效应

1933 年，德国物理学家华尔特·迈斯纳等人发现，当材料变为超导态后，其内部的磁场被完全排除到材料外部，导致材料内部的磁场 B 保持为零（见图 1-1），该现象与材料转变为超导态前后外磁场的变化情况没有关系，因此超导材料的这种特性被称为迈斯纳（Meissner）效应。

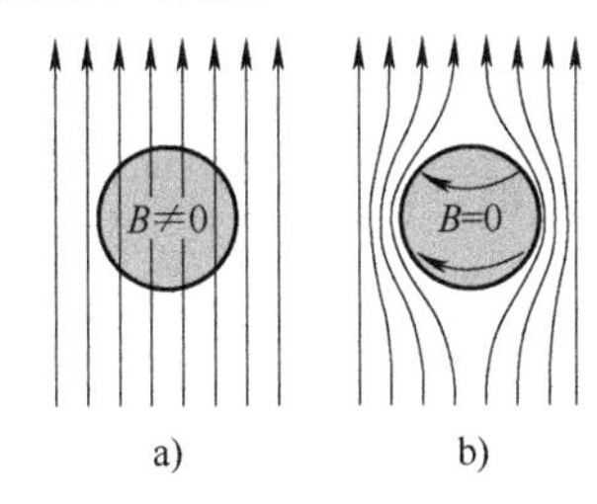

图 1-1　超导材料与常导材料在磁场下的磁力线分布

a）正常态时，磁力线可穿过超导体　　b）超导态时，超导体内磁场为零

3. 约瑟夫森效应

当两块超导体之间夹有一层很薄的绝缘层（或其他非超导材料）时，电子可以以电子对的形式通过量子力学的隧道效应，无阻地通过这个夹层。1962 年，英国牛津大学研究生 B.D.约瑟夫森首先从理论上对超导电子对的隧道效应作了预

言，因此该效应被称为约瑟夫森效应。约瑟夫森效应又包括直流约瑟夫森效应和交流约瑟夫森效应。约瑟夫森效应在量子线路中有许多重要的应用，例如超导量子干涉仪（SQUID）、超导量子计算以及快速单磁通量子（RSFQ）数字电子设备等。

4. 超导材料的临界特性

（1）临界温度　最早超导材料从正常态向超导态转变是通过不断地降低温度发现的，也就是说，超导材料只有在温度低于某个特定值时，才会拥有超导特性。使得超导材料从正常态转变为超导态的这个转变温度即为超导材料的临界温度，以 T_c 表示。与临界电流转变过程相似，随着温度降低，从正常态转变为超导态也是在一定温度间隔内完成的。这个温度间隔被称为转变宽度，以 ΔT_c 表示，ΔT_c 的大小取决于材料的纯度，晶体的完整性和样品内部的应力状态等因素。高纯、单晶、无应力的金属超导体样品转变宽度小于 10^{-3}K㊀，而常见的实用高温超导材料由于内部的不均匀性等原因，其转变宽度通常在 0.5～1K。

（2）临界电流密度与临界电流　试验发现，超导体无阻通过电流的能力是有上限的，当超导体内通过的电流密度超过临界值 J_c 时，超导体将恢复到正常态。这个电流密度的临界值被称为超导体的临界电流密度，一般以 J_c 表示。对于实际应用的超导带材、线材、电缆等，出于使用方便，一般用临界电流来表示无阻电流的上限值，以 I_c 表示。不同超导材料从超导态转变为正常态的速度是不一样的，对于大多数金属元素超导体，超导态到正常态的转变是突变的，对于合金超导材料、化合物超导材料，电阻的恢复相对较为缓慢，随着电流密度的增加，渐变到正常态电阻。通常以 1μV/cm 作为超导态的判据，一般情况超导材料临界电流随温度、磁场的上升而单调递减。

与低温超导体不同，高温超导体是氧化物陶瓷，具有晶体特性和强烈的各向异性。高温超导体临界温度转变范围宽，临界电流密度与温度之间的关系为

$$\frac{J_c(T)}{J_c(0)}=\left(1-\frac{T}{T_c}\right)^x,\quad T<T_c \tag{1-1}$$

式中，$J_c(0)$代表绝对零度时材料的临界电流密度，是通过拟合获得的常数。

常用高温超导材料的临界温度与指数见表 1-1。

表 1-1　常用高温超导材料的临界温度与指数

超导材料	临界温度 T_c/K	指数 x
Bi2223	105～110	1.4
YBCO	93	1.2

㊀ $\frac{t}{℃}=\frac{T}{K}=-273.15$。

5. 临界磁场

1914 年，昂纳斯发现给超导体施加较大的外磁场会使超导体产生电阻，恢复正常态。使得超导体失去超导电性的磁场强度临界值即为超导材料的临界磁场强度，以 H_c 表示。在小于 T_c 的温度下，H_c 是一个随温度降低而升高的函数，其近似表达式为

$$H_c(T) = H_c(0)\left(1-\frac{T}{T_c}\right)^2 \tag{1-2}$$

与临界温度 T_c 类似，超导体在临界磁场强度附近的超导-正常态转变也存在转变宽度。如图 1-2 所示，对于Ⅰ类超导体，当磁场大于临界磁场即为正常态，磁力线正常穿透超导体，小于临界磁场即为迈斯纳态，磁力线完全排除到超导体之外；对于Ⅱ类超导体，在迈斯纳态与正常态之间还存在混合态，混合态的下边界为下临界磁场，以 H_{c1} 表示，上边界为上临界磁场，以 H_{c2} 表示。

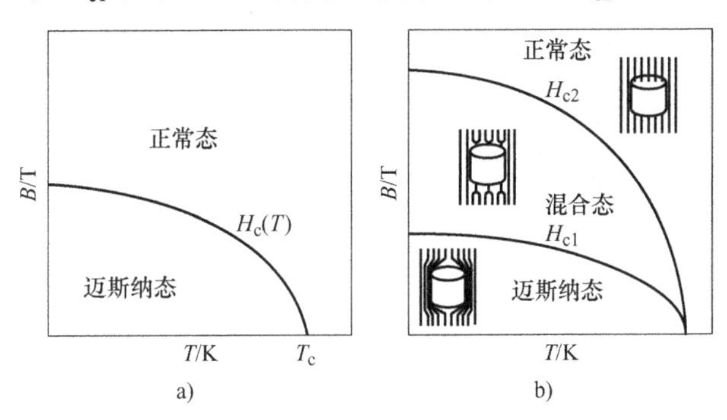

图 1-2　超导体的临界磁场随温度的变化关系

a）Ⅰ类超导体　　b）Ⅱ类超导体

6. 不可逆场

不可逆场是指当磁场小于某个值时，超导材料对通过其的磁通存在钉扎效应，磁化不可逆。反之，当磁场大于这个值时，钉扎力消失，此时，若超导材料通过电流就会引起磁通开始流动并产生损耗。这个磁场即为不可逆场，用 H_{ir} 表示。不可逆场也是与温度相关，且不可逆场小于上临界磁场，如图 1-3 所示。

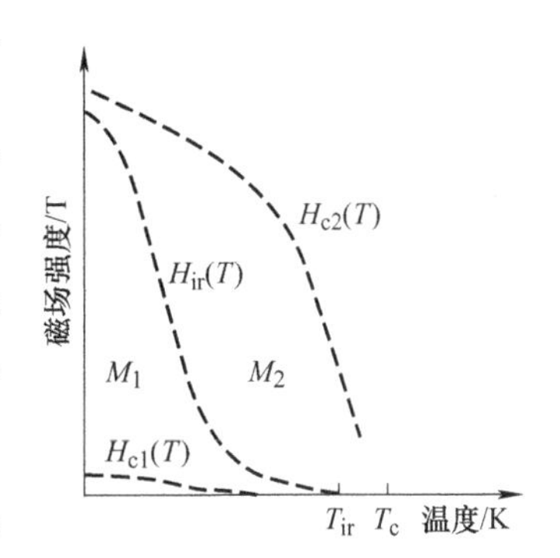

图 1-3　导体的临界磁场和不可逆磁场示意图

1.1.2　超导材料分类

按照临界温度分类，超导材料可分为低温超导材料和高温超导材料。由于早期发现的超导材料临界温度都非常低，一般需要用液氦（4.2K）进行冷却，

因此以液氖温度（约 25K）作为高低温超导材料的分界线，目前学术上一般仍沿用该标准。随着更高临界温度超导材料的发现，尤其是以 YBCO 和 BSCCO 为代表的临界温度高于液氮（77K，约-196℃）的超导材料的发现，工程应用领域越来越多地采用 77K 作为高低温超导材料的分界线，本书也将以 77K 作为高温超导体与低温超导体的分界线。目前低温超导体主要应用于大型超导磁体，如可控核聚变磁体、核磁共振磁体等，产业较为成熟。高温超导体由于超导接头技术的限制，在大型磁体应用方面存在一定技术难度，目前主要应用于超导电缆、超导电机、超导变压器等领域，不过由于更高不可逆场等突出优势，高温超导材料在更高场强的超导磁体和紧凑型可控核聚变等领域拥有很好的应用前景。

按照磁场穿透深度分类，超导材料可分为Ⅰ类超导材料和Ⅱ类超导材料。Ⅰ类超导材料在失超之前，不允许磁力线穿过，内部处处为零。Ⅱ类超导材料在外磁场较小时不允许磁力线穿过，但随着磁场强度增加，逐步允许部分磁力线穿过。穿过的区域转为正常态，未穿过的区域仍保持超导态，整体上为正常态和超导态相间的混合状态。

图 1-4 和图 1-5 分别展示了Ⅰ类超导材料和Ⅱ超导材料的磁化曲线及其相图。

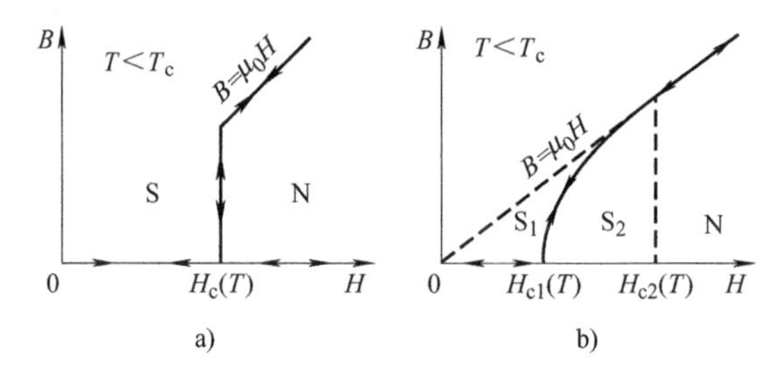

图 1-4　超导材料磁化曲线

a）Ⅰ类超导材料　b）Ⅱ类超导材料

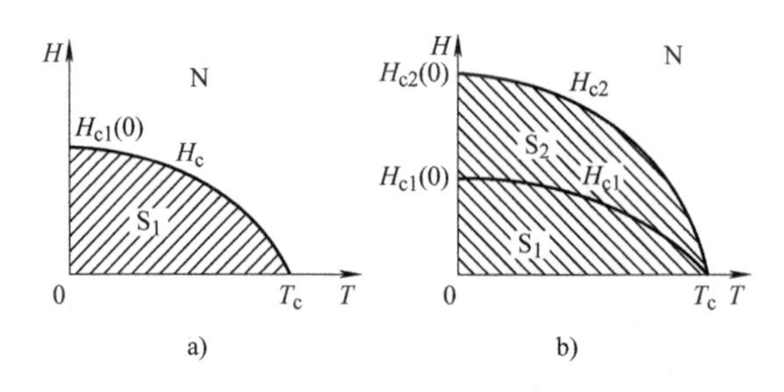

图 1-5　超导体的相图

a）Ⅰ类超导材料　b）Ⅱ类超导材料

由于Ⅰ类超导材料内部磁通必须为零，所以内部无法通过电流，仅在表面约 10^{-6}cm 范围内可以承载电流，所以Ⅰ类超导材料在超导输电和超导磁体领域基本没有应用价值。

Ⅱ类超导材料可以进一步分为理想Ⅱ类超导材料和非理想Ⅱ类超导材料。理想Ⅱ类超导体的磁化曲线是可逆的，不存在磁通钉扎中心，超导体内没有电流通过，这与Ⅰ类超导材料相似。因此理想Ⅱ类超导材料也不具备实用价值。非理想Ⅱ类超导材料由于体内缺陷、杂相等，其内部存在磁通钉扎中心，磁场可以保留在超导体内部，材料整体具有传输电流的能力。目前所有实用的超导材料都是非理想Ⅱ类超导材料。

按照化学成分分类，超导材料可以分为金属超导材料、陶瓷超导材料、有机超导材料等。其中金属超导材料又可进一步分为元素超导材料、合金超导材料和化合物超导材料。在常压下，有 28 种元素具有超导电性，如铌（Nb）和铅（Pb）。其中，铌的临界温度（T_c）较高，为 9.26K，因此在实际应用中，如制造超导交流电力电缆和高 Q 值谐振腔等方面，铌和铅得到了广泛应用。合金超导材料是指超导元素与其他元素结合形成具有超导电性的合金。合金超导体的临界温度和临界磁场等特性通常优于单一元素超导体。目前在超导磁体中广泛使用的 NbTi 是合金超导材料的典型代表。化合物超导材料是指由多种元素化合而成的具有超导电性的材料。这类超导体在超导材料领域中占据了重要的地位。并因其独特的性能和广泛的应用前景而备受关注。典型的化合物超导体包括 Nb_3Sn、V_3Ga 和 Nb_3Al 等。

陶瓷超导材料是指具有陶瓷性质的超导材料，其主要代表有 YBCO（钇钡铜氧）、LBCO（镧钡铜氧）和 BSCCO（铋锶钙铜氧）等。陶瓷超导材料由于其优异的超导性能，具有很好的产业化应用前景，比如 BSCCO 与 YBCO 均已在超导电缆、超导限流器和超导磁体中取得了很好的应用。为克服其脆性，人们一般将其细丝化或采用薄膜外延生长技术将其制成实用化的超导带材。

有机超导材料是指一类含有碳或碳氢元素的化合物超导材料，其主要代表有 Cs_3C_{60}、$K_xC_{22}H_{14}$ 等。

1.1.3　超导材料及理论的发展概况

自超导现象被发现以来，共发现可以具备超导性质的材料已超千种，超导体的发现经历了从简单到复杂，即由一元系到二元系，以及多元系的过程。在 1911～1932 年间，以研究元素超导为主，除 Hg 以外，又发现了 Pb、Sn、Nb 等众多的金属元素超导体。在 1932～1953 年间，则发现了许多具有超导电性的合金，以及 NaCl 结构的过渡金属碳化合物和氮化物，临界转变温度（T_c）得到了进一步提高。随后，在 1953～1973 年间，发现了如 T_c＞17K 的 Nb_3Sn 等超导体。其中，1973 年 Nb_3Ge 的发现，使 T_c 的最高纪录上升到 23.2K。但在 1986 年以前，超导材料的 T_c 都低于液氖温度（约 25K），一般需要在昂贵的液氦（4.2K）环境中工作。由于液氦制冷的方法昂贵且不方便，因此严重限制了其大规模发展。

早期发现的超导材料主要集中在单元素材料和合金材料，其临界温度均低于液氖温度（约 25K）。直到 1986 年，Bednorz 和 Muller 发现了临界温度达 30K 的 LaBaCuO，引来了高温超导材料研究的热潮。1987 年，赵忠贤和朱经武分别宣布制成 T_c 约为 90K（-183℃）的超导材料钇钡铜氧（YBCO），将超导材料临界温度提升到液氮温度（77K）以上，大幅度降低了制冷门槛和成本，再次掀起了超导研究热潮。1988 年初，法国的米歇尔（Michel）等人发现了铋-锶-钙-铜-氧（Bi-Sr-Ca-Cu-O）氧化物超导体，T_c 达到了 110K。同年，盛正直等人发现了 Ti-Ba-Ca-Cu-O 超导体。1993 年，Pelloquin 等人发现了 Hg-Ba-Ca-Cu-O 超导体，T_c 达 135K。2001 年 1 月，Nagamatsu 等人发现了二硼化镁（MgB_2）超导体，临界转变温度达到 39K，是临界温度最高的二元化合物超导体，其发现也引起了广泛的研究兴趣。

2006 年，Hosono 研究小组在 LaOFeP 中首次探测到超导电性，揭开了铁基超导材料研究的序幕，但 LaOFeP 较低的转变温度（T_c 约 4K）并未引起广泛关注。直到 2008 年，他们通过氧位氟（F）掺杂的方式在 $LaFeAsO_{1-x}F_x$ 中实现了高达 26K 的超导电性，这一突破性研究引发了铁基超导体的研究热潮。同年，赵忠贤等科学家采用稀土替代和高压方法，成功将 T_c 提升至 40K 以上，并优化至 55K。此后，铁基超导体的研究取得了快速进展。2009 年，使用纯 Fe 管作为原料，通过 PIT 法制备了 Fe(Se，Te)超导带材。到了 2012 年，通过分子束外延生长技术，成功制备了单层 FeSe 薄膜，其 T_c 更是达到了 77K。随着研究的深入，铁基超导材料的制备技术也在不断优化。2015 年，Mitchell 等人采用氨热法优化合成了硒化铁基超导粉末，并制备出 Ba 插层的类 122 结构的 $Ba(NH_3)Fe_2Se_2$ 线材。到了 2018 年，日本东京大学的研究人员利用 PIT 法制备了 $CaKFe_4As_4$ 圆线，并通过热等静压技术使其 J_c 在 4.2K 时达到了 $100kA/cm^2$，这一成果几乎达到了实际应用水平。2021 年，Yuan 等人通过 Co 掺杂生长出了高质量的Ⅱ型铁基超导单晶，进一步证明了铁基超导材料在信息储存领域的潜在应用。相较于铜氧化物超导体，铁基超导材料因其良好的金属性、高 T_c、极高的上临界磁场、较小的各向异性以及可采用低成本 PIT 法制备等特点备受科学家们的青睐。

自 1964 年，Little 率先理论预测了有机物中也存在超导体，且其超导转变温度（T_c）理论上甚至可以达到室温。1980 年，Jerome 等人成功发现了首个有机体系的超导材料，即四甲基四硒富瓦烯[$(TMTSF)_2PF_6$]，尽管其 T_c 仅为 0.9K，但这一突破性的发现为有机超导体的研究打开了新的大门。1987 年底，Urayama 等人成功合成了 T_c 高于 10K 的有机超导体$(BEDT\text{-}TTF)_2Cu(SCN)_2$。1989 年，Ishigoro 和 Anzai 对当时有机超导体的发展进行了详尽的整理，在他们的论文中，列出了多达 31 个有机超导体的例子。然而，在论文发表后不到两年的时间内，又有 9 个新的有机超导体被相继发现，其中 T_c 更是提高至 12.5K。1991 年，Ebbesen 等人通过碱金属掺杂 C_{60} 单晶的创新方法，成功制备了一系列 T_c 较高的超导材料，其

中 Cs_3C_{60} 的 T_c 达到了 40K。进入 21 世纪，Schon 等人通过 $CHCl_3$ 和 $CHBr_3$ 插层拓展 C_{60} 单晶的方法，成功制备了具有多孔表面的 C_{60} 单晶，其 T_c 高达 117K，这一成果不仅展示了有机超导体的巨大潜力，也为后续的研究提供了宝贵的经验。2014 年，科学家基于相关理论预测 H_3S 在 200GPa 时的 T_c 可达 203K，并在 2015 年得到验证，远超之前 164K 的纪录。预测的 LaH_{10}、YH_9 和 YH_6 相继被高压试验制备，试验测得 T_c 分别高达 250～260K、243K 和 227K。目前除了 REH_6 中已知的 H_{24} 的氢笼结构外，还预测了 REH_9 和 REH_{10} 氢化物中存在富含 H 的 H_{29} 和 H_{32} 两种氢笼结构。其中具有 H_{32} 氢笼结构的 YH_{10} 被预测在 400GPa 下 T_c 值高达 303K，是潜在的室温超导体。

尽管有机物超导材料以其密度低、质量轻等优点展现出了巨大的实用潜力，但制备困难、易氧化变质、不易保存等问题仍是当前面临的主要挑战。目前，科学家们仍在不断探索具有高 T_c 且实用能力强的有机超导材料，以期在未来能够实现其在实际应用中的广泛推广和应用。

超导理论方面，1934 年高特和卡西米尔提出了超导电性的热力学二流体模型，他们认为在超导体中存在正常电子和高度有序化的超导电子，温度降低时，正常电子凝聚为超导电子。1935 年，伦敦兄弟在二流体模型基础上，提出了伦敦理论。伦敦理论合理解释了零电阻现象和迈斯纳效应，并成功地预言了磁场穿透现象。1950 年，苏联科学家金兹堡（V.I.Ginzburg）和朗道（I.D.Landau）在朗道二级变理论的基础上，综合了超导体的电动力学、量子力学和热力学性质，提出了金兹堡-朗道理论，即 G-L 方程来描述超导现象，G-L 方程是研究超导材料非均匀性的有力工具，也预测了超导体具有宏观量子现象，并解决了磁场穿透深度、界面能等问题。1957 年，在前述理论的基础上，巴丁（J.Bardeen）、库珀（L.N.Cooper）和施瑞弗（J.R.Schriemer）三人提出了系统的超导微观理论，称为 BCS 理论。该理论从微观角度阐明了出现超导电性的原因、超导电子的微观形态和相关的超导电性微观规律，解释了很多超导现象，被大家所接受，然而 BCS 理论对高温超导现象仍然无法很好地解释，因此超导理论的研究仍然非常值得期待。

1.1.4 实用化超导材料

早在 1913 年，昂内斯就提出了制造 10T 超导磁体的设想，然而由于早期发现的超导材料都是 I 类超导体，所以设想始终没有实现。最早的超导材料应用是 1955 年用 Nb 线绕制的线圈，在 4.2K 温度下，其中心磁场为 0.71T。1961 年，Kunzler 等人用 Nb_3Sn 线绕制了 8.8T 的超导磁体，随后他们又研制出 10T 的超导磁体，也就是说，过了将近 50 年，昂内斯的梦想才得以实现。

超导材料的实用化，大体上需要满足以下条件：

1）高临界参量的获得；

2）成材技术的实现；

3）基于热、电（磁）和机械稳定性的实用化超导带/线材的制备。

尽管迄今为止已有上千种超导体被发现，但是真正具有实用价值的超导材料只有以下几种，即 NbTi、Nb_3Sn、MgB_2、铜基氧化物高温超导材料（Bi-2223、Bi-2212 和 YBCO）以及新型铁基超导材料。

1. NbTi 超导材料

在超导材料的研究与应用领域中，NbTi 超导材料占据了举足轻重的地位。其超导转变温度为 9K，液氦温度下的上临界磁场高达 12T，这使得 NbTi 超导材料在低温超导领域具有广泛的应用前景。NbTi 超导体的制造过程一般包括熔炼合金、集束拉拔工艺和时效热处理冷加工等。确保了材料从 β 单相合金转变为具有强钉扎中心的两相（$\alpha+\beta$）合金结构，其中 α 析出相作为钉扎中心，显著提高了材料的临界电流密度。经过长期的研究与优化，20 世纪 90 年代初，NbTi 超导线材的临界电流密度已达到 3000A/mm^2（5T，4.2K），这一卓越性能和成熟工艺带来的低廉价格奠定了其在超导材料领域的领先地位。其优异的中低磁场超导性能、良好的机械性能和加工性能，使得 NbTi 超导线材在实践中获得了大规模应用，占据了整个超导材料市场 90%以上的份额。无论是核磁共振成像（Magnetic Resonance Imaging，MRI）仪、核磁共振波谱（Nuclear Magnetic Resonance，NMR）仪，还是大型粒子加速器的制造，NbTi 超导线材都发挥着不可或缺的作用。

2. Nb_3Sn 超导材料

Nb_3Sn 的超导转变温度为 18K，液氦温度下，上临界磁场高达 22.5T。Nb_3Sn 超导线材的制备方法主要聚焦于内锡法和青铜法，两种方法各具特色，并在不同领域中展现出其独特的价值。内锡法 Nb_3Sn 超导线材以其较高的临界电流密度而备受瞩目。然而，这种方法的局限性在于芯丝之间的耦合现象较为严重，从而导致了交流损耗的增加。尽管如此，其在需要高电流密度的特定应用中仍具有不可替代的地位。青铜法 Nb_3Sn 超导线材则以其适中的临界电流密度和低交流损耗而受到青睐。

3. MgB_2 超导材料

MgB_2 超导体的超导转变温度为 39K，是已发现的转变温度最高的金属间化合物超导体。自 2001 年被发现以来就备受业界的关注。由于其具有临界温度高、相干长度大、晶界不存在弱连接、材料成本低、加工性能好等优点，MgB_2 超导体可用于磁共振成像系统、特殊电缆、风力发电机以及空间系统驱动电动机等领域。

4. $Bi_2Sr_2CaCu_2O_8$ 超导材料

$Bi_2Sr_2CaCu_2O_8$（简称 Bi-2212）材料的超导转变温度为 85～90K，液氦温区下，即便在很高的背景磁场下仍具有较高的临界电流密度，是高磁场下（＞25T）

最具有应用前景的高温超导材料之一。Bi-2212 线材可采用粉末装管法，经过旋锻、拉拔加工成具有各向同性圆形截面的线材。Bi-2212 的圆线结构使其更容易实现多芯化和电缆绞制，从而降低交流损耗，相比其他矩形截面的高温超导材料，更有利于制备管内电缆导体、卢瑟福电缆和螺线管线圈。

5. $Bi_2Sr_2Ca_2Cu_3O_{10}$ 超导材料

$Bi_2Sr_2Ca_2Cu_3O_{10}$（简称 Bi-2223）材料的超导转变温度为 108～110K，是目前转变温度最高的实用化高温超导材料。Bi-2223 为层状晶体结构，具有很强的各向异性。Bi-2223 带材采用粉末装管法，经过旋锻、拉拔、轧制和热处理加工成带材，是最早实现批量化制备的实用化高温超导材料，一般也被称为第一代高温超导材料。早期的制备工艺由于结构致密性不足等原因，经液氮浸泡后容易出现鼓包等问题，导致超导性能受到破坏，目前通过工艺改进，在热处理过程中引入可控高压热处理技术，较好地解决了上述问题，同时还大幅度提升了带材的临界电流性能。德国埃森（Essen）市挂网运行的超导电缆，很好地验证了该工艺超导带材的长期稳定运行的能力。

6. $REBa_2Cu_3O_{7-x}$ 超导材料

$REBa_2Cu_3O_{7-x}$（简称 REBCO，其中 RE 表示 Y、Sm、Gd 等稀土元素）材料虽然是最早发现的可在液氮温区工作的超导材料，但早期因为没有合适的加工工艺，所以无法推广应用。1995 年，美国在 Ni 合金基带上，先用低能离子束辅助沉积（Ion Beam Assisted Deposition，IBAD）法沉积一层晶粒双取向的 YSZ 膜，再用激光沉积上层 YBCO 膜，该层 YBCO 膜是在双取向 YSZ 膜上外延生长的，因此也是晶粒双取向的。这种双取向 YBCO 膜在三维方向基本都消灭了晶界弱连接，解决了陶瓷性铜氧高温超导体的晶界弱连接和机械加工难等问题，YBCO 固有的优异的电磁性能得以发挥。大家把这种在薄的金属基带上使用涂层技术外延生长超导薄膜的超导带材称为二代高温超导带材。目前商业化的二代高温超导带材往往采用由金属基带、缓冲层、REBCO 超导层、保护层等多层复合结构。由于二代高温超导带材具有极高的综合性能，因此使其成为目前高温超导材料产业化的热门研究方向。经过近 30 年的研究，目前二代高温超导带材的制备工艺主要有金属有机沉积（Metal Organic Deposition，MOD）、脉冲激光沉积（Pulsed Laser Deposition，PLD）、金属有机化学气相沉积（Metal-Organic Chemical Vapor Deposition，MOCVD）和反应电子束共蒸发-沉积（Reactive Co-Evaporation Deposition Reaction，RCE-DR）工艺等。

7. 铁基超导材料

自 2008 年铁基超导体被发现以来，已相继发现了上百种铁基超导材料，这些超导体的晶体结构均为层状，都含有 Fe 和氮族（P、As）或硫族元素（S、Se、Te），Fe 离子为上下两层正方点阵排列方式，氮族或硫族离子层被夹在 Fe 离子层间。按照导电层以及为导电层提供载流子的载流子库层交叉堆叠方式和载流子库层的不同形成机制，主要分为1111体系（如SmOFeAsF、NdOFeAsF等）、122体系（如BaKFeAs、SrKFeAs等）、111体系（如LiFeAs）、11体系（如FeSe和FeSeTe）以及以1144相等为代表的新型结构超导体等体系。铁基超导体具有上临界场极高（100～250T）、各向异性较低（$1<\gamma_H<2$，122体系）、本征磁通钉扎能力强等许多明显的优势。自2008年以来，中国团队率先发现系列50K以上铁基高温超导体并创造55K的临界温度世界纪录。中国科学院电工研究所采用粉末装管法通过控制轧制织构和元素掺杂，在2013年制备出临界电流密度达到170A/mm^2（4.2K，10T）的铁基超导线材，证明了铁基超导材料在强电应用上的巨大潜力。经过工艺优化后，2018年他们将百米长线的临界电流密度提高至300A/mm^2（4.2K，10T），目前已经开始超导磁体的制备研究。

1.2 电力电缆基础

1.2.1 电力电缆概述

为了降低发电成本和提升供电的可靠性，现代的电力系统都是将分散的电力系统并网连接成一个大的电力系统整体运行。各类发电站将电能通过升压接入高电压的输电网络，输电网络再通过降压将电能接入配电网络，配电网络进一步通过降压将电能传输给一般用户。

电力电缆是电力系统主网的主要元件，是电能传输的通道。一般情况下，电力电缆通过直埋、排管、电缆沟和隧道等方式敷设于地下。由于不占用地面空间，所以隐蔽性较高且受外部环境条件的影响较小，电力电缆一般应用于城市电网、大型工厂和国防工程等。

传统电力电缆的品种和规格有上千种之多，分类方法多种多样。通常按照电缆的绝缘和结构不同，可分为纸绝缘电缆、挤包绝缘电缆和压力电缆三大类。其中纸绝缘电缆是绕包绝缘纸带后浸渍绝缘剂（油类）作为绝缘的电缆。挤包绝缘电缆又称为固体挤压聚合电缆，它是以热塑性或热固性材料挤包形成绝缘的电缆。挤包绝缘材料主要有聚氯乙烯（PVC）、聚乙烯（PE）、交联聚乙烯（XLPE）和乙丙橡胶（EPR）等。压力电缆是在电缆中充以能够流动，并具有一定压力的绝缘油或气的电缆。

电力电缆主要由三大部分组成：

1）导体：传输电流；

2）绝缘层：承受电压，起绝缘作用；

3）外护层：保护电缆绝缘不受外界环境境影响和防止机械损伤等。

电缆导体一般由具有较高电导率的铜、铝或者合金材料制成。电缆导体的作用是传输电流，由于电阻的存在，传输电流时导体会产生焦耳热，造成电能损耗和导体温度上升，导体的损耗主要由导体截面和导体材料电导率决定。

电缆绝缘层采用具有较高击穿场强、高绝缘电阻，具备一定柔软性和机械强度的材料制成。电缆绝缘的作用是承受导体与保护层（接地）之间的电场。为增加电力电缆的输电容量，电缆导体一般运行于极高的对地电压下，因此导体与保护层之间由具有较高击穿场强的材料进行绝缘。电缆绝缘失效是电网事故的主要原因，绝缘失效将导致导体与保护层之间产生极大的击穿电流，释放巨大的能量，可能引发爆炸、火灾和连锁的电网故障。现有中高压电力电缆主要采用 XLPE 作为绝缘，其绝缘寿命取决于材料工艺、运行环境、运行场强和运行温度等。一般要求 XLPE 正常工作温度不得高于 90℃，短路故障下温度不得高于 250℃，否则将加速材料热老化，威胁电缆运行安全。

电缆外护层是包裹于电缆绝缘层外面的保护层。护层的主要作用是在敷设时保护电缆不受机械破坏，运行时保护电缆不受外部环境影响，对于有金属护层的电缆，金属护层还需要承担正常运行时的电容电流和短路故障时的故障电流。不同电压等级的电缆对保护层的要求不一样，一般低压电缆不需要考虑电容电流和故障电流，其护层主要作用就是机械保护。中压电缆的电容电流和故障电流相对较小，护层除了需要提供机械保护外，还需要有铜丝或者铜带来承担电流。高压及以上电压等级电缆的电容电流和故障电流较大，一般由具有较大截面的铝套等来承载电容电流和故障电流。

1.2.2　电力电缆主要性能参数

电力电缆关键性能参数主要包括导电缆载流量、绝缘电阻、电缆的电阻、电感和电容，以及正（负）序阻抗和零序阻抗等。

电缆载流量决定了电缆的输电能力。电缆载流量的大小除了与电缆自身的结构、材料有关外，还与电缆敷设方式接地方式和外部环境等有密切关系。电缆载流量可由以下公式进行计算：

$$I=\left\{\frac{\Delta\theta-W_{\mathrm{d}}\left[0.5T_1+n(T_2+T_3+T_4)\right]}{RT_1+nR(1+\lambda_1)T_2+nR(1+\lambda_1+\lambda_2)(T_3+T_4)}\right\}^{0.5} \tag{1-3}$$

式中　I ——一根导体中流过的电流，单位为 A；

$\Delta\theta$ ——高于环境温度的导体温升，单位为 K；

R ——最高工作温度下导体单位长度的交流电阻，单位为 Ω/m；

W_{d} ——导体绝缘单位长度的介质损耗，单位为 W/m；

T_1 ——一根导体和金属套之间单位长度热阻，单位为 K·m/W；

T_2 ——金属套和铠装之间内衬层单位长度热阻，单位为 K·m/W；

T_3 ——电缆外护层单位长度热阻，单位为 K · m/W；

T_4 ——电缆表面和周围介质之间单位长度热阻，单位为 K · m/W；

n ——电缆（等截面并载有相同负荷的导体）中载有负荷的导体数；

λ_1 ——电缆金属套损耗相对于所有导体总损耗的比例；

λ_2 ——电缆铠装损耗相对于所有导体总损耗的比例。

可以看出电缆载流量是在给定电缆最高允许运行温度的前提下，电缆自身发热与散热能力相平衡的结果。

一般情况下电力电缆最主要的发热来自电缆导体的焦耳热，影响散热能力的最主要因素是环境温度和外部热阻。由于每根电缆都是一个热源，因此在多根电缆一起敷设的情况下，相邻电缆相互加热，将使电缆载流量降低。另外，局部热源或者局部散热条件过于恶劣也会严重限制整根电缆的载流量，成为整根电缆载流量的瓶颈。

电缆的电阻是决定电缆输电损耗的最主要因素，电缆的直流电阻一般由以下公式进行计算：

$$R' = R_0 \times \left[1 + \alpha_{20}(\theta - 20)\right] \tag{1-4}$$

式中 R_0——20℃时导体的直流电阻，单位为 Ω/m（电力电缆行业对各截面的电缆的 R_0 值进行了标准要求，直接引用标准 GB/T 3956—2008）；

α_{20} ——20℃时材料温度系数；

θ ——导体工作温度（一般直接选取最高允许工作温度）。

单位长度电缆的交流电阻由以下公式给出：

$$R = R'(1 + Y_s + Y_p) \tag{1-5}$$

式中 R'——电缆的直流电阻，单位为 Ω/m；

Y_s ——趋肤效应因数；

Y_p ——邻近效应因数。

对于敷设于具有铁磁性通道或电缆周边具有铁磁性物质的情况，电缆交流电阻应进一步考虑电缆周边通道或物质的磁滞损耗引起的电阻增量。

电缆的电感保护有内感和外感两部分。电缆内感取决于电缆导体的结构和电流分布情况。对于电流分布均匀的实心导体，其单位长度的内感为 0.5×10^{-7}H/m。电缆外感取决于电缆回路距离、接地方式以及是否有铁磁性铠装等。

电缆的电容是电缆线路中的一个重要参数，它决定了电缆线路中电容电流的大小。在超高压电缆线路中，电容电流可能会达到可与电缆额定电流相比拟的数值，成为限制电缆容量及传输距离的因素。此外，它也是电缆绝缘本身的一个参数，可用来检查电缆工艺质量、绝缘质量的变化等。单位长度圆形单芯电缆电容可用以下公式表示：

$$C=\frac{2\pi\varepsilon_0\varepsilon}{\ln\frac{D_i}{D_c}}=\frac{2\pi\varepsilon_0\varepsilon}{\ln\frac{D_c+2\Delta t}{D_c}} \tag{1-6}$$

电缆绝缘电阻是电缆线芯到外部屏蔽之间的电阻，单位长度圆形单芯电缆绝缘电阻可用以下公式表示：

$$R_i=\int_{D_c/2}^{D_i/2}\frac{\rho_i}{2\pi x}dx=\frac{\rho_i}{2\pi}\ln\frac{D_i}{D_c}=\frac{\rho_i}{2\pi}\ln\frac{D_c+2\varDelta_i}{D_c} \tag{1-7}$$

计算电缆的工作绝缘电阻（交流泄漏电阻）或用交流电压测量电缆的绝缘电阻，ρ_i 取其相应频率下的数值。通常，绝缘电阻系数在交流情况下比直流情况下小得多，因此用直流测量电缆的绝缘电阻比用交流测量的高得多。实际上，电缆的工作绝缘电阻等于绝缘层承受电压的二次方除以绝缘层的介质损耗。

电缆常用绝缘材料的绝缘电阻系数与温度和测量时的电场强度有关，一般说来，它随温度和电场强度的上升而下降。电缆绝缘材料的绝缘电阻系数随温度和场强的关系一般可以用下列经验公式表示：

$$\rho_{i1}=\rho_{i0}\exp(-a\theta-bE) \tag{1-8}$$

式中　ρ_{i0} ——绝缘材料在 0℃时的绝缘电阻系数；

θ ——温度；

E ——电场强度；

a、b ——与绝缘材料性质有关的常数。

电气参数对电力电缆是至关重要的，它决定了电缆的传输性能和传输容量，这是由于容量主要取决于各部分的损耗发热，而损耗则是根据电气参数来计算的。相序阻抗是线路保护系统所依据的重要参数，直接影响着电网的安全运行。现普遍采用电气参数作为检查电缆质量和工艺的指标和依据。

1.2.3　电力电缆敷设方式

电缆敷设方式有直埋敷设、排管敷设、隧道敷设、电缆沟敷设等。不同敷设方式的施工技术要求不完全相同，所使用的机械设备也有所差异。

1. 直埋敷设

将电缆线路直接埋设在地面下的敷设方式称为电缆直埋敷设，埋设深度为 0.7～1.5m，电缆上面覆盖 15cm 细土，并用水泥盖板保护。直埋敷设适用于电缆线路不太密集的城市地下走廊，如市区人行道、公共绿地、建筑物边缘地带等。直埋敷设不需要大量的土建工程，施工周期较短，是一种较经济的敷设方式。直埋敷设的缺点是电缆较容易遭受机械性外力损伤，容易受到周围土壤的化学或电化学腐蚀，电缆故障修理或更换比较困难。

2. 排管敷设

将电缆敷设于预先建好的地下排管中的安装方式称为电缆排管敷设。排管敷设适用于交通比较繁忙、地下管网比较密集、敷设电缆条数较多的地段。在一些城市，排管敷设已成为仅次于直埋敷设而被广泛采用的敷设方式。排管和工井的位置一般在城市道路的非机动车道，也有的建设在人行道或机动车道上。在排管和工井的土建一次完成之后，安装相同路径的电缆线路，可以不再重复开挖路面。电缆置于管道中，基本消除了外力机械损坏的可能性，因此其外护层不需要铠装，但一般应有一层聚氯乙烯外护套。排管敷设的缺点是，土建工程投资较大，工期较长。管道中电缆发生故障时，需更换两座工井之间的一段电缆，修理费用较高。

3. 隧道敷设

将电缆线路敷设于已建成的电缆隧道中的安装方式称为电缆隧道敷设。电缆隧道是能够容纳较多电缆的地下土建设施。在隧道中有高 1.9～2.0m 的人行通道，有照明、通风和自动排水装置。隧道中可随时进行电缆安装和维修作业。

电缆敷设于隧道中，消除了外力损坏的可能性，对电缆安全运行十分有利。但隧道的建设投资较大，建设周期较长，是否选用隧道作为电缆通道，要进行综合因素考量。电缆隧道适用的场合有大型电厂或变电所，进出线电缆在 20 根以上的区段；电缆并列敷设在 20 根以上的城市道路；有多回路高压电缆从同一地段跨越内河。

（1）电缆固定　在电缆隧道中，多芯电缆安装在金属支架上，一般可以不做机械固定，但单芯电缆则必须固定。因为当发生短路故障时，由于电动力作用，单芯电缆之间所产生的相互排斥力，可能导致很长一段电缆从支架上移位，以致引起电缆损伤。

从电缆热机械特性考虑，电缆在隧道支架上和竖井中应采用蛇形方式，并使用可移动的夹具将电缆固定。

（2）防火措施　敷设在隧道中的电缆应满足防火要求，例如具有不延燃的外护套或裸钢带铠装，重要的线路应选用具有阻燃外护套的电缆等。隧道中应有火灾报警设施和自动灭火系统。在隧道中，电缆防火措施还常以 50%正搭盖方式包绕防火带两层（高压电缆防火带用量约为 lkg/m），或采用防火槽盒，将电缆置于全密封防火槽盒中，可有效地防止火灾蔓延。此外，还需要有常规消防设施，如在隧道中每隔 50m 设置沙桶，在竖井中分层设置灭火机等。

4. 电缆沟敷设

将电缆敷设在预先建成的电缆沟中的安装方式称为电缆沟敷设。电缆沟敷设适用于发电厂及变电所内、工厂厂区或城市人行道，或并列安装多根电缆的场所。根据敷设电缆的数量，可在沟的双侧或单侧装置支架，电缆敷设后应固定在支架上。在支架之间或支架的沟壁之间应留有一定宽度的通道，见表 1-2。电缆沟中敷设的电缆应满足防火要求，例如具有不延燃的外护层或裸钢带铠装，重要的线路应选用具有阻燃外护套的电缆等。电缆沟敷设的缺点是沟内容易积水、积污，而且清除不方便。由于电缆沟一般离地面较近，空气散热条件差，因而其电缆允许载流量比直埋敷设低。

表 1-2　电缆沟内最小允许距离

名　称		最小允许距离/mm
两侧有电缆支架时的通道宽度		500
单侧有电缆支架时的通道宽度		450
电力电缆之间的水平净距离		不小于电缆外径
电缆支架的层间净距离	电缆为 20kV 及以下	200
	电缆为 20kV 及以上	250
	电缆在防火槽盒内	1.6 倍槽盒高度

1.3　超导电缆

1.3.1　超导电缆发展概述

超导电缆是采用超导材料作为电缆导体的电力电缆。超导材料是指具有在特定的低温条件下电阻等于零的材料。现有超导材料在自然条件下不具备超导能力，只有当温度低于某个临界值（临界温度）时，电阻才会消失。由于超导材料的零电阻特性，自超导材料被发现以来，人们就对其应用于电力电缆保持着极高的兴趣。早期超导电缆结构如图 1-6 所示，早期的超导电缆（低温超导电缆）由于所用超导材料临界温度极低，需要使用液氦为其提供温度环境，因此结构较为复杂，制冷难度较大，制冷成本较高，难以实现产业化推广应用。

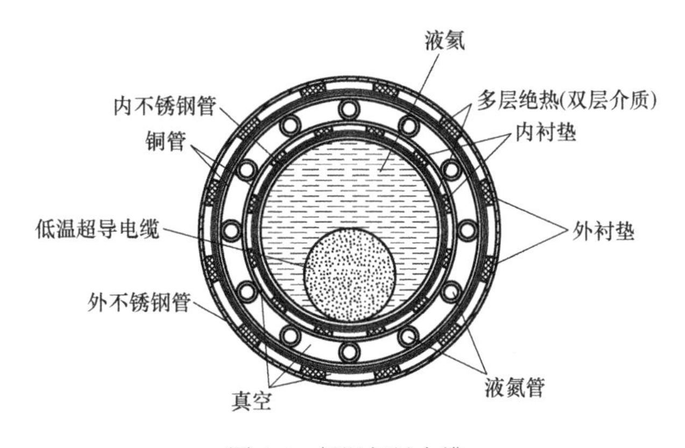

图 1-6　低温超导电缆

1987年，临界温度为90K的钇钡铜氧（YBCO）、临界温度为110K的铋锶钙铜氧（BSCCO）和临界温度为125K的铊钡钙铜氧（TBCCO）等高温超导材料的发现，大幅度降低了超导电缆的低温要求。这意味着采用高温超导材料制作的高温超导电缆只需要液氮即可实现超导特性，使得制冷相关技术难度和成本均大幅度降低，掀起了高温超导电缆的研究热潮。尤其是近20年来，随着超导材料技术的进步，中国、美国、日本、欧洲、韩国等国家和地区对高温超导电缆的应用研究长期保持较高的研究投入。先后建立了一大批试验线路和示范运行线路，超导电缆各项优点逐步得到验证，电缆制造技术、工程技术、制冷技术、监控技术等均取得了长足发展，应用前景越趋光明。

1.3.2 超导电缆分类

超导电缆的分类方式主要有两种：

1）按电气绝缘方式可分为室温绝缘超导电缆和低温绝缘超导电缆；

2）按传输电流类型可分为交流超导电缆和直流超导电缆。

由于传统塑料绝缘材料无法在低温下维持良好的机械性能和绝缘性能，所以早期研究的部分超导电缆将绝缘设计运行于室温环境，被称为室温绝缘高温超导电缆。由于室温绝缘超导电缆的屏蔽材料采用传统材料，屏蔽电流远小于导体电流，无法抵消导体通过大电流时所产生的较大的环形磁场，也无法屏蔽外部磁场对电缆的影响，容易因外部磁场导致超导体临界电流降低，电缆交流损耗增加，因此室温绝缘高温超导电缆无法充分发挥超导电缆大容量、低损耗的优点。

21世纪以来，主要国家和地区均将高温超导电缆研究的技术路线集中到低温绝缘超导电缆。低温绝缘超导电缆的绝缘运行于液氮环境，同时采用超导材料作为电缆屏蔽。与传统电缆屏蔽不同，由于超导材料的零电阻特性，超导屏蔽会感应出与电缆导体几乎大小相等、方向相反的感应电流。因此低温绝缘超导电缆外围的环形磁场极为微弱，不会对相邻电缆造成影响。同时超导屏蔽也可对外部磁场形成很好的屏蔽作用，因此低温绝缘超导电缆容量与损耗性能均明显优于室温绝缘超导电缆。本书后面所述超导电缆均为低温绝缘高温超导电缆。

对于直流超导电缆和交流超导电缆还可根据电缆结构进一步分类，其中交流超导电缆可进一步分为单芯超导电缆、三芯统包超导电缆和三相同轴超导电缆。直流超导电缆可进一步分为单芯超导电缆和双极同轴超导电缆，其中单芯超导电缆、三芯统包超导电缆与传统电缆的单芯结构和三芯结构相对应；三相同轴超导电缆、双极同轴超导电缆与传统同轴电缆类似，各类型超导电缆结构如图1-7所示。

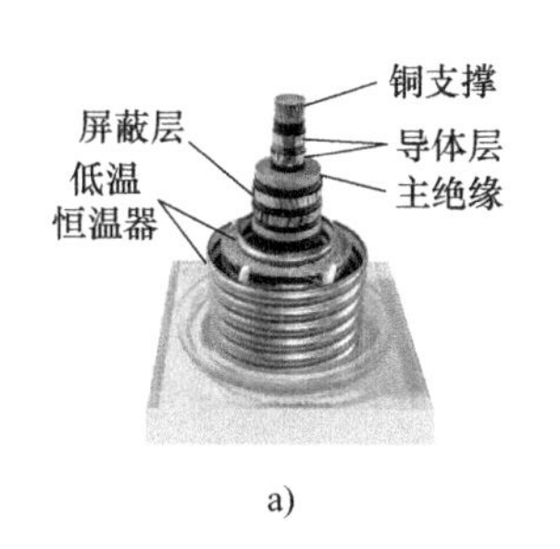

a)

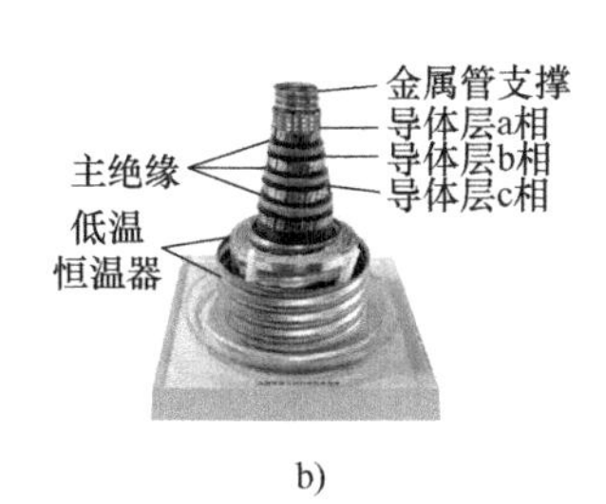

b)

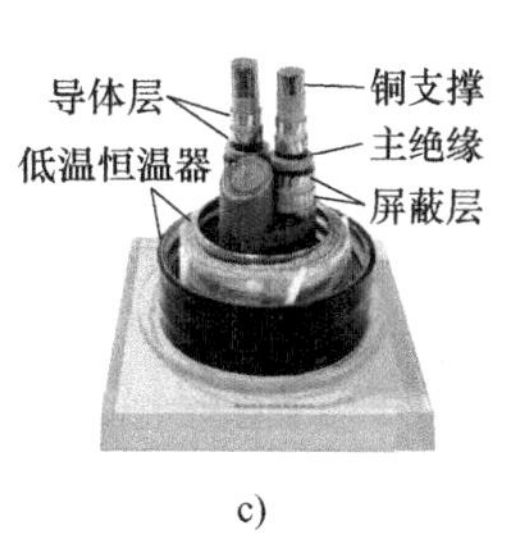

c)

图 1-7　三种不同的高温超导电缆的结构

a）单芯型　b）三相同轴型　c）三芯统包型

1.3.3　超导电缆主要构成

从图 1-7 可以看出，相较于传统电力电缆，超导电缆结构更为复杂。一般来说，超导电缆结构从内到外主要包括以下几个部分：

（1）衬芯　由于超导电缆采用的高温超导材料一般为陶瓷性质的脆性材料，容易因拉伸和弯曲导致超导性能衰减甚至丧失，因此超导电缆一般设有衬芯结构，用于增强超导电缆的相关机械性能。采用电工铜或铝等良导体制作超导电缆衬芯还可以承受因外部故障或超导电缆自身失超所引起的故障电流，防止超导体因承受过大的电流而烧毁。

（2）超导导体层　超导导体层是指用超导带材绕包的层状结构的电缆导体，其作用是传输工作电流。由于电缆生产工艺等需求，超导电缆用超导材料一般需要做成带材形式。目前产业化程度较高的高温超导带材主要有采用粉末装管法（Powder-in-Tube，PIT）制备的 Bi-2223 带材（一代高温超导带材）和采用薄膜生产法制备的 YBCO 超导带材（二代高温超导带材）。两种超导带材的示意结构如图 1-8 所示。

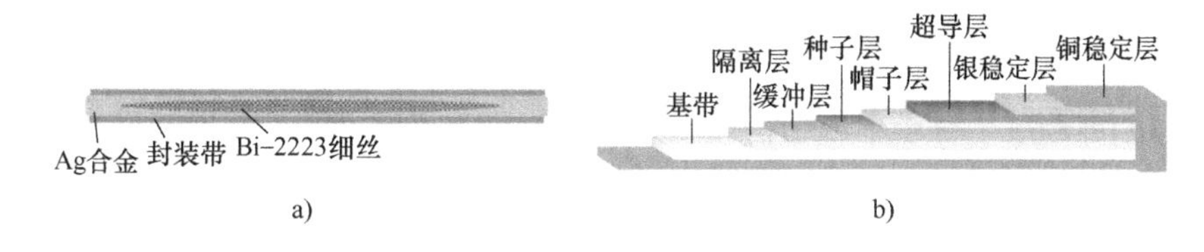

图 1-8　高温超导带材结构图

a）Bi-2223 带材　b）YBCO 超导带材

通常，超导电缆采用一层或多层高温超导带材，根据设计好的节距和绕向缠绕在衬芯外部。

（3）绝缘层　不同于传统电缆，超导电缆绝缘运行于−200℃附近的液氮温区，这个温度已经超出了传统高分子电缆绝缘材料的温度下限，一般高分子绝缘材料在如此低的温度下会失去柔软性，难以弯曲，极易开裂，所以一般高分子材料无法应用于超导电缆绝缘。目前常用的超导电缆绝缘结构为层状绕包结构，其结构与传统充油电缆绝缘类似；常用的绕包绝缘材料主要有聚丙烯木纤维复合纸、cellulose 纤维纸、双取向聚丙烯层压纸、聚酰亚胺薄膜、聚丙烯薄膜等。现有绝大多数超导电缆工程采用的绝缘材料为聚丙烯木纤维复合纸，其结构如图 1-9 所示。由于实际运行时绕包绝缘浸泡于液氮中，所以超导电缆的绝缘层实际为复合纸与液氮共同作用的复合绝缘，其绝缘性能与运行压力成正比。图 1-10 展示了不同压力下典型的聚丙烯木纤维复合纸在液氮中的耐压击穿数据。

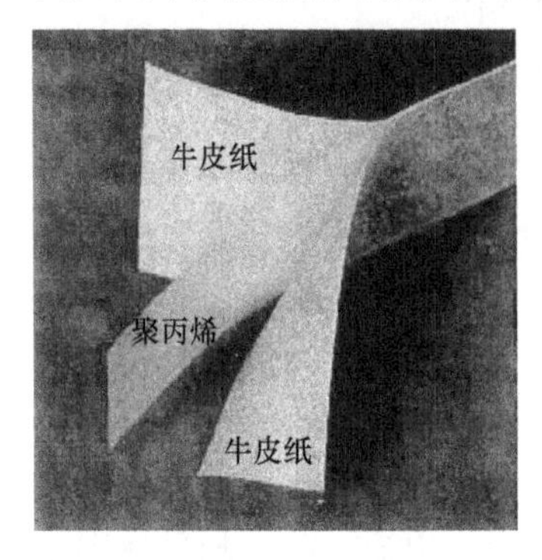

图 1-9　聚丙烯木纤维复合纸

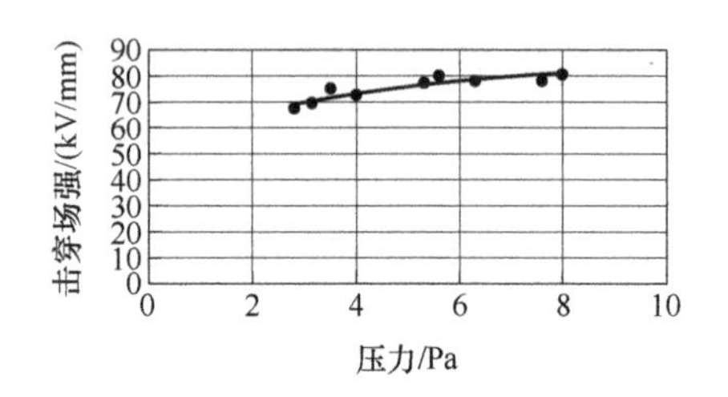

图 1-10　典型的聚丙烯木纤维复合纸压力-击穿场强曲线

由于绝缘采用绕包结构并浸泡于液氮之中，故绝缘内部会有大量的液氮与绝缘纸的界面。根据电磁场边值关系，分界面处不同材料的电场强度与各自的相对介电常数成反比。液氮的相对介电常数为 1.43，小于聚丙烯木纤维复合纸的 2.39，因此界面上的液氮会比复合纸绝缘承受更大的电场。若发生液氮汽化情况，则氮气的相对介电常数接近于 1，其承受的电场将进一步增大，而氮气的介电强度又远低于液氮和复合纸，极易一起局部放电，威胁绝缘安全。所以为了提升超导电缆的绝缘性，一般需要保持一定压力和较低的温度，使得复合绝缘运行于过冷液氮环境，抑制气泡的产生。

（4）屏蔽层　对于单芯结构和三芯统包结构的超导电缆，其屏蔽层也是采用超导带材绕包制成。由于采用了超导材料，所以屏蔽层不仅具有局部传统电缆屏蔽层屏蔽电场的功能，同时还具有屏蔽外部磁场的功能。而且由于电阻为零，根据法拉第电磁感应定律，屏蔽层会感应出与电缆导体大小相等、方向相反的电流，因此超导屏蔽还可屏蔽电缆导体产生的磁场。由于屏蔽电流与导体电流大小相当，屏蔽层结构也会影响超导体各层电流的分布，因此超导屏蔽层结构需要与超导电缆导体层结构进行综合设计，确保各层超导体和超导屏蔽电流能实现最优分布。

对于三相同轴超导电缆，由于三相电流相角互差 120°，电缆对外磁场相互抵消，因此三相同轴超导电缆一般不需要超导屏蔽，可使用恰当截面的常规导体作为屏蔽材料，但需要三相电流尽量平衡且需要设计接地方式，以确保屏蔽电流不引起过多的热损耗。

对于直流超导电缆，由于不存在交变电流和磁场，因此其屏蔽层一般采用传统导体材料，起到接地和屏蔽外部电场的作用。

（5）制冷剂　超导电缆制冷剂一般为循环流动的过冷液氮。制冷剂的作用是为电缆提供冷量，带走电缆传输电能所产生的热损耗和外部绝热套因巨大温差而导入的热量，确保电缆中的超导材料可运行于所设计的低温环境下。

（6）绝热套　由于目前的超导电缆必须在极低的液氮温区运行，所以如何有效降低外部环境向电缆内部传递热量，减轻制冷系统负担是涉及超导电缆安全高效运行的关键技术之一。超导电缆绝热套一般采用双层真空金属管制成，通过真空结构降低对流传热和传导传热。一般绝热套内层金属管外还绕包有超级绝热材料，超级绝热材料一般由多层具有极低黑体敷设系数的镀铝薄膜和较低导热系数的间隔层组成，因此超级绝热材料可有效降低绝热套内的辐射漏热，并进一步降低绝热套内外之间的热量传导。在现有技术水平下，绝热套的漏热损耗占电缆损耗的较大份额，甚至对于直流电缆，绝热管的漏热损耗几乎就是电缆损耗的全部。如何提升绝热套的保温能力是超导电缆研究的关键技术之一，对提升超导电缆节能水平具有重要的意义。

根据运行条件，一般绝热套外部包含有高分子材料制成的外护套，用于保护敷设安装中的绝热套免受外部机械破坏，同时可保护绝热套金属材料免受外部环境腐蚀。

由于采用了零电阻、高电流密度的超导材料，所以相较于传统电缆，超导电缆具有容量大、体积小、敷设占用空间小和环境友好等特点。一般认为超导电缆容量可达相同电压等级传统电缆的 4～9 倍，即用一条回路的超导电缆可以替换 4～9 条回路的传统电缆。由于容量远大于传统电缆，因此还可以用较低电压等级的超导电缆代替较高电压等级的传统电缆，从而大幅度降低电网变电站建设成本和选址难度。

由于超导电缆不对外散发热量的特点，多根电缆密集敷设也不会发生相互加热的问题。同时由于电磁屏蔽作用，即便采用密集的敷设方式，电缆间相互影响也很小。因此超导电缆在供电密集地区地下电网升级中具有很好的应用前景。

由于超导材料的失超特性，在超导电缆在超导状态下具备零电阻特性，而当超导材料因外部过大的故障电流导致超导材料失超时，其电阻将急剧增加，可对故障电流起到一定的限制作用，超导电缆长度越长，电网越大，故障电流限制作用越明显。当故障电流过去之后，随着温度回归，超导电缆很快又可以恢复零电阻状态。因此超导电缆电网具有很高的安全可靠性能。

1.3.4　超导电缆电气参数

（1）临界电流　临界电流是指超导电缆在运行温度（一般以 77K 为标准）下，

可无阻通过的最大直流电流。临界电流是决定超导电缆载流能力的最重要因素。与常规电缆不同，超导电缆在运行过程中发热很少，尤其在通过直流电流时，可忽略不计。电缆外部套有隔热能力优良的真空杜瓦（柔性绝热套），电缆不对外散热，外部热量也很难传导进电缆内部，电缆自身热场相对独立，所以正常情况下环境温度对超导电缆载流能力几乎没有影响。超导电缆载流能力仅取决于其自身的临界电流能力。这与所采用的超导带材质量、数量以及电缆的运行温度直接相关。一般交流超导电缆额定载流能力（有效值）建议选取为临界电流的 50%，直流超导电缆载流能力选取为临界电流的 80%。在评估临界电流时应充分考虑电缆自身磁场造成的临界电流衰减情况。

同样，超导电缆的过负荷能力评估也与传统电缆不同。传统电缆过负荷主要考虑铜导体升温情况以及绝缘的耐热老化性能，而超导电缆由于有效铜截面很小，当电流超过临界电流时损耗将快速上升，因此其过负荷能力应在电缆设计之初通过增加临界电流裕度来实现。温升过大会导致超导电缆失超，冷媒沸腾，严重威胁电缆安全。

（2）交流损耗　对于交流运行的超导电缆，由于超导材料处在交变磁场之中，因此超导材料的磁滞损耗和其他材料的涡流损耗等构成了超导电缆的交流损耗，虽然交流损耗远低于传统电缆的电阻损耗，一般为 2%～5%，但超导电缆所产生的热量必须都通过冷媒带走，并最终与制冷系统提供的冷量相互抵消。而在液氮温区，现有制冷系统的制冷效率（COP）一般都低于 30%的理想卡诺效率，1W 的损耗需要消耗 10W 以上的制冷机能耗，所以交流损耗是超导电缆能耗的组成部分之一。降低交流损耗的手段主要有超导材料的选型优化和电缆结构的优化两种。随着材料技术的进步，超导电缆的交流损耗有望持续降低。

（3）电感　超导电缆电感与传统电缆电感存在明显的差别，传统电缆的电感来自铜导体的自感以及回路间的磁场。超导电缆电流由绕成圆筒形的超导层传输，因此自感可以忽略。回路电感方面，单芯超导电缆与三相统包超导电缆正常运行时，屏蔽电流与导体内的电流大小相等方向相反，圆周方向磁场以自身的屏蔽为磁场边界，轴向磁场在电缆设计（均流设计）时基本抵消，无需考虑轴向磁场，因此正常情况下超导电缆电感计算时只需考虑自身结构。三相同轴超导电缆三相对外磁场相互抵消，所以其电感计算也只需考虑自身结构，包括螺旋缠绕引入的电感与互感。

（4）电容　超导电缆电容与传统电缆计算方法一致。

1.3.5　超导电缆的安装

由于超导电缆热场独立的特性，超导电缆敷设时无需考虑散热因素，可以密集敷设。由于电缆投运时需要经历室温到液氮温区的降温过程，所以无论采用何种敷设方式，超导电缆安装都必须考虑降温过程的冷缩和回温过程的膨胀问题。一般不建议采用直埋敷设。

1.4　超导电缆运行系统

由于超导电缆运行环境的限制，超导电缆运行系统除了由电缆和电缆附件组成的电缆系统外，还需要有维持电缆低温环境的冷却循环系统，并对电缆系统和冷却循环系统运行参数进行监控，确保电缆系统运行稳定的监控系统。常见的超导电缆运行系统如图 1-11 所示。

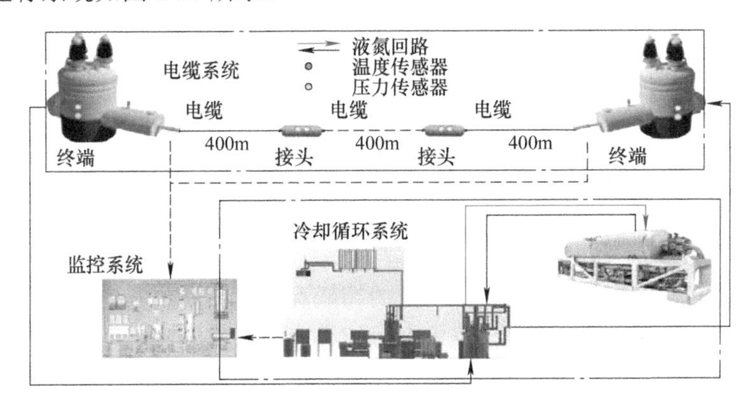

图 1-11　超导电缆运行系统构成示意图

1.4.1　电缆系统

超导电缆系统与传统电缆系统组成基本一致，主要都是由电缆和电缆附件（终端、接头）组成的。差别在于由于超导电缆内部有流动的液氮，所以需要设置温度、压力等的传感器，而且需要设置安全阀、爆破阀等安全装置。也因为内部的液氮环境，超导电缆系统不适用于高落差线路。高落差容易导致局部压力过大或过小。压力过大会给绝热套耐压性能带来挑战；压力过小会导致液氮饱和温度点降低，威胁电气安全，过小的压力甚至会导致液氮汽化，无法维持循环。

1.4.2　冷却循环系统

冷却循环系统一般由制冷机、液氮泵、液氮储罐和其他辅助系统等部分组成。其基本原理是利用过冷液氮的显热，将运行过程中产生的热负荷带到冷却装置，通过制冷机冷却后再送入电缆冷却通道中，形成循环回路，维持超导电缆运行所需的环境。

制冷系统对超导电缆的安全运行至关重要，是超导电缆稳定运行的必要条件。其中制冷机是整个运行系统的冷量来源，同时也是系统的主要耗能设备。按照理想的卡诺循环，制冷机在室温下转移到运行系统热负荷的功率损耗可用以下公式计算：

$$P_r = \frac{T_0 - T}{T} P_e \tag{1-9}$$

式中 P_r——制冷机功率；

P_e——系统热负荷；

T_0——制冷机所处环境温度；

T——制冷温度。

假设环境温度 T_0=30℃（303K），制冷温度，即液氮温度 T=77K，则 P_r=2.9P_e，即制冷机消耗能量为系统热负荷的 2.9 倍。然而现有制冷机效率离理想卡诺效率还有很大的距离。对于大型制冷机，其效率可达到理想效率的 20%～30%。目前用于超导电缆工程的大型制冷机主要有斯特林制冷机和逆布雷顿制冷机两种类型。总体上，斯特林制冷机效率优于逆布雷顿制冷机，而逆布雷顿制冷机在大冷量和维护周期方面优于斯特林制冷机。

1.4.3 监控系统

由于超导电缆运行于密闭且较稳定的超低温环境，所以其电气性能比传统电缆更可靠。根据现有工程经验，绝大多数超导运行系统的故障主要源自冷却循环系统。首先，制冷系统包含的设备种类较多，各类型接口也较多，故障风险高；其次，冷却循环系统存在较多运动部件，存在磨损和性能衰减等问题；再次，环境温度、运行负荷等因季节的周期性，以及每日用电负荷和环境温度的周期性存在较大波动，也对制冷系统的稳定运行带来了一定的挑战。基于以上原因，为确保制冷系统的可靠运行，超导电缆工程必须配有监控系统。监控系统通过实时监测冷却循环系统和电缆系统的各项运行数据，包括制冷机、液氮泵等关键设备的运行参数和系统各关键节点的温度、压力、流量等运行数据，进而实时评估冷却循环系统的运行状态，并及时进行调整或启用备用设备，以确保整个运行系统的性能安全稳定。监控系统一般包括现场层、控制层和管理层三个层次，现场层负责实时采集数据，控制层负责执行控制指令，管理层负责规定相关运行策略。

1.5 超导电缆示范工程

随着研究的不断深入，各超导电缆研究机构与电网用户共同开展了一系列运行于实际电网的示范项目。表 1-3 展示了全球截至目前运行于实际电网的电缆示范工程。总体来讲，随着材料技术和工程技术的不断进步，示范工程单位长度制造成本大幅度下降，工程项目长度不断增加，工程选址越来越靠近核心电网，工程经济效益、可靠性能等都在不断提升。

表 1-3　全球高温超导电缆示范工程项目一览表

国家	年份	电缆制造	项目选址	关键参数
美国	2006 年	住友电工	Albany	三芯统包，350m（34.5kV/0.8kA）
美国	2006 年	Ultera	Columbus	三相同轴，200m（13kV/3kA）
美国	2008 年	Nexans	Long Island	单芯，600m（138kV/3kA）
韩国	2011 年	LS 电缆	Icheon	三芯统包，410m（22.9kV/1.26kA）
日本	2012 年	住友电工	Yokohama	三芯统包，240m（66kV/2kA）
韩国	2014 年	LS 电缆	Jeju Island	直流、单芯结构，500m（80kV/3.125kA）
德国	2014 年	Nexans	Essen	三相同轴，1km（10kV/4kA）
韩国	2019 年	LS 电缆	Shingal	三芯统包，1km（22.9kV/1.26kA）
美国	2021 年	Nexans	芝加哥	三相同轴，200m（10kV/3kA）
中国	2021 年	中天科技股份有限公司	深圳	三相同轴，400m（10kV/2.5kA）
中国	2021 年	上海国际超导科技有限公司	上海	三芯统包，1.2km（35kV/2.2kA）

美国早在 1992 年就在其能源部的支持下开始对高温超导电缆技术进行研发，是最早发展高温超导电缆技术的国家，1999 年，Southwire 公司研制了 30m/12.5kV/1250A 超导电缆在工厂试验运行，也是最早开始将超导电缆挂网运行示范的国家。其 2002 年就启动了 Albany 超导电缆工程项目和 Columbus 超导电缆工程项目，之后又启动了 LIPA 和 Hydra 等超导电缆工程项目。

Albany 工程示意图如图 1-12 所示，此项工程由美国 Superpower 公司牵头组织并负责供应二代高温超导带材。日本住友电工负责超导电缆的制造，并提供了一代高温超导带材。2006 年 Albany 工程成功实现了第一期投入运行，工程采用超导电缆将两个变电站相连，超导电缆总长约为 350m，由一根 320m 的电缆、一根 30m 的电缆以及一个中间接头组成。电缆的结构采用了三相统包型，超导材料全部采用第一代高温超导带材。为了适配 152mm 直径的电缆排管，工程电缆的外径设计为 136mm。2008 年，工程第二期顺利投运，原有的 30m 部分超导电缆被替换为由二代高温超导带材制作的超导电缆。

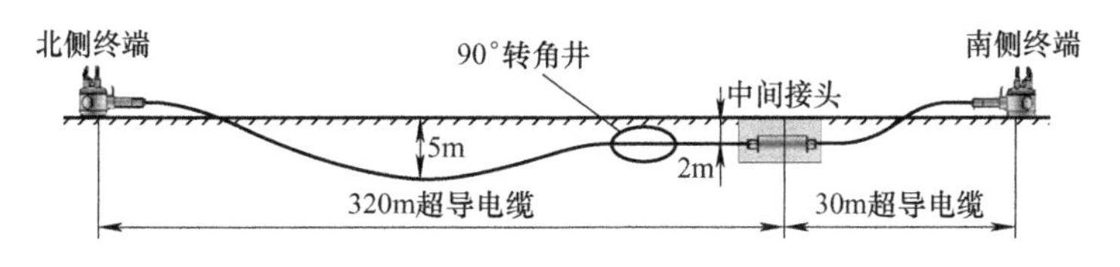

图 1-12　Albany 示范工程的敷设示意图

Columbus 工程于 2006 年 8 月投运，额定电压为 13.2kV，额定电流为 3kA，工程总长 200m，是世界上首个 13.2kV 三相同轴型高温超导电缆并网工程。工程安装在俄亥俄州哥伦布市的美国电力公司的 Bixby 变电站。该工程超导电缆连接在一台 138kV/13.2kV 变压器上，通过配电开关设备为 7 条传统供电线路供电。

Columbus 工程采用抽真空减压方式为系统提供冷量，工程制冷系统如图 1-13 所示。工程后续计划采用脉管制冷系统提供大部分冷量。

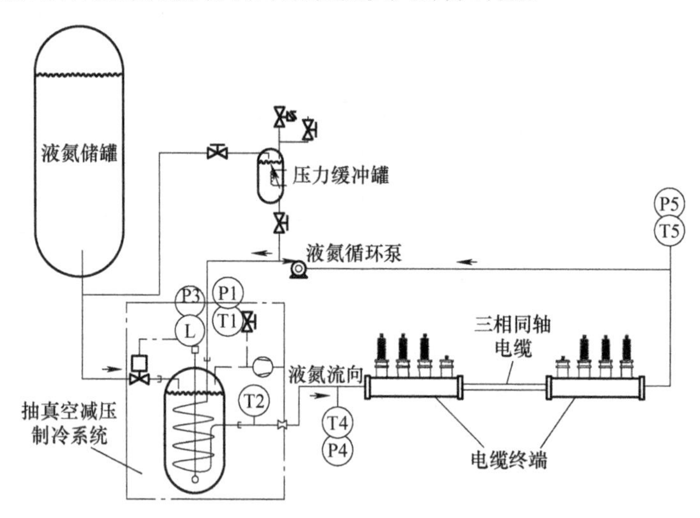

图 1-13　Columbus 超导电缆工程制冷系统

LIPA（Long Island Power Authority）工程于 2008 年 4 月投运，是第一条长距离具备输电线电压等级的超导电缆。工程电缆额定电压为 138kV，额定电流为 2400A，采用单芯结构，线路长 600m。工程使用超导电缆将纽约长岛的 Holbrook 地铁站和一个新建的变电站连接起来。原来的常规电缆作为备用线路，如图 1-14 所示。

工程由美国超导公司（AMSC）总体负责并提供超导带材、Nexans 负责电缆设计和生产，法国液化空气集团（Air Liquide）提供制冷系统。LIPA 工程是目前挂网运行电压等级最高的超导电缆。LIPA 项目在运行两年后将其中一相的电缆进行现场更换，并对现场更换造成的绝热套性能影响加以研究。工程同时对超导电缆的收缩性能、绝热套修复技术等进行了研究。

芝加哥超导电缆工程（见图 1-15）于 2019 年通过相关论证，2021 年建成投运。工程采用三相同轴超导电缆结构，电缆长度为 200m，额定电压为 12kV，额定电流为 3kA，额定容量为 62MVA。美国希望利用超导电缆自限流的优势，提升电网的弹性。目前当地电网公司等正在筹备该项目的第二期，即将城市内三个变电站用超导电缆连接成一个环网，以提升电网的稳定性能。

图 1-14　LIPA 示范工程铺设线路图

图 1-15　美国芝加哥超导电缆工程

日本高度重视高温超导技术的发展研究，其新能源开发组织将发展高温超导技术视为保持 21 世纪国际高技术竞争优势的关键技术之一。在新能源开发组织的协调下，东京电力公司、住友电工、古河电工等公司都参与了超导电缆的开发。2002 年就开发了 100m、66kV/1kA 的三芯统包高温超导电缆，并进行了试验测试。之后陆续开发了一系列的试验线路并在实验室或工厂等地进行研究试验。其中古河电工在 2011 年开发了一条 275kV/3kA 的单芯结构高温超导电缆，这是目前报道的最高电压等级的超导电缆。日本同时开展了高温超导电缆在新能源输电和轨道交通等方向的应用研究。2015 年在石狩市建成了 500m 直流超导电缆，将一个光伏发电站的电能输送给互联网数据中心。2019 年建成了一根 310m 的馈电电缆给轨道交通供电研究。

日本挂网运行的超导电缆示范工程为横滨超导电缆工程，如图 1-16 所示。工程于 2007 年启动，需要在东京电力公司的实际电网中示范运行 66kV/200MVA 高温超导电缆系统，以研究和评估电缆的性能、稳定性和可靠性。2012 年该工程电缆第一次挂网运行，经过一年多的实际运行，验证了电缆的相关性能。之后为进一步研究电缆在电网事故情况下的安全性和可靠性，以及开发和验证更高效的制冷机，工程安装了由前川公司开发的布雷顿循环制冷机，并于 2017—2018 年进行了第二次并网运行。两次并网运行过程中，除绝热套性能降低外，超导电缆性能基本保持一致。

韩国于 2001 年制定了 10 年期的超导电力应用技术发展规划，即 DAPAS（应用超导技术的先进电力系统开发）。韩国电力公司、LS 集团等共同参与了该发展规划的研究工作。

2004 年韩国电力技术研究中心和 LS 集团共同开发了 30m，22.9kV 的三芯统包超导电缆，在 LS 集团开展了长期的测试研究。2006 年，韩国电力公司采购日本住友 100m，22.9kV 三芯统包超导电缆，并在 Gochang 测试场进行测试。2007 年 LS 集团开发了相同性能参数的超导电缆，在相同的试验场进行对比测试。前者采用抽真空减压制冷系统，后者采用抽真空减压、脉管制冷机、GM 制冷机和斯特林制冷机混合制冷系统。经过长期的测试研究，LS 集团进一步在 2011 年开发完成了 Icheon 工程，2015 年开发完成济州岛直流超导电缆工程，2019 年完成 shingal 工程。

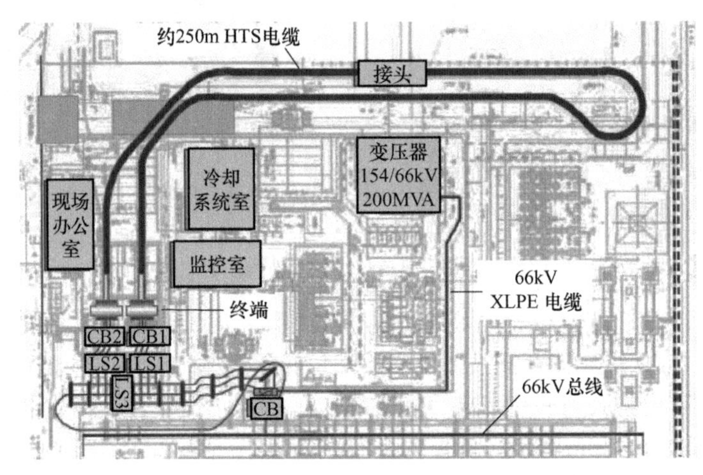

图 1-16　横滨超导电缆项目

Icheon 工程是韩国首个并网运行的超导电缆。工程电缆由 LS 集团开发，采用的超导带材为美国超导公司（AMSC）所生产的二代高温超导带材。工程电缆长度为 410m，包含一套中间接头，额定电压为 22.9kV，额定电流为 1.25kA，电缆采用三芯统包结构。工程项目于 2008 年启动，2010 年底完成超导电缆的安装，2011 年在 Icheon 变电站挂网运行。图 1-17 所示为工程电缆系统敷设示意图。

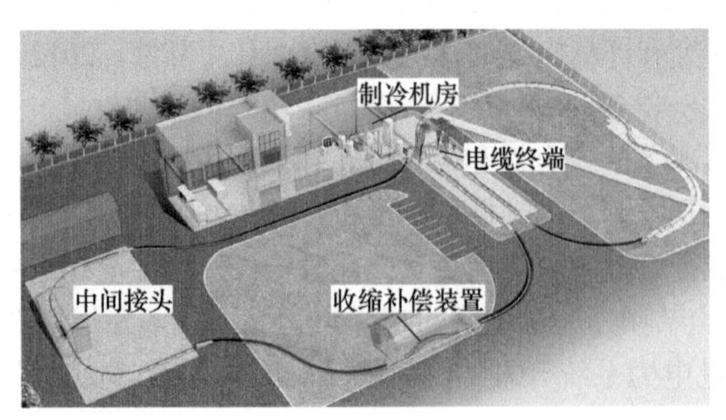

图 1-17　Icheon 项目超导电缆系统敷设图

Icheon 项目是全球首个全部应用第二代高温超导带材制备超导电缆的示范工

程。工程采用了不间断电源，在确保制冷系统外部供电故障情况下，仍然可以维持工程安全运行 30min。

Jeju Island 示范工程是首个挂网运行的直流超导电缆项目。韩国电力公司早在 2011 年就启动了该项目的研究工作，之后 LS 集团加入该项目并负责超导电缆的设计开发。2013 年项目完成了一根 100m 样缆的性能测试和研究，2014 年完成电缆工程安装，2015 年实现挂网运行。

韩国在济州岛建成直流±80kV，500m，500MW 超导电缆并实现并网运行，该电缆与 4.8km 的架空线组合连接了 Halim 变电站和 Gumak 变电站。电缆采用单芯结构，电缆工程包括两组中间接头。工程采用 Icheon 项目的斯特林制冷机组建立了一套制冷机用于支撑工程运行，如图 1-18 所示。

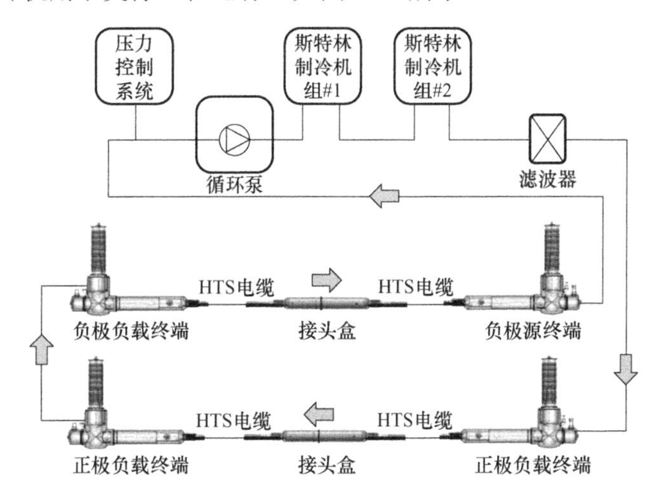

图 1-18　济州岛直流超导电缆项目

Shingal 项目于 2017 年启动，是韩国首条商业化采购的超导电缆项目，如图 1-19 所示。Shingal 也是该处居住区的名字，该区域居住人口预计将进一步增长。项目通过在 Shingal 变电站和 Heungdeok 变电站之间建立一根 22.9kV，50MVA 的三芯统包超导电缆，以提升线路的输电容量。工程全长 1035m，包含两套中间接头。工程电缆同时采用了一代和二代高温超导带材，超导带材总用量约为 150km。工程采用布雷顿制冷机和抽真空减压制冷机作为制冷设备，69K 时制冷量可达 7.5kW。

由于 AC 154kV Shingal 变电站的负载高达 162 MW，而 AC 154kV Heungdeok 变电站的负载为 49 MW，因此预计该变电站将通过高温超导电缆分担部分负载。

2021 年 9 月 28 日，深圳平安大厦超导电缆工程正式投运。工程采用一个三相同轴超导电缆为深圳市第一高楼“平安大厦”供电，如图 1-20 所示。输电容量为 43MVA，相当于 5 条常规 10kV 电缆的能力。该工程在满足供电需求的同时，可减少城市电网中高压电缆的使用，简化电网结构，减少 110kV 变电站的建设，可节省 500m² 土地。

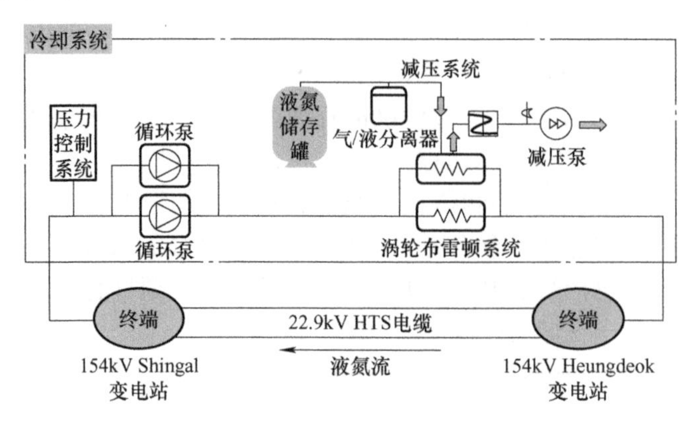

图 1-19　Shingal 超导电缆项目

图 1-20　深圳平安大厦超导电缆工程

2021 年 12 月 22 日，上海徐汇区长春站—漕溪站 1.2km 超导电缆示范工程正式投运，工程采用 1 根 35kV 三相统包高温超导电缆代替了 4 回路传统电缆，为中心城区 4.9 万户用户持续稳定供电，最高输送容量达 133MVA，年输送电量 1.8 亿 kW·h，至今仍是世界上输送容量最大、线路最长的超导电缆工程。工程同时节省了 70%的地下管廊空间，为超导电电缆在大型城市中心电网的应用起到了很好的示范作用，如图 1-21 所示。

总体上，随着技术的不断成熟，超导电缆正逐步被电网用户所接受，并发挥出其独特的优势。预计随着产业链上下游产品成本不断降低和应用速度加快，超导电缆工程将朝着大长度化、网络化的趋势发展，在城市电网升级中发挥举足轻重的作用。

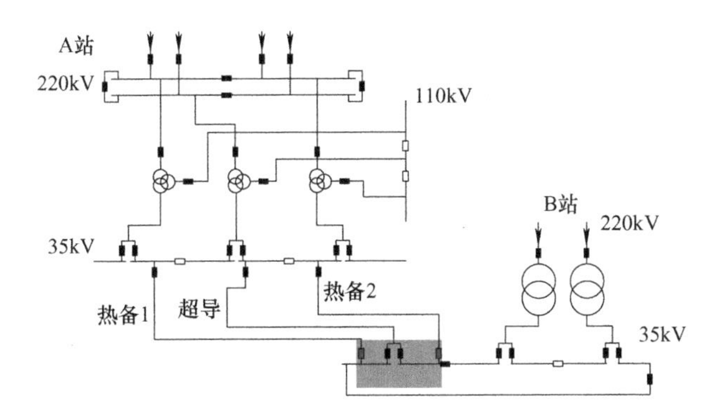

图 1-21　上海国产化公里级高温超导电缆示范工程

参考文献

[1]　马国栋. 电线电缆载流量[M]. 北京：中国电力出版社, 2003.

[2]　刘子玉. 电气绝缘结构设计原理：上册[M]. 北京：机械工业出版社, 1981.

[3]　史传卿. 电力电缆安装运行技术问答[M]. 北京：中国电力出版社, 2002.

[4]　海因豪尔德, 斯杜伯, 门汉文, 等. 电力电缆及电线[M]. 北京：中国电力出版社, 2001.

[5]　张裕恒. 超导物理[M]. 合肥：中国科学技术大学出版社, 2009.

[6]　王银顺. 超导电力技术基础[M]. 北京：科学出版社, 2011.

[7]　信赢. 超导电缆[M]. 北京：中国电力出版社, 2013.

[8]　周廉. 中国高温超导材料及应用发展战略研究[M]. 北京：化学工业出版社, 2008.

[9]　王秋良. 高磁场超导磁体科学[M]. 北京：科学出版社, 2008.

[10]　时东陆. 高温超导应用研究[M]. 上海：上海科学技术出版社, 2008.

[11]　南和礼. 超导磁体设计基础[M]. 北京：国防工业出版社, 2007.

[12]　马衍伟. 超导材料科学与技术[M]. 北京：科学出版社, 2022.

[13]　中国工程院化工、冶金与材料工程学部, 中国材料研究学会. 中国新材料产业发展报告(2020)[M]. 北京：化学工业出版社, 2020.

[14]　蔡传兵, 杨召, 郭艳群. 新型电力传输材料——REBaCuO 高温超导涂层导体[J]. 物理, 2020(11): 747-754.

[15]　常豪然, 郭威, 黄磊, 等. 高温超导材料研究进展[J]. 湖北大学学报：自然科学版, 2023, 45(1): 89-96.

[16]　樊帆, 张现平, 徐中堂, 等. 铁基超导薄膜研究进展[J]. 科学通报, 2021, 66(19): 2416-2429.

[17]　金利华, 李成山, 郝清滨. Bi-2212 线材的制备技术[J]. 物理, 2020, 49(11): 8.

[18]　李景会. Bi2223 超导带材交流损耗研究[D]. 沈阳：东北大学, 2004.

[19] 刘丹, 叶新羽. 有机超导材料的研究进展[J]. 电工材料, 2020(2): 3-4, 8.
[20] 马衍伟. 面向高场应用的铁基超导材料[J]. 物理学进展, 2017, 37(1): 12.
[21] 马衍伟. 实用化超导材料研究进展与展望[J]. 物理, 2015, 44(10): 10.
[22] 佚名. 深圳用上我国自研的首条新型超导电缆[J]. 机床与液压, 2021, 49(20): 27.
[23] 佚名. 世界首条 35kW 公里级超导电缆示范工程在沪正式投运[J]. 上海节能, 2021, (12): 1308.
[24] 魏东, 宗曦华, 徐操, 等. 35kV2000A 低温绝缘高温超导电力电缆示范工程[J]. 电线电缆, 2015(1): 4.
[25] 肖琳. 高 Tc 超导陶瓷材料研究现状[J]. 国际科技交流, 1988(08): 25-29.
[26] 应启良, 黄崇祺, 魏东. 高温超导电缆在城市地下输电系统应用的可行性研究[J]. 低温物理学报, 2003, 25(z2): 369-376.
[27] 张平祥, 闫果, 冯建情, 等. 强电用超导材料的发展现状与展望[J]. 中国工程科学, 2023, 25(1): 60-67.
[28] 张现平, 马衍伟. 铁基超导线带材研究现状及展望[J]. 物理, 2020, 49(11): 737-746.
[29] 张赵龙. 高压下富氢化合物 ErHn 的结构稳定性和超导电性的第一性原理研究[D]. 赣州: 江西理工大学, 2023.
[30] 张智勇, 宗曦华, 韩云武, 等. 冷绝缘高温超导电缆用绝缘材料 PPLP 液氮浸渍击穿场强特性研究[J]. 稀有金属材料与工程, 2008, 37(A04): 402-403.
[31] 郑健, 宗曦华, 韩云武. 超导电缆在电网工程中的应用[J]. 低温与超导, 2020, 48(11): 27-31, 50.
[32] 宗曦华. 感应屏蔽型高温超导故障电流限制器的研究[D]. 沈阳: 东北大学, 2005.
[33] PELLOQUIN D, HERVIEU M, MICHEL C, et al. A 94K Hg-based superconductor with a "1212" structure Hg0.5Bi0.5Sr2Ca1−xRxCu2O6+δ(R=Nd, Y, Pr)[J]. Physica C: Superconductivity, 1993.
[34] ISHIGURO T, ANZAI H.Organic superconductors: present status and clue to future[J]. Molecular Crystals and Liquid Crystals, 1989, 171(1): 333-342.
[35] JAMES M, DOUG F, YUAN J, et al. Development and Demonstration of a Fault Current Limiting HTS Cable to be Installed in the Con Edison Grid[J]. IEEE Transactions on Applied Superconductivity, 2009, 19(3): 1740.
[36] JÉROME D, MAZAUD A, RIBAULT M, et al.Superconductivity in a synthetic organic conductor(TMTSF)2PF 6[J]. Journal de Physique Lettres, 1980, 41(4): 95-98.
[37] JIANG J, BRADFORD G, HOSSAIN S I, et al. High-performance Bi-2212 round wires made with recent powders[J]. IEEE Transactions on Applied Superconductivity, 2019, 29(5): 1-5.
[38] LEE C, SON H, WON Y, et al. Progress of the first commercial project of high-temperature superconducting cables by KEPCO in Korea[J]. Superconductor Science and Technology,

2020, 33(4): 044006.

[39] LI X, HUANG X, CHEN W, et al.New Cage-Like Cerium Trihydride Stabilized at Ambient Conditions[J]. 中国化学会会刊(英文), 2022, 4(3): 7.

[40] LITTLE W A. Possibility of synthesizing an organic superconductor[J]. Physical Review, 1964, 134(6A): A1416.

[41] LIU D, ZHANG W, MOU D, et al. Electronic origin of high-temperature superconductivity in single-layer FeSe superconductor[J]. Nature Communications, 2012, 3(1): 931.

[42] LU C, CHEN C.Indentation-strain stiffening in tungsten nitrides: Mechanisms and implications[J]. Physical Review Materials, 2020, 4(4): 043402.

[43] MACMANUS-DRISCOLL J L, WIMBUSH S C. Processing and application of high-temperature superconducting coated conductors[J]. Nature Reviews Materials, 2021, 6(7): 587-604.

[44] MITCHELL J E, HILLESHEIM D A, BRIDGES C A, et al. Optimization of a non-arsenic iron-based superconductor for wire fabrication[J].Superconductor Science and Technology, 2015, 28(4): 045018.

[45] NAGAMATSU J, NAKAGAWA N, MURANAKA T, et al. Superconductivity at 39 K in magnesium diboride[J]. Nature, 2001, 410(6824): 63-64.

[46] Progress and Status of a 2G HTS Power Cable to Be Installed in the Long Island Power Authority(LIPA)Grid[J].IEEE Transactions on Applied Superconductivity, 2011, 21(3): 961-966.

[47] PYON S, MIYAWAKI D, VESHCHUNOV I, et al. Fabrication and characterization of CaKFe4As4 round wires sintered at high pressure[J]. Applied Physics Express, 2018, 11(12): 123101.

[48] RYU C, JANG H, CHOI C, et al. Current status of demonstration and comercialization of HTS cable system in grid in Korea[C]//2013 IEEE International Conference on Applied Superconductivity and Electromagnetic Devices(ASEMD). IEEE, 2013.

[49] SAITO G, URAYAMA H, YAMOCHI H, et al. Chemical and physical properties of a new ambient pressure organic superconductor with Tc higher than 10K[J]. Synthetic Metals, 1988, 27(1-2): A331-A340.

[50] SCHON J H, KLOC C, BATLOGG B. High-temperature superconductivity in lattice-expanded C60[J]. Science, 2001, 293(5539): 2432-2434.

[51] SHEN T, FAJARDO L G G. Superconducting accelerator magnets based on high-temperature superconducting Bi-2212 round wires[J]. Instruments, 2020, 4(2): 17.

[52] SHENG Z Z, HERMANN A M, EL ALI A, et al. Superconductivity at 90 K in the Tl-Ba-Cu-O system[J].Physical Review Letters, 1988, 60(10): 937-940.

[53] SOHN S H. Installation and Power Grid Demonstration of a 22.9 kV, 50 MVA, High Temperature Superconducting Cable for KEPCO[J].IEEE Transactions on Applied Superconductivity, 2012, 22(3): 5800804-5800804.

[54] STEGLICH F, AARTS J, BREDL C D, et al. Superconductivity in the presence of strong pauli paramagnetism: CeCu2Si 2[J]. Physical Review Letters, 1979, 43(25): 1892.

[55] UGLIETTI D. A review of commercial high temperature superconducting materials for large magnets: from wires and tapes to cables and conductors[J]. Superconductor Science and Technology, 2019, 32(5): 053001.

[56] WILLIAMS J M, KINI A M, WANG H H, et al. From semiconductor-semiconductor transition(42 K)to the highest-Tc organic superconductor. kappa. -(ET)2Cu[N(CN)2]Cl(Tc = 12.5 K)[J]. Inorganic Chemistry, 1990, 29(18): 3272-3274.

[57] YANG B M, KANG J, LEE S, et al.Qualification Test of a 80 kV 500 MW HTS DC Cable for Applying into Real Grid[J]. IEEE Transactions on Applied Superconductivity, 2015, 25(3): 1-1.

[58] YAO C, MA Y. Superconducting materials: Challenges and opportunities for large-scale applications[J]. iScience, 2021, 24(6).

[59] YUAN P, HAN J, CHENG P, et al. Emergence of exchange bias field in FeS superconductor with cobalt-doping[J]. Journal of Physics: Condensed Matter, 2021, 33(33): 335601.

[60] YUMURA H, ASHIBE Y, ITOH H, et al. Phase Ⅱ of the Albany HTS Cable Project[J]. IEEE Trans. on Appl. super, 2009, 19(3): 1698-1701.

[61] YUMURA H, ASHIBE Y, OHYA M, et al.Update of YOKOHAMA HTS Cable Project[J]. IEEE Transactions on Applied Superconductivity, 2013, 23(3): 5402306-5402306.

[62] ZHANG H, SUO H, WANG L, et al. Database of the effect of stabilizer on the resistivity and thermal conductivity of 20 different commercial REBCO tapes[J]. Superconductor Science and Technology, 2022, 35(4): 045016.

[63] ALLAIS A, WEST B, FRENTZAS F, et al. Recent superconducting cable installation in Chicago paves the way for a resilient electric grid(REG)[C]//27th International Conference on Electricity Distribution(CIRED 2023). IET, 2023, 2023: 2793-2799.

[64] 黄雅熙，朱婷婷，冷迪，等. 深圳用上我国自研的首条新型超导电缆[N]. 科技日报，2021-10-13(5).

[65] ZONG X H, HAN Y W, HUANG C Q. Introduction of 35-kV kilometer-scale high-temperature superconducting cable demonstration project in Shanghai[J]. Superconductivity, 2022, 2: 100008.

第2章 超导电缆绝缘

一般情况下，在电力装备实际运行过程中，绝缘结构的机械和电气性能往往决定着整个电力装备的使用寿命。而当绝缘被破坏时，可能导致非常严重的后果，例如火灾、爆炸，甚至造成人员伤亡、电网停电等更加严重的损失。电缆绝缘是电力电缆的重要组成部分，它使电缆中的导体与周围环境或相邻导体间相互绝缘，有效地提高了电缆的安全性。电缆的绝缘层对电缆的正常运行和使用寿命起着决定性作用，如果绝缘层质量有问题，就会导致电缆使用寿命缩短，安全性能下降，甚至可能引发安全事故。

2.1 电力电缆绝缘的种类

在电网中，电力电缆用于输电和配电，因而它需要满足输电、配电网络对电缆的要求，例如，能够承受电网的电压（包括工作电压、故障电压、雷电冲击电压、操作过电压），传输较大的功率，能够承载正常工作电流和故障情况下的电流，具有安装、敷设所需要的机械性能，相对较小的线路损耗，以及寿命长、成本低等。

电缆的绝缘承受着线路中的电压，电力电缆的绝缘材料应具备的主要性能如下[1]：

1）高的击穿场强（工频、脉冲、操作波）；

2）低的介质损耗角正切（$\tan\delta$）；

3）高的绝缘电阻；

4）优良的耐树枝放电、局部放电性能；

5）具有一定的柔软性和机械性能；

6）绝缘性能长期稳定等。

常用的电力电缆绝缘有油浸纸绝缘、塑料绝缘、橡皮绝缘、气体绝缘，以及使用于低温环境的低温介质绝缘等。根据这些绝缘材料，电力电缆可分为纸绝缘电缆（黏性浸渍纸绝缘电力电缆、不滴流纸绝缘电力电缆、充油电力电缆等）、塑料绝缘电缆（交联聚乙烯绝缘电力电缆、聚乙烯绝缘电力电缆、聚丙烯绝缘电力电缆、聚氯乙烯绝缘电力电缆等）、橡皮绝缘电力电缆、压缩气体绝缘电力电缆、超导电力电缆等。

2.1.1 油浸纸绝缘

油浸纸绝缘电力电缆已经有超过 100 年的可靠运行经验。至今，除外力破坏外，纸绝缘电缆损坏的唯一原因仍然是由于普遍使用在该电缆外部的铅护套开裂或被腐蚀，使水分渗入电缆内部而导致的。由于纸绝缘电缆专业技术人员的缺乏，以及与聚合物绝缘电缆相比较大的介质损耗和较高的安装、维护费用，导致了人们更多地选择聚合物作为电力电缆的绝缘材料[2]。

油浸纸绝缘电力电缆包含黏性浸渍纸绝缘电缆和充油电缆。黏性浸渍纸绝缘电缆曾用于中低压交流传输，但目前仅用于最高直流电压等级的海底大功率传输应用。黏性浸渍纸绝缘电缆最高适用于直流 500kV[3]，充油电缆应用于高电压等级。

油浸纸绝缘电力电缆的绝缘为电缆纸和浸渍剂的混合绝缘。

电缆纸结构为层状结构，包括木纤维电缆纸和夹在两层木纤维电缆纸层间的塑料薄膜，构成复合纤维纸，如在两层木纤维电缆纸之间加入一层聚丙烯薄膜的聚丙烯复合纤维纸。加入的塑料薄膜材料的介质损耗低、介电常数小，因而可以提高电缆绝缘的击穿场强、降低电缆绝缘损耗。

黏性浸渍纸绝缘电缆包括普通黏性浸渍电缆和不滴流浸渍电缆。这两种电缆除浸渍剂不同外，结构是相同的，曾广泛用于 35kV 及以下电压等级。10kV 及以下电压等级一般为多相绝缘线芯共用一个金属护套，金属护套通常采用金属铅护套。20～35kV 电缆通常为分相铅（或铝）包结构，每一相绝缘线芯都有各自的金属护套，使绝缘中的电场分布只有径向而没有切向分量，以提高电缆的电气性能。两种电缆结构分别如图 2-1 和图 2-2 所示[4]。

黏性浸渍纸绝缘电缆所需的浸渍剂黏度高，在电缆工作温度范围内不流动或基本不流动，但在浸渍温度下浸渍剂应具有相当低的黏度，以保证浸渍充分。普

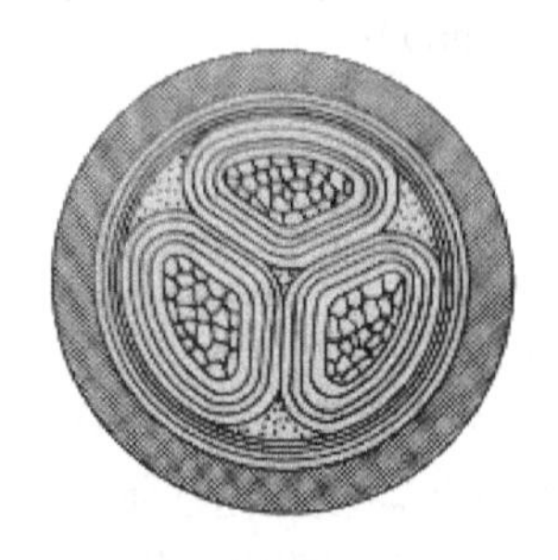

图 2-1　ZQ2 型 10kV 及以下电压等级、油浸纸绝缘电力电缆结构

图 2-2 ZQ2 型 20～35kV 电压等级、油浸纸绝缘分相铅包电力电缆结构

通黏性浸渍剂即使在较低的工作温度下也会流动，当电缆敷设于落差较大的场合时，浸渍剂会从高端淌下，造成绝缘干涸，绝缘水平下降，甚至可能导致绝缘击穿。因此，普通黏性浸渍电缆不宜用于高落差的场合。

不滴流浸渍电缆的浸渍剂也属于黏性浸渍剂，但在电缆工作温度范围内，它不流动且能够成为塑性固体并具有较小的温度膨胀系数，以保证绝缘间形成气隙的可能性较小，因而可用于高落差场合。

由于黏性浸渍纸绝缘电缆在直流下的良好性能和使用长度几乎不受限制，因而在直流 500kV 海缆中得到应用，图 2-3 所示为黏性浸渍纸绝缘高压直流电缆[3]。

图 2-3 黏性浸渍纸绝缘高压直流电缆

450kV Baltic 电缆（左） 150kV Gotland 电缆（右）

充油电缆是利用补充浸渍原理来消除绝缘层中形成的气隙，以提高电缆工作场强的一种电缆结构。根据不同金属护层结构，充油电缆分为自容式充油电缆（电缆结构见图 2-4 和图 2-5）和钢管充油电缆（电缆结构见图 2-6）[4]。自容式充油电缆一般在线芯的中心（有的在金属护套下）具有与补充浸渍设备（供油箱等）相连接的油道。钢管充油电缆一般由三根屏蔽的单芯电缆绝缘线芯置于无缝钢管内组成，没有中心油道。为了提高补充浸渍速度和防止油流产生过高的压降，充

油电缆所采用的浸渍剂黏度较低，其中自容式充油电缆要求浸渍剂的黏度最低，而钢管充油式电缆则要求浸渍剂的黏度相对高得多，以保证电缆线芯拉入钢管时，浸渍剂不会大量从绝缘层流出。

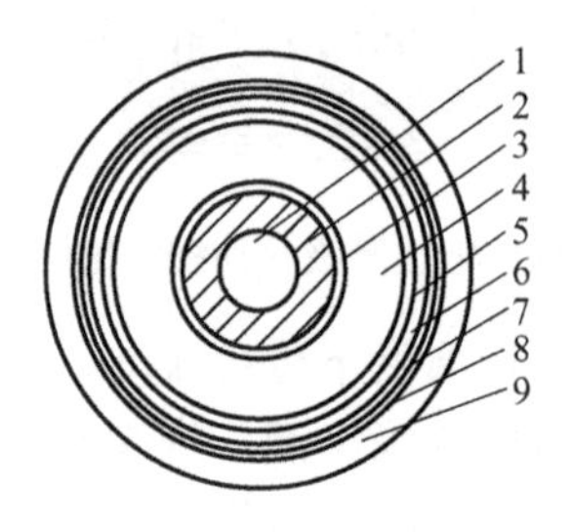

图 2-4　单芯自容式充油电缆结构

1—油道　2—导体　3—导体屏蔽　4—绝缘层　5—绝缘屏蔽　6—铅套　7—内衬层　8—加强层　9—外护层

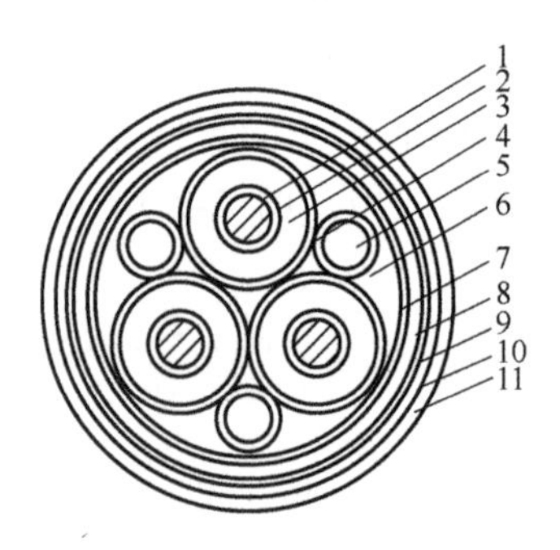

图 2-5　三芯自容式充油电缆结构

1—导体　2—导体屏蔽　3—绝缘层　4—绝缘屏蔽　5—油道　6—填料　7—钢丝编织层
8—铅套　9—内衬层　10—加强层　11—外护层

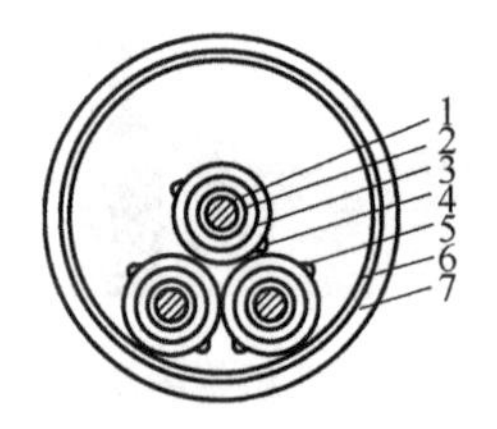

图 2-6　钢管充油电缆结构

1—导体　2—导体屏蔽　3—绝缘层　4—绝缘屏蔽　5—半圆形滑丝　6—钢管　7—防腐层

近些年来，考虑到铅护套和浸渍液体对环境的影响，油浸纸绝缘电缆已经很少被使用。

2.1.2　塑料绝缘

聚氯乙烯（Polyvinyl Chloride，PVC）最早使用于电缆的绝缘是在 20 世纪早期，直到聚乙烯（Polyethylene，PE）和交联聚乙烯（Cross Linked Polyethylene，XLPE）发展起来前，PVC 一直都被普遍应用在电缆的绝缘中，尤其是低电压等级的电缆。然而，与 PE 材料相比，PVC 在击穿场强、老化特性、温度等级以及耐潮湿性能等方面的劣势迅速显现出来。另外，在运行中的 PVC 绝缘电缆也表现出了较高的事故率。因此，目前 1kV 以上等级的电力电缆已经不再使用 PVC 绝缘[2]。

PVC 现在仍然作为 1kV 及以下低压电缆的绝缘材料之一，同时也是一种护套材料。然而，PVC 在电缆绝缘中的应用正在广泛地被 XLPE 代替，在护套中的应用正在迅速被线性低密度聚乙烯（Linear Low Density Polyethylene，LLDPE）、中密度聚乙烯（Medium Density Polyethylene，MDPE）或者高密度聚乙烯（High Density Polyethylene，HDPE）所代替。

PE 是一种碳氢化合物，除碳和氢以外，不含有其他因素。与纸绝缘相比，聚乙烯材料具有成本低、击穿场强较高、介质损耗较低及加工性能、耐潮湿、耐化学腐蚀和低温特性良好等优点。但是，聚乙烯材料不具有良好的耐电痕性能，导致 PE 很容易被局部放电腐蚀以及被电晕烧蚀，而且在潮湿环境和电场共同作用下，易产生水树。PE 电缆的导体运行温度（70～80℃）低于 XLPE 电缆的运行温度（90℃）。LDPE 在 20 世纪 90 年代曾用于 500kV 电力电缆，但随后被 XLPE 替代。

XLPE 是通过将 LDPE 和交联剂（如过氧化物）混合而制造的一种热固性材料。长链的 PE 分子在硫化过程中发生交联，从而形成 XLPE，XLPE 不仅具备同热塑性 PE 同样良好的电性能，还具备更好的耐热和机械性能。

XLPE 绝缘电缆的最高导体工作温度为 90℃，过载温度为 140℃。XLPE 绝缘电缆的短路温度可达 250℃。XLPE 具有极好的电介质特性，使得其可用于 600V～500kV 的电压范围内。目前广泛应用于低压、中压、高压及超高压电缆的绝缘。

XLPE 电缆绝缘的生产过程中，在挤出机的交联区域，高温下绝缘材料中分解产生的气体副产品会在没有冷却固化的绝缘中形成气泡。为了抑制气泡的产生，挤出电缆绝缘必须维持在具有一定压力的管道内，直至冷却的电缆绝缘具有足够的强度。冷却过程必须缓慢进行，以释放其内应力。XLPE 电缆在绝缘生产中的交联段、冷却段和应力松弛段的总长通常可达到上百米。中压交联电缆的绝缘生产通常采用悬链式交联生产线（Catenary Continuous Vuicanization，CCV），如图 2-7[2]所示，其硫化管呈近似水平悬链形式，因而要求厂房有较长的长度。为了获得更小的绝缘偏心及更高的稳定性，高压及超高压交联电缆则更多采用垂直的立式交联生产线（Vertical Continuous Vulcanization，VCV），俗称立塔，如图 2-8[2]所示，其硫化管为上下垂直形式，从而较好地避免了绝缘挤出后固化前呈熔融状态时重力带来的影响。为获得更高的生产效率，立式交联生产线厂房高度可达到100多米。

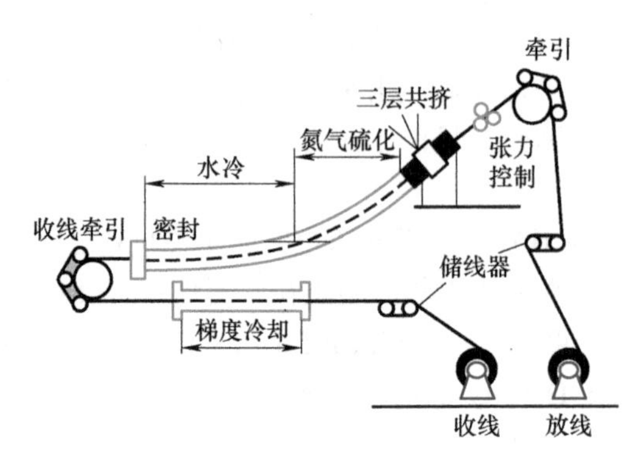

图2-7　CCV生产线示意图

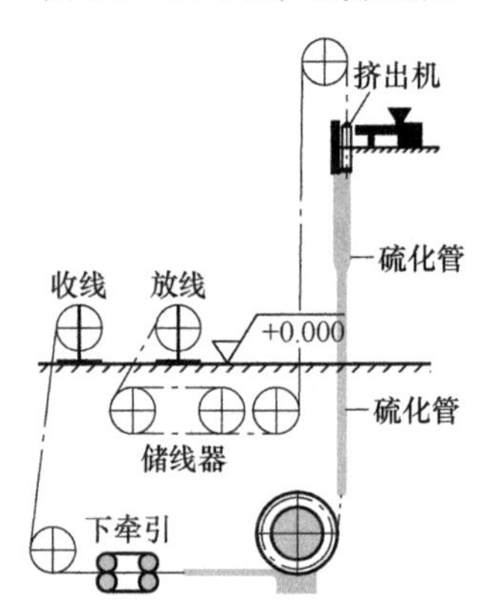

图2-8　VCV生产线示意图

聚丙烯（Polypropylene，PP）熔点较高，有较高的击穿强度和体积电阻率，可以满足电缆在较高温度下运行的需求，但是PP材料具有很强的脆性和刚性，耐低温冲击性能和导热能力较差。通过材料性能的改良，可有效改善这些缺点。同时，与XLPE相比，PP具有可降解的优点，而不像XLPE难以降解，很好地解决了电缆绝缘回收处理环节中面临的环保问题。近些年来，PP电力电缆逐渐开始得到一定应用。

2.1.3　橡皮绝缘

橡皮是最早用来制作电线、电缆绝缘的材料。橡皮在很大的温度范围内具有高弹性，对于气体、潮气、水分具有低渗透性、高化学稳定性和良好的电气性能。特别是橡皮的高弹性使橡皮电缆具有很好的弯曲性能，因此常被用来作为要求高柔软电缆（移动式机器用电缆，矿缆、船缆等）的绝缘材料。

丁苯橡胶（Styrene Butadiene Rubber，SBR）是丁二烯—苯乙烯共聚物，它的抗老化性能、耐热性、耐磨性、耐油性都比天然橡胶高，广泛用来代替天然橡胶制造电缆绝缘及一般护套橡皮。

丁基橡胶（Isobutylene Isoprene Rubber，IIR）是异丁烯和异戊二烯的共聚物，它比天然橡胶和 SBR 的耐电晕性能、抗老化性能、电气性能及耐湿性能更好，能用作较高电压和较重要电缆的绝缘。

乙丙橡胶（Ethylene Propylene Rubber，EPR）是一种由乙烯、丙烯（有时会有第三种单体）共聚而成的热固性材料，三种单体的共聚物称为三元乙丙橡胶（Ethylene Propylene Diene Monomer，EPDM）。在柔软的共聚物中，添加一系列经过设计的填料，会使材料具备良好的热性能、挤出性能及电性能，多用于高压绝缘，其缺点是抗撕强度、耐油等性能较差。在较宽的温度范围内，EPR 始终保持柔软，并且具有良好的耐电晕性能。然而，EPR 材料的介质损耗明显高于 XLPE。

2.1.4　气体绝缘

在管道充气电缆中，充入气体作为电缆的绝缘。作为绝缘的气体一般要求具有高的击穿场强、化学稳定性和不燃性。通常作为电缆绝缘的气体为六氟化硫（SF_6）气和氮气（N_2）。六氟化硫具有高的热稳定性和化学稳定性，它在温度 150℃条件下，不与水、酸、碱、卤素、氧、氢、碳、银、铜和绝缘材料起化学反应，在 500℃以下不分解。SF_6 具有良好的绝缘性能和灭弧性能，在均匀电场中，它的击穿场强为空气或 N_2 的 2.3 倍，在不均匀电场中约为 3 倍，在 3～4 个大气压下，它的击穿场强与一个大气压力下的变压器油相似[1]。

SF_6 管道充气电缆是在内外两个圆管之间充以一定压力（一般是 0.2～0.5MPa）的 SF_6 气体。内圆管（常用铝管或铜管）为导电线芯，由固体绝缘垫片（通常是环氧树脂浇注体）每隔一定距离支撑在外圆管内。外圆管既作为 SF_6 气体介质的压力容器，又作为电缆的外护层。单芯结构的外圆管可用铝或不锈钢管，三芯结构的可用钢管。气体绝缘电缆的导体和护层结构有刚性和可挠性两种，分别如图 2-9 和图 2-10 所示。刚性结构电缆在工厂装配成长 12～15m 的短段，运至现场进行焊接。由于负荷和环境温度的变化会引起热收缩，因此在线路中要有导体和护层的抗伸缩连接。在长线路中，还应有隔离气体的塞止连接。管道充气电缆的电容小、介质损耗低、导热性好，因而传输容量较大，一般传输容量可达 2000MVA 以上，常用于大容量电厂的高压引出线、封闭式电站与架空线的连接线或在避免两路架空线交叉而将一路改为地下输电时。但管道充气电缆的尺寸较大，如电压等级为 275～500kV 的刚性管道充气电缆的外径在 340～710mm 之间，500kV 三芯结构的外径可达 1220mm。可挠性结构电缆的最大外径一般限制在

250～300mm 之间，以便于卷挠，但传输容量要比刚性的小很多，并且必须采用较高的气压（一般为 1.5MPa 左右），以保证足够的耐压强度。管道充气电缆的管道要清洁光滑，气体要经过处理，去除其中的自由导电粒子，以保证绝缘的电气强度。固体绝缘垫片要设计合理，以改善其电场分布，使电缆具有高的耐冲击电压性能[4]。

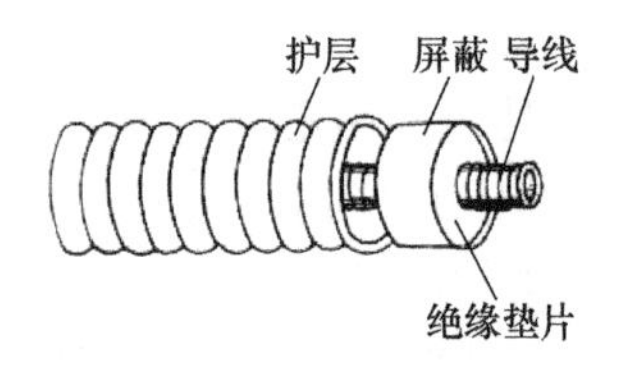

图 2-9　刚性管道充气电缆结构图

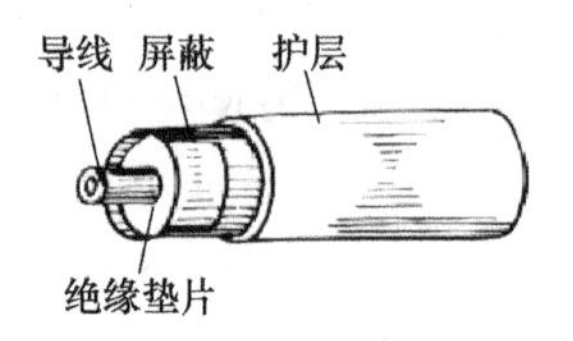

图 2-10　可挠性管道充气电缆结构图

SF_6 因具有强温室效应，大气寿命为 3200 年，且其全球变暖潜能值（Global Warming Potential，GWP）为 CO_2 的 23900 倍，故被《京都议定书》列为严格限制使用的六种温室气体之一。针对 SF_6 的替代技术，各国一直在持续研发中，陆续开发了 C_4F_7N（C_4）、$C_5F_{10}O$（C_5）、HFO1234、HFO1336 等。

2.1.5　低温介质绝缘

随着超导技术的不断发展，出现了适用于液氮温区的高温超导材料，极大地降低了超导电缆的低温制冷费用。低温绝缘高温超导电缆以其大容量、低损耗等优点逐渐开始得到应用。超导电缆在安装敷设完成之后、通电运行之前，在电缆的低温杜瓦管内部充满液氮，超导导体、电缆绝缘、超导屏蔽均处于液氮中，电缆运行时绝缘处于液氮低温环境下（77K 附近），由绝缘材料和液氮组成复合绝缘。常规电缆所采用的塑料绝缘材料在液氮环境下一般会因为温度过低致使内部应力过大，容易产生开裂，且低温下塑料绝缘材料塑性过低，无法弯曲，因而不能作为超导电缆的低温绝缘材料。橡胶材料也存在类似的问题，且介质损耗较大，也不能作为超导电缆的低温绝缘材料。PP 复合纤维纸相比木纤维电缆纸在液氮中具有更低的损耗和更高的击穿场强，同时具有较好的浸渍性能，是目前超导电缆通常采用的低温绝缘材料。其他的低温绝缘材料还有聚酰亚胺薄膜、聚芳酰胺纤维纸、聚丙烯薄膜等。

2.2　低温介质绝缘特性

超导电工用于产生低温环境的冷却介质通常有液氮和液氦。液氦温度更低，但价格比较昂贵，用于液氮不能满足冷却需求的低温超导材料应用场合。超导电缆所采用的超导材料为高温超导体，液氮环境即可满足温度要求，所用制冷剂通常为液氮。低温绝缘超导电缆的绝缘运行在液氮低温环境下，因而绝缘材料应在液氮温区具有较好的电气性能及机械性能。超导电缆的绝缘材料浸泡在液氮中，液氮作为绝缘的一部分与绝缘材料组成混合绝缘，也应具有相对较好的绝缘性能。

2.2.1　液氮

液氮作为电缆的冷却介质，其特性为惰性、无色、无臭、无腐蚀性、不可燃，常压下沸点为 77K，使用中存在冻伤、窒息等危险。液氮具有良好的介电性能，常压下它的相对介电常数为 1.43，短时工频击穿场强可以达到 25kV/mm 以上。

当液氮与低温绝缘材料组成的复合绝缘中的液氮气化时，因为氮气的相对介电常数为 1，所以交流电场中不同绝缘介质中场强分布与相对介电常数成反比关系，即 $\varepsilon_1 E_1=\varepsilon_2 E_2$，这将使氮气部分承受更高的场强。同时，氮气的击穿场强与液氮相比也大幅度降低，因而绝缘中的液氮气化可能导致绝缘中氮气部分发生击穿，致使整个绝缘失效。所以，对于液氮浸渍复合绝缘，应避免绝缘中液氮出现气化的现象。

2.2.2　木纤维电缆纸

电缆绝缘所用木纤维电缆纸由木质纤维制成，它的主要成分是纤维素，纤维素是高分子碳氢化合物，其化学分子式为$(C_6H_{10}O_5)_n$，具有很高的稳定性，不溶于水，以及酒精、醚、萘等有机溶剂，同时不与弱碱及氧化剂等发生反应，因此纤维素制成的纸常被用作绝缘材料应用在相关电工设备中。另外，纤维素具有毛细管结构，它的浸渍性远大于聚合物薄膜。

木纤维电缆纸具有良好的机械性能和油中电气性能，在油浸纸电缆中得到广泛应用。在液氮低温环境下，木纤维电缆纸也表现出较好的机械和电气性能，具有较高的击穿场强、较小的介质损耗等。在 77K 液氮浸渍条件下、压力为 1apm 时，其相对介电常数为 2.21，同聚丙烯复合纤维纸一致。介质损耗因数比聚丙烯复合纤维纸大，为 1.4×10^{-3}，电气强度为 35～40kV/mm。液氮浸渍纤维素复合绝缘的电气强度随着液氮压力的提高而提高。但在 0.8MPa 时达到饱和，达到 55kV/mm 左右[5]。考虑到相对于聚丙烯复合纤维纸较大的介质损耗因数，因而在较高电压等级的交流超导电缆中，木纤维电缆纸不适宜作为电缆的绝缘材料，以避免相对于聚丙烯复合纤维纸绝缘来说较大的绝缘介质损耗。

2.2.3　聚丙烯复合纤维纸

聚丙烯复合纤维纸为两层木纤维纸之间加入一层聚丙烯薄膜复合而成。由于聚丙烯薄膜具有比木纤维纸更低的介质损耗、更高的击穿场强，以及相对接近的介电常数，使聚丙烯复合纤维纸既保持了木纤维纸良好的浸渍性能，同时还具有比木纤维纸更低的损耗和更高的击穿场强，是目前超导电缆通常采用的绝缘材料。

聚丙烯复合纤维纸具有良好的液氮温度下的电气性能。常温下聚丙烯复合纤维纸的相对介电常数为2.3左右，液氮温度下的相对介电常数略低于常温下。

聚丙烯复合纤维纸具有较小的介质损耗，在液氮中，聚丙烯复合纤维纸的介质损耗角正切值为8×10^{-4}[5]。

增加液氮压力，能显著提高液氮中聚丙烯复合纤维纸绝缘的长期工频击穿场强，尤其在压力为0.3MPa以下时更为明显，但在液氮压力达到0.7MPa以上后逐渐趋于饱和，如图2-11所示[6]。图2-11所示为一种聚丙烯复合纤维纸在液氮中不同压力下的工频电压平均击穿场强（采用逐级升压方式，每级耐压2min，厚度为三层聚丙烯复合纤维纸）。同时，研究表明随着厚度的增加，液氮中聚丙烯复合纤维纸的击穿场强下降。

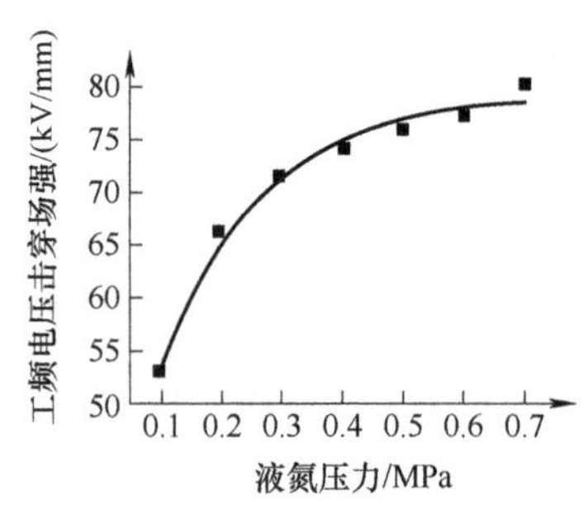

图2-11　聚丙烯复合纤维纸的压力-工频电压击穿场强曲线

聚丙烯复合纤维纸具有良好的液氮下耐交流电压和冲击电压特性。根据相关研究结果，1mm厚度聚丙烯复合纤维纸绝缘的电缆试样，在液氮中0.4MPa压力下满足0.1%击穿概率的30min的工频击穿场强可以达到35kV/mm以上，其满足0.1%击穿概率的雷电冲击击穿场强可以达到70kV/mm以上。图2-12所示为一种聚丙烯复合纤维纸1mm绝缘厚度的电缆样品在0.4MPa压力下液氮中的3min的工频电压击穿场强与击穿概率的关系。

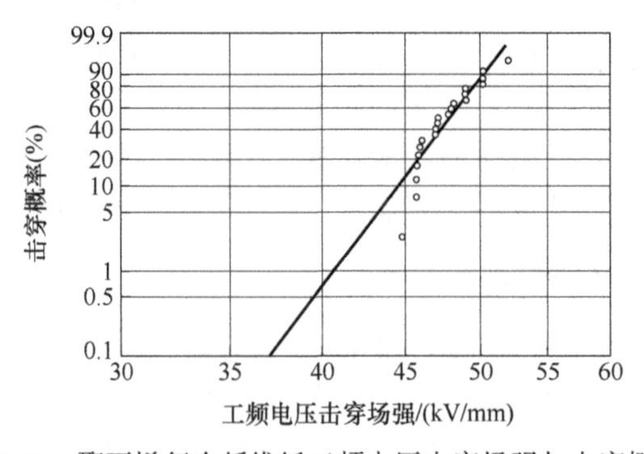

图2-12　聚丙烯复合纤维纸工频电压击穿场强与击穿概率

在交流电压作用下，电缆的介质损耗为电缆绝缘中消耗的有功功率。每 cm 长度电缆的介质损耗 W_d（单位为 W/cm）如式（2-1）所示[1]：

$$W_\mathrm{d} = U^2 \omega C \tan\delta \qquad (2\text{-}1)$$
$$\omega = 2\pi f$$

式中　U——电缆导体对地电压，单位为 V；

f——电源频率，单位为 1/s；

C——每 cm 长电缆的电容，单位为 F/cm；

$\tan\delta$——绝缘的介质损耗角正切。

作为超导电力电缆绝缘材料，其 $\tan\delta$ 越大，意味着损失于介质中的能量越大，对应于制冷系统为维持低温所损耗的能量越大，电压等级越高，电缆的介质损耗也越大。因而，对于用于高压电缆的绝缘材料，其 $\tan\delta$ 越小越好。

根据相关研究[7]，聚丙烯复合纤维纸和冰的组合绝缘在液氮中的击穿场强要高于液氮中聚丙烯复合纤维纸绝缘的击穿场强。但纸带中水分的存在会导致绝缘的介质损耗增加，从而增加了整根超导电缆的损耗，同时也意味着需要增加对制冷设备的投入成本，降低了超导电缆系统的传输效率。因而，对超导电力电缆来说，应控制电缆绝缘纸带中水分的含量。

对于聚丙烯复合纤维纸的热特性，其差示扫描量热法（Differential Scanning Calorimetry，DSC）曲线如图 2-13 所示[8]。DSC 是一种测量输入样品和参考样品之间的热流差的技术，它是使用编程温度法得到的热流随温度和时间的函数。由曲线可知，聚丙烯复合纤维纸的玻璃化转变发生在 65.99℃时，分子链由自由运动态变为非自由运动态。164.30℃为聚丙烯复合纤维纸的熔化温度，之后聚丙烯复合纤维纸开始结晶，有序的分子链被破坏。绝缘材料的熔化温度影响其机械性能和绝缘性能。因此，在聚丙烯复合纤维纸使用时，应不得超过 164.30℃。

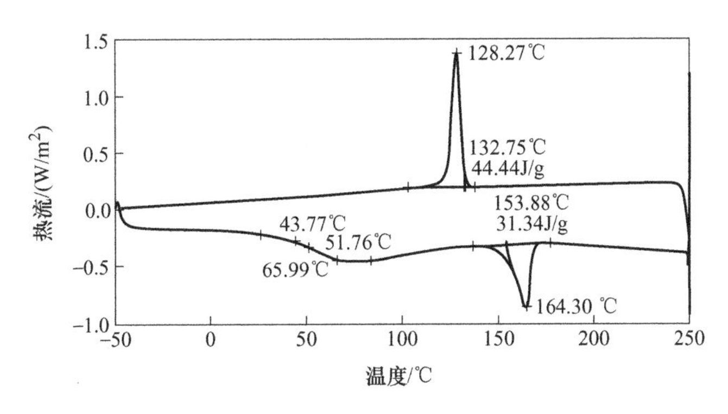

图 2-13　聚丙烯复合纤维纸的 DSC 曲线

2.2.4 聚酰亚胺

聚酰亚胺（Polyimide，PI）拥有优良的物理、化学性能及耐热能力，其热稳定性良好，可以在-269～400℃范围内保持良好的运行状态，能耐几乎所有的有机溶剂和酸，有较好的耐磨耐电弧等特性。这些特性使得聚酰亚胺薄膜成为高温超导电工绝缘材料中被使用最多的薄膜材料[9]。聚酰亚胺具有优良的电气性能，液氮下相对介电常数为 2.21 左右，略低于聚丙烯复合纤维纸，体积电阻率可达到 $10^{14}\Omega\cdot m$ 以上，高于聚丙烯复合纤维纸，其击穿场强也高于聚丙烯复合纤维纸。但聚酰亚胺薄膜的局部放电、起始放电电压低于聚丙烯复合纤维纸[9]，同时，聚酰亚胺薄膜的浸渍性能较差。

2.2.5 聚芳酰胺纤维纸

聚芳酰胺纤维纸具有良好的电气性能和低温机械性能，具有较高的体积电阻率、较高的击穿场强、较小的介质损耗等。其耐局部放电性能优良，在液氮温度及 0.1～0.6MPa 压力下，聚芳酰胺纤维纸的绝缘局部放电初始放电电压同聚丙烯复合纤维纸的初始放电电压基本一致，为 15～24kV/mm，随着液氮压力的提高，起始放电电压有所提高。聚芳酰胺纤维纸介质损耗为 5×10^{-4}，介电常数为 3.1。在液氮温度和 0.1MPa 压力下，液氮浸渍聚芳酰胺纤维纸复合绝缘的电气强度 35kV/mm，随着液氮压力增大，其电气强度也随着提高，到 0.7MPa 时接近最大，达到 55kV/mm 以上[5]。聚芳酰胺纤维纸具有良好的耐高温和低温性能，在液氦温度下能保持良好的柔软性[9]。作为聚合物薄膜，聚芳酰胺纤维纸浸渍性能也比较差。

2.2.6 聚丙烯薄膜

聚丙烯薄膜具有良好的电气性能和低温机械性能。常温下聚丙烯薄膜相对介电常数为 2.0～2.2，液氮下的相对介电常数略高于常温下[9]；具有较高的体积电阻率，可达到 $10^{14}\Omega\cdot m$；具有较小的介质损耗，介质损耗角正切值为 10^{-4}；具有较高的击穿场强。聚丙烯薄膜的介质损耗、击穿场强、体积电阻率均优于聚丙烯复合纤维纸，相对介电常数与聚丙烯复合纤维纸基本相同。同样，作为聚合物薄膜，聚丙烯薄膜具有较差的浸渍性能。

2.3 超导电缆绝缘制造

超导电缆绝缘采用多层绝缘纸（纤维纸或复合纤维纸）或薄膜绕包结构，绝缘层的制造在绝缘纸包生产设备上完成。绝缘纸包设备有多个纸包绞笼，如图 2-14 所示，每个纸包绞笼一般有 12～16 个纸包头，每个纸包头可以安装一个纸盘，每个绞笼最多可以安装 12～16 个纸盘，当电缆导体通过时，纸包头围绕电缆导体包绕纸带。

在绝缘的内侧和外侧，需要有数层绕包的半导电纸带作为半导电导体屏蔽和半导电绝缘屏蔽。

为保证纸带绕包质量，每个纸包头的纸带的张力大小应可以通过相应的控制装置来实现调节。每个绞笼的旋转方向应可根据实际需要进行改变，不同绞笼转向交替改变以使生产力矩平衡。图 2-15 所示为一个绞笼的绝缘纸绕包。

图 2-14　绝缘纸包设备的多个绞笼

由于电缆在生产制造过程以及安装敷设中需要经历多次弯曲，因此电缆绝缘层一般用一定宽度（15～25mm）的窄条纸带螺旋状绕包，这样既便于绝缘层的绕包，又可保证电缆具有一定的弯曲度，且多次弯曲后仍保持良好的状态。

如果以一定宽度的纸带绕包在半径为 r 的线芯上，那么当线芯沿半径为 R 的圆弧弯曲，对应的中心角为 α 时（见图 2-16），纸的横向伸长率如式（2-2）所示：

$$\frac{(R+r)\alpha - R\alpha}{R\alpha} = \frac{r}{R} \times 100\% \tag{2-2}$$

根据试验，绝缘纸的横向安全伸长率一般在 0.5%左右，由式（2-2）可知，两者的弯曲半径倍数需达到 200 以上，而通常纸绝缘电缆弯曲半径为 40～50 倍。例如，绝缘外径为 50mm 的电缆盘内筒直径为 2500mm，远远不能满足电缆弯曲造成的伸长率。因而，在电缆弯曲时，纸张之间应该可以相互移动，以避免绝缘纸发生皱折。

采取层状纸带绕包，绝缘层由多层纸组成，这样便分散了单层纸绝缘中可能存在缺陷的空间分布，使整个绝缘层的均匀度增加，提高了绝缘层的击穿强度，降低了绝缘层击穿场强的分散性，图 2-17 所示为油浸纸绝缘的击穿电压的分散度与纸层数的关系[1]。

图 2-15　一个绞笼的绝缘纸绕包

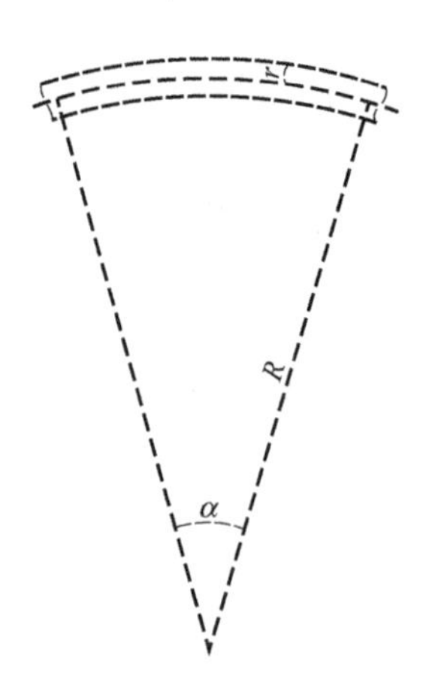

图 2-16　电缆弯曲时纸带变形情况

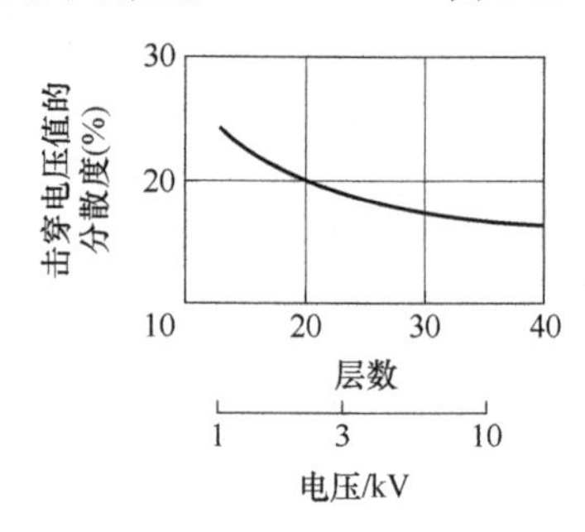

图 2-17　油浸纸绝缘的击穿电压的分散度与纸层数的关系

导体和绝缘之间的半导电纸以及绝缘和屏蔽之间的半导电纸可以有效提高电缆的击穿电压。根据油浸纸绝缘电缆的研究结果，油浸纸绝缘电缆采用半导电纸屏蔽层后，线芯表面的电场强度可降低 3%左右，但试验结果表明工频击穿电压会提高 30%～40%[1]。对于液氮浸渍聚丙烯复合纤维纸绝缘，试验结果表明采用半导电纸后工频击穿电压有 20%左右的提高。

纸带绕包一般采用间隙式绕包方式。从电缆的击穿强度考虑，间隙式绕包的纸带间隙越小越好，但间隙太小会增加大长度电缆绝缘制造的工艺难度，同时，当电缆弯曲时纸带间可能因“顶牛”而使纸带发皱，降低电缆的击穿场强。因此，纸带间间隙的大小应根据纸带宽度、允许弯曲半径、电缆工作电压和工艺水平确定。一般间隙宽度选择在 0.5～2.5mm 范围内。

绝缘中相邻纸层间的间隙相重合，会大幅度降低液氮中复合纸绝缘的脉冲击穿场强，同时也会降低它的工频击穿场强，所以在制造中，应严格控制间隙重叠数，避免相邻层的纸带间隙重叠。图 2-18 所示为经受工频电压后拆除接地屏蔽和绝缘半导电屏蔽的电缆样品试样，由图中可见在绕包产生的间隙处的放电情况明显比其余部位严重。

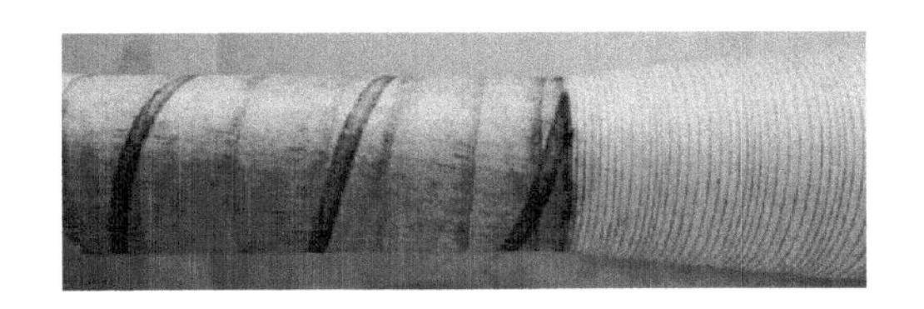

图 2-18　液氮下工频电压试验后电压绕包电缆试样

在相同绝缘厚度条件下，纸带间搭盖程度越小，沿电力线方向纸带间隙相隔的纸带层数则越多，脉冲击穿场强越高。所以从提高短时击穿场强方面考虑应尽可能减小层间搭盖程度。

绝缘中的局部放电一般从纸带间隙的液氮开始。在相同电压下，纸带间隙的液氮电场强度越低，电缆绝缘的局部放电起始电压越强。纸带搭盖率越小，纸带间隙液氮的电场越强，起始游离电压越低，即从起始局放考虑则应提高纸带搭盖率。根据油纸绝缘试验，搭盖程度在 1/2～1/3 范围内变化，对起始游离电压影响不大。

另一方面，为了使移滑放电路程最长，应使自导体至屏蔽经纸带间隙和纸带表面的最短路径最长，则应采用 1/2 搭盖率。

综合考虑上述要求和工艺因素，一般取纸带层间搭盖程度在 1/3 左右。

和普通纸包绝缘电缆一样，超导电缆绝缘采用绕包多层绝缘纸的方式以达到所要求的绝缘厚度，绕包质量的好坏直接影响着超导电缆的电气性能。

绕包电缆绝缘在纸带张力强度允许条件下，应使纸带张力尽可能大，电缆绝缘绕包尽可能紧，以获得较高的击穿场强。但绕包绝缘时纸带张力过大，造成纸张层与层之间的界面压力增大，电缆弯曲时将会产生皱折。电缆绝缘发生皱折后，将大幅度降低绝缘的击穿场强。对于多层绕包绝缘来说，应该做到“紧而不皱”，既要做到尽可能紧，又要做到电缆在经过弯曲后纸层不起皱，以满足电缆性能的要求。

根据绕包理论，为了保证弯曲后不起皱，绕包绝缘中任一半径处纸带和纸带之间的界面压力必须小于临界压力，用式（2-3）来表示：

$$\Phi_{or} \leqslant \frac{c}{\mu_s w} P_0 \tag{2-3}$$

其中

$$P_0 = \frac{1}{\sqrt{3}} \frac{s^2}{r} (4G^2 E_1 E_2)^{\frac{1}{4}} \tag{2-4}$$

式中　Φ_{or}——半径 r 处的压力；

c——安全系数（0.6～0.8）；

μ_s——静态摩擦系数；
w——包带宽度；
s——包带厚度；
r——半径；
P_0——临界压力；
G——剪切模量；
E_1——纵向弹性模量；
E_2——横向弹性模量。

半径 r 处的界面压力为

$$\Phi_{or}=\frac{T\sin\alpha}{sw}\frac{1}{\sqrt{n-1}} \tag{2-5}$$
$$n=E_1/E_3$$

式中 T——带的绕包张力；
α——绕包角；
E_3——压缩弹性模量。

图2-19所示为不恰当的绕包张力，导致电缆绝缘经过数次弯曲后皱折的照片。

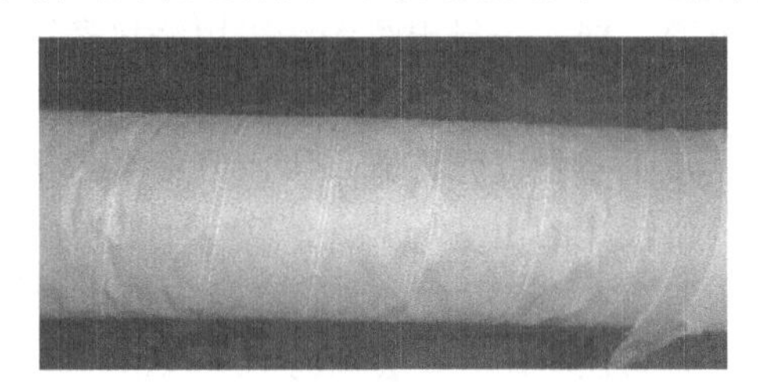

图2-19 弯曲后皱折的电缆绝缘

图2-20所示为设置合理的绝缘绕包张力，经过规定的弯曲次数后绝缘表面的照片。

图2-20 正常“紧而不皱”的绝缘照片

为了提高绕包时纸带的最大允许张力，应提高纸带的机械性能，即提高 G、E_1 和 E_2，以减小摩擦系数。摩擦系数与相对湿度有关，通常随着相对湿度的增加而增大。

聚丙烯复合纤维纸具有较好的机械性能、较高的机械强度、较小的摩擦系数等。图 2-21 和图 2-22 所示为生产厂商提供的常用聚丙烯复合纤维纸典型抗张强度和伸长率特性，MD（Machine Direction）代表纵向，CD（Cross Direction）代表横向。干燥的聚丙烯复合纤维纸的摩擦系数为 0.58～0.6。

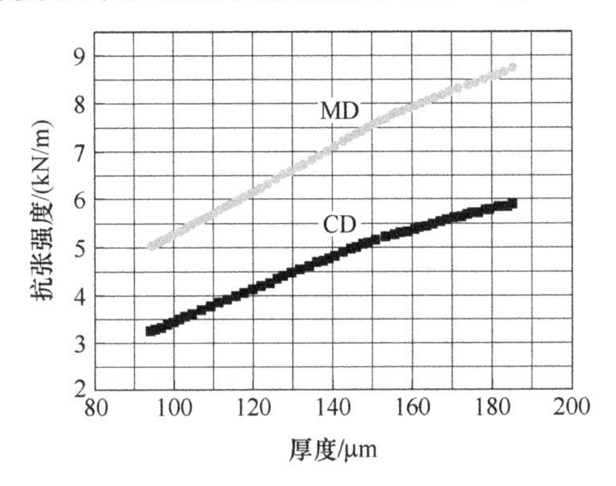

图 2-21　不同厚度聚丙烯复合纤维纸的抗张强度

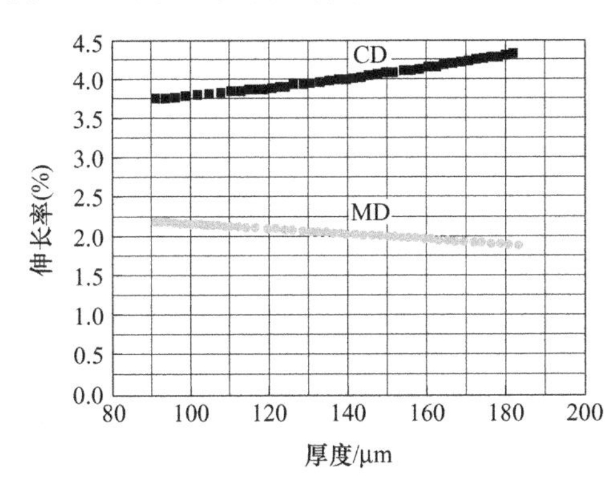

图 2-22　不同厚度聚丙烯复合纤维纸的伸长率

参考文献

[1] 刘子玉. 电气绝缘结构设计原理：上册[M]. 北京：机械工业出版社, 1981.

[2] WORZYK T. Submarine Power Cables: Design, Installation, Repair, Environmental Aspects[M]. Berlin: Springer, 2009.

[3] 王春江. 电线电缆手册[M]. 2 版. 北京：机械工业出版社, 2002.

[4] 滕玉平，肖立业，戴少涛，等. 超导电缆绝缘及其材料性能[J]. 绝缘材料, 2005(1): 59-64.

[5] 张智勇，宗曦华，韩云武，等. 冷绝缘高温超导电缆用绝缘材料 PPLP 液氮浸渍击穿场强特性研究[J]. 稀有金属材料与工程, 2008, 37(s4): 402-403.

[6] NAGAO M, NAKANISHI T, KATAOKA Y, et al. Electrical insulation characteristics of paper-ice composite insulating system in liquid nitrogen[C]. Proceeding of 13th International Conference on Dielectric Liquid(ICDL'99), Nara, Japan, 1999:20-25.

[7] ZONG X H，HAN Y W, ZHANG J, et al. Thermo-insulation characteristics of PPLP used for superconducting cable[J]. IOP Conference Series Materials Science and Engineering, 2020, F68: 62-99.

[8] 杜伯学，邢云琪，傅明利，等. 高温超导电缆及其低温绝缘研究现状[J]. 南方电网技术, 2015, 9(12): 29-38.

[9] 王之瑄，邱捷，吴招座，等. 冷绝缘超导电缆绝缘材料测试综述[J]. 超导技术, 2008, 36(2): 14-18.

第3章 超导电缆柔性绝热管

随着超导技术的快速发展，对低温技术的要求也日益提高，低温容器的制造技术及低温冷却技术成为超导电力系统中的关键技术之一。高温超导电缆工作在液氮温区，使用真空绝热管道进行绝热保护输送。因此要求输送管道具有较好的绝热性能和弯曲性能。其中螺旋形波纹管更适合于连续大长度真空绝热管的实际工程应用。在大长度超导电缆的应用中，采用连续化的真空绝热管生产工艺，对超导电缆的产业化生产具有重要意义。

3.1 绝热管绝热技术

超导电缆绝热套的绝热性能对超导电缆的节能性能具有重要的影响。超导电缆在传输电能的过程中，不仅需要电缆内部的超导体交流损耗小，更需要外部绝热套的热损耗尽可能小，以提升超导电缆总的节能效能。

3.1.1 冷却介质

常用的低温冷却介质有液氦、液氮、液氧、液氢等，由于液氮和液氦两者化学性质稳定，且已实现了工业化生产，因此常用在超导应用技术中，两者相关的基本物性参数见表3-1。

表3-1 液氮及液氦基本物性参数

参数	He-4	N_2
分子量	4.0026	28.0134
沸点/K	4.23	77.355
流体密度/（kg/m^3）	124.73	806.084
蒸气密度/（kg/m^3）	16.757	4.612
汽化潜热/（kJ/kg）	20.752	199.176
气体与等质量液体的体积之比（1atm，0℃）	700.3	646.5

液态 He-4 是一种无色液体，由于其汽化潜热较小，并且极易汽化，因此需要用绝热性能较好的低温容器进行储存。表 3-2 中给出了液态 He-4 在相关温度下的饱和压力、密度及汽化潜热。

表 3-2　液态 He-4 在相关温度下的饱和压力、密度及汽化潜热

温度/K	饱和压力/kPa	密度/（kg/m^3）	汽化潜热/（kJ/kg）
2.2	5.335	145.91	0.650
2.4	8.356	145.32	0.450
2.6	12.378	144.25	0.434
2.8	17.559	142.87	0.431
3.0	24.052	141.23	0.437
3.2	32.012	139.35	0.449
3.4	41.591	137.21	0.472
3.6	52.944	134.80	0.492
3.8	66.228	132.07	0.519
4.0	81.603	128.96	0.548
4.2	99.233	125.39	0.587
4.4	119.290	121.21	0.644
4.6	141.970	116.20	0.721
4.8	167.490	109.89	0.877
5.0	196.110	101.00	1.281

液氮是指惰性、无色、无嗅、无腐蚀性、不可燃的氮气在温度极低的环境下而得到的液体。液氮的黏度较低，因为其化学性质不活泼，所以常作为高温超导领域的低温冷却介质，同时也用在液氦装置外围作为预冷介质。表 3-3 中给出了液氮在相关温度下的饱和压力、密度及汽化潜热。

表 3-3　液氮在相关温度下的饱和压力、密度及汽化潜热

温度/K	饱和压力/MPa	密度/（kg/m^3）	汽化潜热/（kJ/kg）
65	0.017411	861.70	214.0
70	0.038567	839.83	208.3
75	0.76096	817.41	202.3
80	0.13698	794.22	195.8
85	0.22908	770.04	188.7
90	0.36083	744.62	180.9
100	0.77917	688.69	161.6
110	1.4676	621.12	135.0
120	2.5130	522.27	94.3

在高温超导电缆中，液氮不仅作为传输冷媒，将超导电缆中产生的热量传输出去，保持电缆的运行温度；同时，还与超导电缆中的聚丙烯复合绝缘纸一起，构成超导电缆的主绝缘，保障超导电缆的电气性能。

3.1.2　绝热套的热力学基础

自然界中的热量交换无处不在，热量的传递方式有三类，即热传导、热对流、热辐射。

热传导又称为导热，是指物体之间依靠原子、分子及自由电子等微观粒子的热运动来传递能量。在导热理论中最常用的理论为傅里叶导热定律（又称导热基本定律），表述为单位时间内通过某一截面的热量与温度变化率和截面积成正比，如下：

$$\varPhi = -\lambda A \frac{\mathrm{d}t}{\mathrm{d}x} \tag{3-1}$$

式中　$\varPhi$ ——热流量，单位为 W；

λ ——导热系数，单位为 W/(m · K)；

A ——截面面积，单位为 m^2。

导热系数是表征材料导热性能优劣的一个热物性参数，它随着材料属性的不同而不同。一般而言，$\lambda_{固体}>\lambda_{液体}>\lambda_{气体}$，导热系数同样会随着温度的变化而变化，在一定的温度范围内，物质的导热系数可视为温度的线性函数，而在工程计算的裕度内，当温差不大时，可将导热系数视为常量。

热对流指的是由于流体宏观运动而发生的热量交换。流体中的分子在流动过程中仍在做不规则的热运动，因此热对流的过程中必然伴随着热传导。而工程中常见的是流体流过固体表面，这种换热形式称为对流换热。在对流换热计算中最常用的是牛顿冷却公式，如下：

$$\varPhi = hA\Delta t \tag{3-2}$$

式中　$\varPhi$ ——热流量，单位为 W；

h ——对流换热系数，单位为 W/(m^2 · K)；

A ——截面面积，单位为 m^2。

对流换热系数的数值与换热过程中流体的物理性质、换热表面的形状以及流体的流速等都有密切关系。物体表面附近流体的流速越快，其表面对流换热系数也越大。但在低温容器内腔中，通常采取抽真空或降低气体密度来达到高真空状态，从而减少气体的对流换热。表 3-4 中给出了三种常见气体（CO_2、H_2、O_2）的导热系数，在抽真空处理过程中往往需要了解空气中主要成分气体的性能参数，以达到最佳的抽真空效果，减小因气体对流换热引起的热量损失。

表 3-4　三种常见气体的导热系数

气体	温度 T/K	导热系数 λ/[W/(m·K)]
CO_2（沸点 195K）	250	0.01435
	300	0.01810
	400	0.0259
	500	0.0333
H_2（沸点 21K）	20	0.0158
	40	0.0302
	60	0.0451
	80	0.0621
	100	0.0805
O_2（沸点 90.2K）	150	0.0148
	200	0.0192
	250	0.0234
	300	0.0274

物体通过电磁波传递能量的方式称为辐射，其中因为热而发出的辐射称为热辐射。实际物体的辐射能力可根据斯忒藩-玻尔兹曼定律进行计算，如下：

$$\Phi = \varepsilon A\sigma T^4 \tag{3-3}$$

式中　Φ——热流量，单位为 W；

ε——物体发射率；

A——截面面积，单位为 m^2；

σ——斯忒藩-玻尔兹曼常量，$5.67\times10^{-8}W/(m^2 \cdot K^4)$。

以上分别讨论了三种基本的传热方式，在实际工程中，三种传热方式并不是单独出现的，往往存在三种传热相互串联、相互耦合的情况，因此低温绝热技术中就是利用多种手段减小三种传热引起的热量损失。

3.2　低温绝热技术

液氮在超导电缆系统管路中需要长时间储存和长距离流动输运，因此，提高绝热套的绝热性能、降低液氮的温升，不仅能减少系统的热负荷，还能降低整个电缆系统的液氮流阻损耗。

在选择绝热材料时，不同的应用场合对材料有不同的要求。例如，高温绝热材料主要考虑高温环境下的强度、韧性、可燃性、耐热温度等指标；低温绝热材料主要考虑低温条件下的冷脆性、填充是否方便、吸水特性以及是否需要真空环境等方面的性能。绝热材料多种多样，人们也采用各种指标来描述绝热材料的性能。何种设备使用何种材料要从适用性、经济性等方面综合考虑，但绝热材料的热导率，即导热系数是其中最重要的一个指标，一般情况下导热系数会随着温度、压力、密度、含湿量的增大而增大。不同导热系数的绝热材料应用在不同的真空绝热场合，如图 3-1 所示。

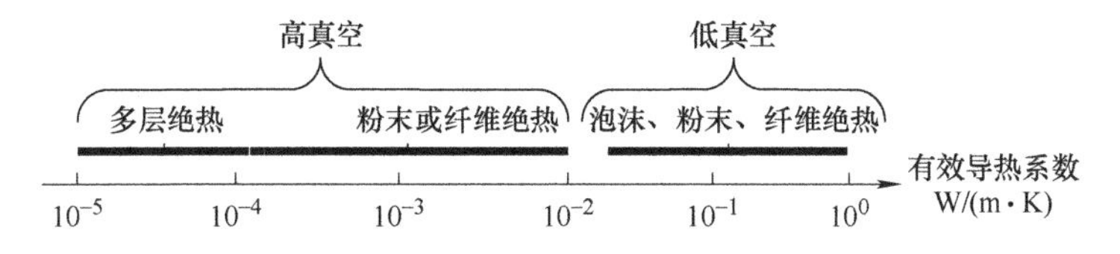

图 3-1　不同导热系数的绝热材料与真空绝热场合对应关系

绝热材料性能的优劣必须有相应的评判标准来衡量，因此，对于各种绝热材料的性能测试以及测试方法也是研究热点，目前基本上是采用材料的表观导热系数及平均热流密度等指标来衡量绝热材料的绝热性能，如低温用绝热材料的性能优劣一般用其在一定条件下的有效表观导热系数来进行表征。而表观导热系数获取的最佳方式就是通过试验测试。根据测量方法可以分为三类，即蒸发量热法、电功率法和温度衰减法。

1. 蒸发量热法

蒸发量热法是传统的测试方法，主要分为圆筒形蒸发量热器和平板形蒸发量热器。通过低温绝热材料包裹装有低温液体的测试腔体，外部热量通过绝热材料进入测试腔体导致低温液体蒸发，再根据低温液体的蒸发量来计算测试系统的漏热量，如图 3-2 所示。

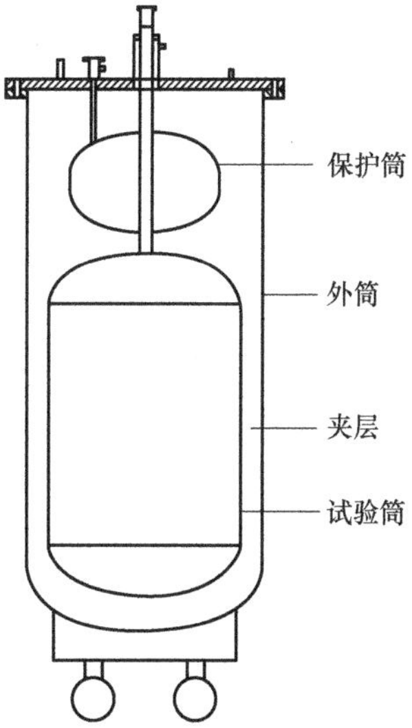

图 3-2　蒸发量热法测试原理

2. 电功率法

电功率法主要是通过电加热装置向绝热材料热壁面提供稳定的热量，热量流经绝热材料后到达冷壁面，再经过散热装置散去，从而在绝热材料内部形成一个稳定的温度梯度，系统达到平衡后测量样品每面的温度即可以计算出材料的性能。

3. 温度衰减法

温度衰减法是通过经过标定的导热装置来测量系统漏热量，热量经过导热装置后在导热装置两端产生温差，根据温差来确定热量。由于影响导热装置的因素较多，且其导热性能受温度影响较大，所以试验前需要在不同温度下进行校准。美国和日本已经相继研制了基于低温制冷机的量热器，通过制冷机分别控制冷热壁面温度，采用温度衰减法测量低温下绝热材料绝热性能的相关研究正处于初步阶段。

低温绝热分为两种类型，即真空绝热及非真空绝热。真空绝热一般会存在真空夹层，通过抽真空来实现绝热效果；非真空绝热一般是在单壁管外包裹一定厚度的绝热材料。

图 3-3 所示为两种典型绝热方式，图 3-3a 所示为非真空绝热，常见的填充材料分为泡沫状（泡沫塑料等）、粉末状（珠光砂、气凝胶等）、纤维状（玻璃棉等）。泡沫塑料一般是在现场喷涂或浇筑在绝热设备上。表 3-5 为几种常用绝热填充材料的导热系数及适用范围。

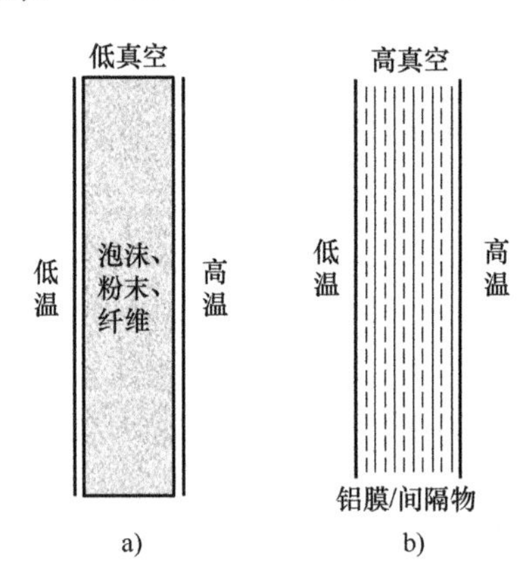

图 3-3　两种典型绝热方式

a）非真空绝热　b）真空绝热

表 3-5　几种常用绝热填充材料的导热系数及适用范围

材料名称	有效导热系数/[W/(m・K)]	温度范围/℃
特级珠光砂	0.0185～0.029	-200～1100
气凝胶	0.014～0.016	-196～30
玻璃棉	0.035～0.058	-100～300
泡沫塑料	0.028～0.046	-30～130

非真空绝热的使用方法较为简单，并且价格低廉，但是绝热效果相比于真空绝热较差，因此不适用于超导电缆绝热套中。

高真空多层绝热形式是目前为止绝热效率最佳的一种绝热方式，其是由铝箔/镀铝薄膜或用褶皱的单/双面镀铝薄膜和具有低导热系数间隔材料复合叠加而成的，在高真空下具有极低的导热系数，因此也被称为超级绝热材料。在高真空状态下，气体的导热和对流都可以忽略不计，热辐射成为热传递的主要方式，其占据总传热量的 90%以上，而多层绝热材料的作用可看成是多层遮热板，能很好地阻隔辐射热的传递，从而使得高真空多层绝热形式相对于其他绝热方式具有更好的绝热效果，被广泛应用在超导领域及航空领域。该绝热形式应用在超导电缆绝热套道中具有体积小、重量轻、绝热性能好等优点，并且适用于管道敷设，在不同的应用场景中具有较高的稳定性。

金属屏要求有足够的强度及硬度，同时需要有较低的辐射系数，一般由铝、铜、银、不锈钢等制成。间隔物的主要作用是间隔金属屏，且导热系数要小，通常由玻璃纤维纸、玻璃纤维布、聚酯纤维布、合成纤维网等构成。图 3-4 所示为常用于制作高真空多层绝热的几种材料，表 3-6 为几种典型绝热材料的一些基本特性参数。

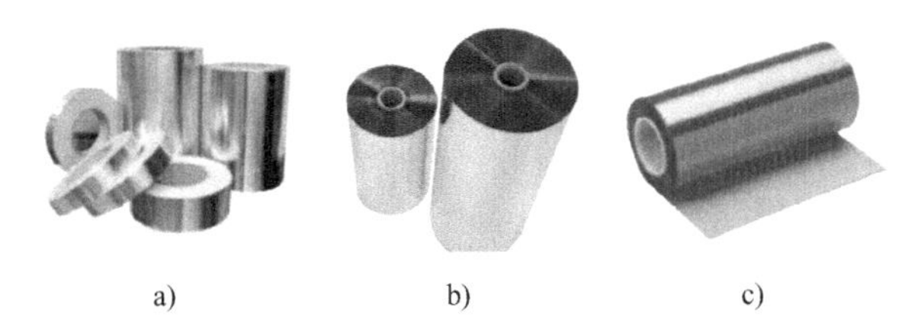

a)　　　　　　b)　　　　　　c)

图 3-4　用于制作高真空多层绝热的几种常用材料

a）铝箔（Aluminium Foil）　b）镀铝涤纶膜（Aluminized Polyester Film）　c）聚酰亚胺膜（Polyimide Film）

表 3-6　几种典型绝热材料的一些基本特性参数

项目	合成纤维网	玻璃纤维布	聚酯纤维布	玻璃纤维纸	莱赛尔纤维布	植物纤维布
厚度/mm	0.1	0.1	0.08	0.06	0.08	0.08
克重/(g/m)	20	48	16	12.5	12	12
常态导热系数/[W/(m·K)]	0.0835	0.034	0.0832	0.0326	0.054	0.07
放气速率/[Pa·m^3/(s·g)]	10^{-7}	10^{-8}	10^{-7}	10^{-9}	10^{-7}	10^{-7}
耐温度/℃	−269～180	−269～500	−269～500	−269～500	−269～180	−269～180

影响高真空多层绝热性能的因素除了材料特性影响之外，还与绝热套的真空度、绝热材料缠绕时的松紧度及真空结构设计等有关，超导电缆绝热套的绝热性能与内外管能否有效支撑间隔有很大关系，在生产及敷设过程中，应尽可能避免包覆的绝热层与外壁面相接触，否则会导致绝热套的绝热性能降低。

（1）真空度　此处提到的真空度为表观真空度，即多层材料所处环境的真空度。已有研究表明，当真空度未达到 10Pa 时，由于绝热空间处于连续介质状态，所以气体导热远大于固体导热和辐射换热，多层绝热结构的表观导热系数比较大，且基本与真空度无关。但是随着真空度提高到 10^{-2}～10^{-1}Pa 量级，绝热空间中的气体开始从连续介质状态过渡到自由分子状态，对应的表观导热系数随真空度的升高迅速减小。最后当真空度进一步提高到 10^{-3}Pa 量级时，绝热空间达到比较充分的自由分子状态，辐射换热和固体导热开始主导多层绝热材料内部的换热，在此真空度量级上多层绝热材料的表观导热系数也不再随真空度发生变化。多层绝热结构的表观导热系数随真空度的变化曲线如图 3-5 所示。

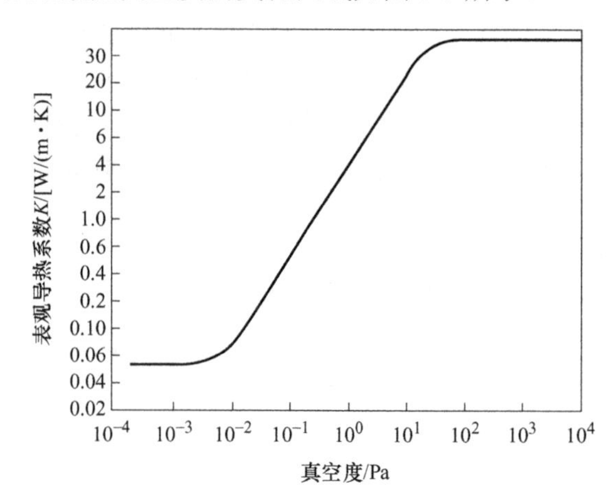

图 3-5 多层绝热结构的表观导热系数随真空度的变化曲线

（2）层密度与松紧度 辐射换热量反比于反射层数，而固体导热与绝热材料的致密度呈线性关系。因此当多层材料的厚度一定时，如果反射层的层数增加，则辐射传热减小，固体导热增加，具体的变化规律如图 3-6 所示[1]。其中，K_{scond}、K_{tot}、K_{rad} 分别表示传导、对流、热辐射所对应的导热系数。对于反射层总层数一定的情况，辐射换热的大小基本上为恒定值。而固体导热（针对选定的某种形式的间隔物材料）则随层密度的减小而减小。层密度越小，多层材料的绝热性能越好，但是过小的层密度必定会引发多层材料的脱落或者松散，引入支撑结构能够固定多层材料，但是支撑结构本身又会引入额外的固体导热，因此层密度也不宜设置得过小。

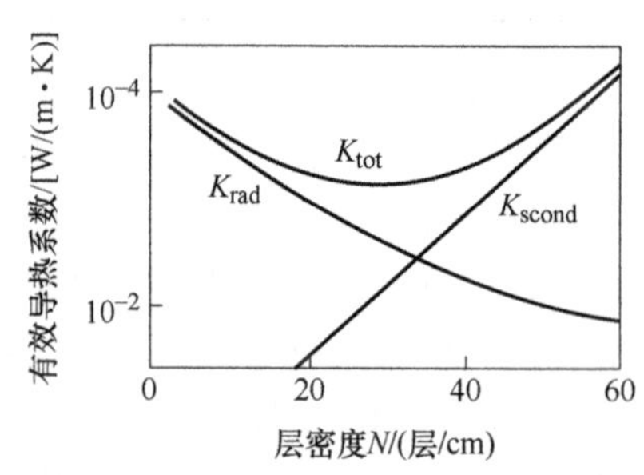

图 3-6 多层绝热结构有效导热系数随层密度变化的关系[2]

（3）多层材料中的机械负荷 在包覆制作多层绝热时，反射层和间隔物相间缠绕。为使多层绝热材料贴附在内容器的外壁面上，缠绕时需要施加一定的紧压束缚的负荷，其值与缠绕时的拉紧力、多层材料自身的重量等有关。除此之外，压缩负荷还与支撑物的选择和支撑设计有关。多层绝热材料中的压缩负荷对其绝热性能有很大影响。图 3-7 中给出了四种典型多层绝热的热流与压缩负荷的关系[2]。

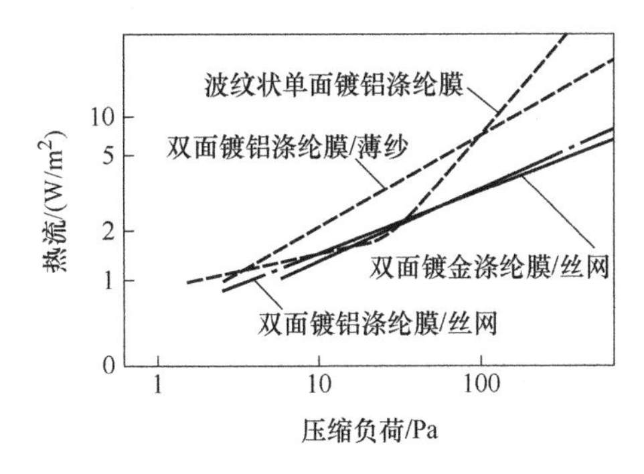

图 3-7　四种典型多层绝热的热流与压缩负荷的关系

图 3-8 所示为超导电缆绝热套的结构示意图。在超导电缆实际工况中，因管内存在电缆芯的自重，易导致内波纹管、多层绝热和外波纹管三者在底部因相互贴壁而形成热短路，漏热量剧增。因此在超导电缆绝热套绝热结构设计中，如何有效地阻止热短路尤为重要。

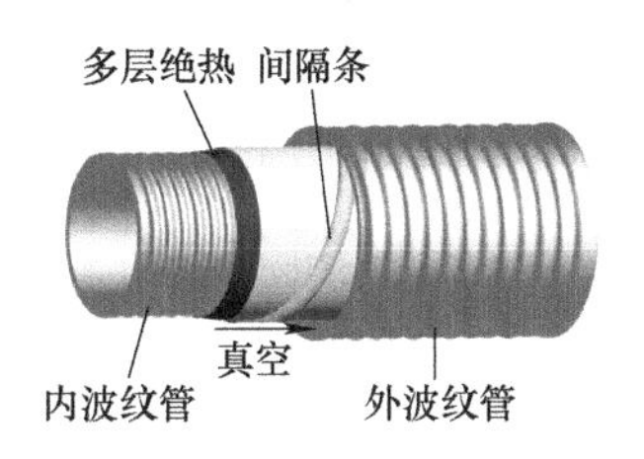

图 3-8　超导电缆绝热套的结构示意图

3.3　超导绝热套的结构设计及制造

在超导电缆系统中，超导绝热套的内管输送低温液氮，外管在常温环境下起到真空及保护作用，因此两者在不同的温度下也会有不同的收缩量。在超导电缆柔性绝热套生产、敷设、冷却过程中，会伴随着绝热套的拉伸、收缩、弯曲等形变过程。使用双层金属波纹管制作的超导电缆绝热套是超导电缆系统中最重要的部件之一，其真空绝热性能、机械性能、大温区跨度下的补偿性能等是管道安全使用及使用寿命的关键。输送管道一旦失效，必将最终导致整个超导电缆系统失效。金属波纹管集成了柔性好、体积小、重量轻、耐腐蚀性好和密封性强等优点[3]，在工业管路中，金属波纹管可以在承受复杂载荷的同时，对系统中发生的轴向位移、横向错动和冷热变形等都起到良好的补偿作用，被认为是超导电缆系统中最佳的管道输送元件。

3.3.1 波纹管的基本知识

波纹管类组件是一类常用的弹性元件，它们主要包括金属波纹管、波纹膨胀节、波纹换热管和金属软管等。它们在外界载荷（集中力、压力、力矩等）作用下会改变元件的形状和尺寸，当载荷卸除后又恢复到原来的状态。根据这种特性，它们可以实现测量、连接、转换、补偿、隔离、密封、减振等功能。

其中，金属波纹管是一种挠性、薄壁、有横向波纹的管壳零件。它既有弹性特性又有密封特性，在外力及力矩作用下能产生轴向、角向、侧向及其组合位移，密封性能好。在机械、仪表、石油、化工、电力、船舶、核工业、航空航天等许多工业领域得到了广泛引用。金属波纹管的基本几何参数如图 3-9 所示。

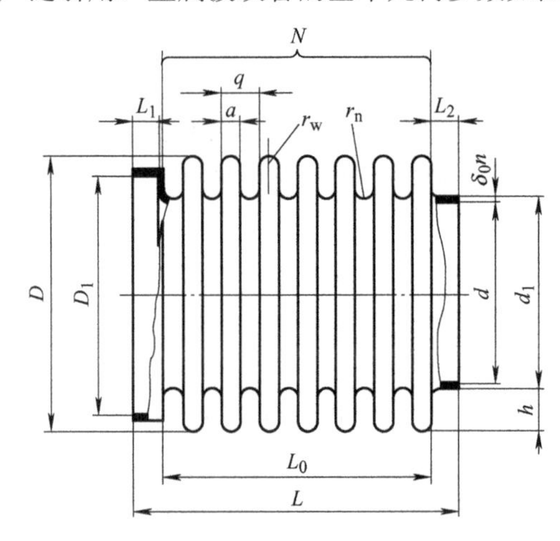

图 3-9 金属波纹管的基本几何参数

d—内径，指波纹部分最内边缘的直径 D—外径，指波纹部分最外边缘的直径 δ_0—波纹管单层壁厚 h—波高 q—波距 a—波厚 D_1—内配合直径 d_1—外配合直径 r_n—内波纹圆角半径 r_w—外波纹圆角半径 L—总长度（自由长度） L_0—有效长度 L_1—内配合接口长度 L_2—外配合接口长度 N—波纹数

另外，金属波纹管的波深系数 k（也叫胀形系数，即波纹管外径与内径之比）是决定波纹管几何形状的一个重要参数，影响着波纹管的性能和波纹管的成型工艺，波纹管的成型难度随着 k 值的增加而增加。按波深大小，金属波纹管可分为浅波和深波两种，k 值在 1.3～1.5 之间的波纹管称浅波纹管，波纹管成型较容易；k 值在 1.6～1.9 之间的波纹管称深波纹管，成型相对较难。在内径相同的情况下，波深大的金属波纹管刚度小，允许位移大；波深小的金属波纹管刚度大，允许位移较小。

波纹管壁厚也决定了波纹管的刚度和工作应力[4]。壁厚太大，金属波纹管柔软性较差；壁厚太小，承压能力较弱。因此，各种波纹管必须根据具体的使用条件和性能要求，按照内径与壁厚的相应关系选择合理的壁厚。

在实际工程中，金属波纹管的波距和波形还影响着波纹管的有效长度和性能。

波纹管的设计计算参数主要有刚度、应力、耐压力及使用寿命[7]。

波纹管的刚度按照载荷及位移性质不同，分为轴向刚度、弯曲刚度、扭转刚度等。目前在波纹管的应用中，绝大多数的受力情况是轴向载荷，位移方式为线位移。

金属波纹管作为弹性密封零件，首先要满足强度条件，即其最大应力 σ_{max} 不超过给定条件下的许用应力。许用应力等于极限应力除以安全系数 n。根据波纹管的工作条件和对它的使用要求，极限应力可以是屈服强度，也可以是波纹管失稳时的临界应力，或者是疲劳强度等。

波纹管的最大耐压力是波纹管性能的一个重要参数。波纹管在常温时，波形上不发生塑性变形所能承受的最大静压力，即为波纹管的最大耐压力。在一般情况下，波纹管是在一定的压力（内压或外压）下工作的，所以它在整个工作过程中必须承受这个压力而不产生塑性变形。为了增加金属软管的承压能力，在超导电缆系统中波纹管外会编织金属网套。

3.3.2　金属波纹管的结构及类型

除了所选材料的基本参数外，影响金属波纹管性能的主要参数有管径与壁厚、波形类型和波形结构。波形类型主要有环形、螺旋形等波形结构。波形结构参数主要有波高、波数、波峰圆角半径、波谷圆角半径和壁厚等。金属波纹管设计与生产可通过控制波形类型和波形结构参数实现对波纹管性能的提升和改善。如图 3-10 所示，按照金属波纹管波形截面的几何形状，还可将波形类型分为 U 形、C 形、S 形和 Ω 形等基本波形结构[14]。C 形、S 形和 Ω 形三类波形的金属波纹管刚度较大，轴向位移补偿能力较差，尤其是 S 形和 Ω 形金属波纹管形状复杂，制造成本较高。与其他类型波纹管相比，U 形金属波纹管不仅结构简单，制造成本较低，而且拥有良好的轴向位移补偿能力，在发生变形后应力应变分布相对均匀，

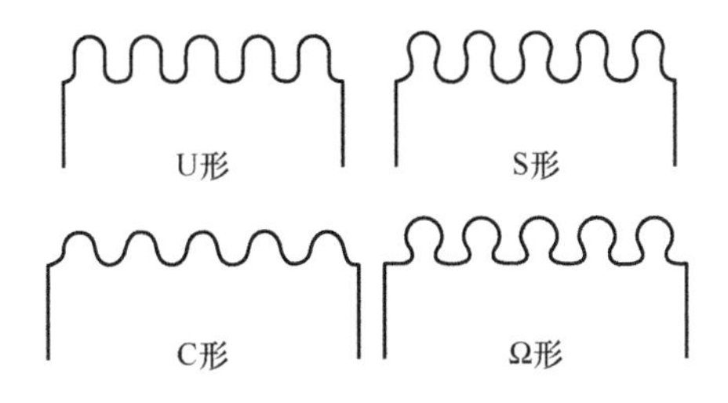

图 3-10　U 形、C 形、S 形和 Ω 形基本波形结构示意图

是工业管路应用中的首选波形类型。但 U 形金属波纹管承压能力相对较低。C 形波纹管的刚度较大，非线性误差大，一般用作密封隔离元件或挠性连接件。Ω 形和 S 形波纹管主要应用在工作压力较高、工作位移较小的场合，例如应用在高压阀门上作密封隔离元件。

在进行金属波纹管参数设计时，既要满足波纹管的使用性能要求，同时还要考虑波纹管的制造工艺性和结构稳定性。

3.3.3 绝热套的制造工艺

超导绝热套的制造从选用合适的不锈钢板材开始，经过纵包连续焊接、波纹管成型、整形、质量检验等主要工艺，制造出符合设计要求的波纹管。其制造工艺流程如图 3-11 所示。

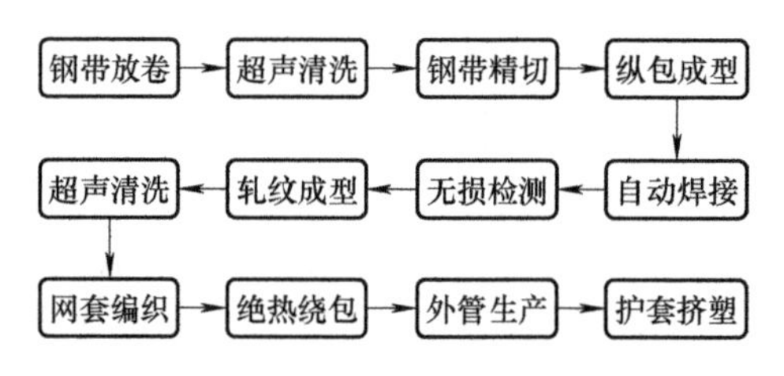

图 3-11　超导绝热套制造工艺流程

超导绝热套的性能能否满足设计要求，不仅取决于选用材料的质量，也取决于制造工艺过程中质量的控制。例如，不锈钢板材的畸变、焊接不均匀，成型后波形不规则和残余损伤等都会引起局部部位的缺陷，影响超导绝热套的使用，甚至导致其失效。

超导绝热套所使用的不锈钢板材的选择主要应考虑以下五点：

1）相容性：材料必须与相接触的工作介质和相连接的各种零件相容。

2）温度：超导绝热套内管的工作温度范围为液氮温区。在低温下使用的波纹管材料必须要有良好的低温性能。在低温下，材料的脆性对表面缺陷十分敏感，因此，对材料的表面质量应严格控制。

3）使用寿命和应力：波纹管的承压能力受材料屈服强度的限制，而疲劳循环次数则受材料的疲劳寿命和结构稳定性制约。

4）耐腐蚀性：在一些超导电缆工程应用中，应考虑选用具有较好耐腐蚀的材料，并做好相应的防腐措施。

5）磁性：在超导电缆系统中，材料的磁性也是选择材料时需要考虑的。

超导绝热套管坯的焊接，目前采用的主要是气体保护直流氩弧焊、微弧等离子焊及激光焊接等工艺方法。关于焊缝的质量，除了需要满足相应规范性的标准要求外，针对超导电缆特殊制造工艺还需注意以下几点：

1）连续均匀性：由超导电缆制造工艺流程可知，自动连续化焊接完成不锈钢钢管后，将进入轧纹成型工艺。焊接过程中存在的一些缺陷可能导致轧纹变形，甚至撕裂焊缝。

2）温度：进行超导绝热套内外管焊接时，管的内部是有相应的电缆芯或绝热层的。因此，和焊接空管不同，一定要注意焊接时不能灼伤管体内部的材料。

3）焊接杂质：由超导电缆的绝缘特性可知，液氮与电缆的纸包绝缘层构成了超导电缆的主绝缘。如果超导电缆内管在焊接的过程中有杂质产生并随液氮流动，那么将会影响超导电缆的绝缘性能。

金属波纹管的波形有两种，一种是螺旋形波纹管，另一种是环形波纹管。螺旋波纹管是波纹呈螺旋状排布的管形壳体，它的波纹与波纹之间有一个螺旋升角，所有的波纹都可通过一条螺旋线连接起来，如图3-12所示。

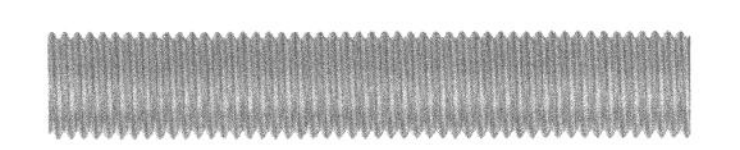

图3-12 螺旋形波纹管

环形波纹管是波纹呈闭合圆环状的管形壳体，它的波与波之间由圆环状波纹串联而成。环形波纹管一般由无缝管材或焊接管材轧制而成，通常长度都较短，但弹性好、刚度小，柔韧性好，如图3-13所示。

图3-13 环形波纹管

环形波纹管一般在较短的管路或设备上选用，而螺旋形波纹管常用在较长距离的管路中。

波纹管的波纹成型是制造波纹管的关键工艺。目前常用的成型方法有液压成型、机械成型、橡胶成型等。

（1）液压成型 波纹管液压成型是将管材放置在模具内部，保证良好密封后，向管材内部通入高压液体，在模具和高压液体的共同作用下使管材胀形并发生塑性变形，卸压回弹后成型波纹管的一种加工方法。液压成型的主要特点是在成型过程中液体压力均匀作用在管壁各处，管壁在形变的过程中整体相对均匀，避免了局部减薄过大。液压成型得到的波纹管质量较高，适用于金属波纹管成型。

（2）机械成型 包括旋压成型、滚压成型和机械膨胀等工艺方法。一般来说机械成型具有工艺简单，工装制造容易，生产效率高等优点。但同时也存在产品比较粗糙，性能不高等缺点。它较多应用于螺旋形波纹管、波纹膨胀节、大直径厚壁波纹管的制造。

1）机械旋压成型是管坯在成型模具内进给时，轴向和径向受到挤压应力变形成波的一种连续成型方法。它是成型 60mm 以下的螺旋形波纹软管常用的工艺方法。

2）滚压成型是一种利用旋转压辊来成型薄壁材料的加工方法，通常由成型辊、导辊、修正辊等组成。在滚压成型过程中，通常采用两个或多个互相垂直的滚轮组合来完成材料的成型。滚轮可以采用不同形状，以满足需要得到的特定形状。

3）机械膨胀是利用分块凸模，由锥形芯体将其顶开，使管坯胀出波形的波纹管成型方法，它广泛地用于膨胀节用金属波纹管的成型。

（3）橡胶成型　橡胶成型工艺是胀形工艺的一种。它是以橡胶为成型凸模，在压力作用下橡胶凸模变形，将管坯按凹模形腔成型波纹管。成型方式通常是单波连续成型。

对于大长度的超导电缆，其产品结构和特点决定了绝热套内外金属波纹管需要采用旋压成型工艺进行生产。在旋压成型工艺过程中，关键在于螺旋成型模的设计、调整和旋压进给速度以及旋压的润滑。由于只有一旋转运动就可以完成进料、成型、出料的全过程，因此在工业化应用中非常广泛。生产厂家利用精密定宽的成卷带料，经连续自动纵包卷筒、焊接、旋压成型后，制造螺旋波纹管。

旋轮是旋压成型的主要工艺装备之一。它对工件施加成型力，并且高速旋转，对旋压成型效果有着重要影响。旋轮应具有足够的刚度和强度、硬度和耐热性、良好的表面状态、合理的形状和尺寸。

旋轮一般采用优质工具钢或高速钢制造，装备具有足够承载能力的轴承。

为了提升金属波纹管的机械性能，通常在波纹管外编织网套。一方面可以保护波纹管的波峰部分不直接与周围物体接触，避免引起各种撞击、摩擦等机械损伤。另一方面，编织了网套的波纹管，其承压能力显著提高。从某种意义上讲，网套变相地增加了波纹管的壁厚，因此波纹管在承受轴向或径向负荷时，管道内的流体压力使得波纹管发生弹、塑性变形，再将压力传递给外面的网套，网套因此也承担了较大一部分外力，使整体软管处于平衡状态。

网套的材料一般与波纹管材料相同，由相互交叉的若干股金属丝或若干绽金属带按一定顺序编织而成，以规定的角度套装在金属波纹管的外表面，起到加强和屏蔽的作用。编织了网套的波纹管，其强度可以提高十几倍至几十倍。普通金属软管仅用一层网套，特殊场合也有编织两层或三层的。根据波纹管通径大小及使用要求，常用直径为 0.2～0.8mm 的线材或厚度为 0.2～0.5mm 的带材来制作网套，并在波纹管的端部，通过接头与波纹管组合成一个整体，如图 3-14 所示。

图 3-14　含接头、网套的波纹管端部结构图

波纹管接头的材料通常与波纹柔性管和网套的选材相同。接头形式大致可分为用光管直接与管路焊接或采用可卸换式接头，根据连接方式分为螺纹连接、法兰连接和快速连接等。三种金属波纹管的接头形式的适用范围见表 3-7。

表 3-7　金属波纹管的接头形式的适用范围

接头形式	螺纹连接	法兰连接	快速接头
适用直径范围/mm	≤80	100～350	16～150

3.3.4　波纹管的性能检验

波纹管类组件的制造工艺要经过多道加工工序才能完成，其中某一道工序出现问题，将会影响最终产品的质量或者造成废品。因此，生产过程中必须进行严格的工艺控制和质量检验，严格执行工艺规程和技术标准，确保生产出的波纹管类组件产品满足性能要求。

（1）外观检查　通过表面质量检查，确认柔性波纹管的表面不允许有剥层、气泡、夹杂、氧化、锈斑、裂纹、尖角凹坑、尖锐折叠等缺陷，也不允许有一定深度的划伤。

（2）焊缝检查　除了需要依据相应规范性的标准要求对焊缝进行质量检查外，还应对波纹管整体焊缝及管件进行氦质谱漏率检查。

（3）耐压试验　将一定压力的氮气充入管内，保压一定时间后，观察判断有无泄漏现象、有无失稳现象，观察压力值是否有下降，以判断产品是否有渗漏。

（4）弯曲试验　通过耐弯曲试验机，检验金属波纹管的耐弯曲性能，图 3-15 所示为弯曲试验现场照片。经过弯曲试验后的金属波纹管应再进行外观检查、密封性试验和耐压试验，以确认波纹管性能符合设计要求。

（5）拉伸试验　将金属管一端通过钢索与固定点锚定，另一端与拉力机连接，通过拉力机逐步施加张力，当张力达到所需的测量值时，保持张力一段时间后停止。过程中记录不同张力载荷下标测段的拉伸形变距离，观察判断有无失稳现象。在保持张力的状态下进行密封性检验，以确认波纹管性能符合设计要求。

图 3-15　金属波纹管弯曲试验

3.4　绝热套真空技术及真空寿命

绝热套的绝热性能依赖于高真空绝热水平，其中高真空的获得也成为绝热套制造过程中至关重要的一环。制定合理的预处理及抽空工艺、估算材料的放气速率、确定吸附剂的品类及用量等，确保在绝热套服役期内真空度符合要求。

3.4.1　绝热套真空技术

工业上通常采用真空泵抽取密闭空间内的空气以获得真空。根据真空腔体的压力范围，可将真空进行分类，见表 3-8。

表 3-8　真空的分类

名　称	压力范围/Pa
低真空	10^{2}～10^{5}
中真空	10^{-1}～10^{2}
高真空	10^{-5}～10^{-1}
超高真空	10^{-8}～10^{-5}
极高真空	10^{-8} 以下

为了获取不同的真空压力，必须正确了解各类真空泵的性能及工作特点，选择经济实用的真空泵，以达到所需的真空度，见表 3-9。真空泵的主要参数为抽气速率、抽气量、极限压力等。

按照性能分类：

（1）前级泵/粗抽泵　工作真空度在较低量级，从大气压开始，大气量降低系统压力，以达到高真空泵的工作范围。

（2）分子泵/高真空泵　在前级泵达到抽空极限时，需要用工作在高真空范围内的泵以达到所需真空度。

表 3-9　不同真空泵的使用压力范围

真空泵类型	使用压力范围/Pa
水环泵	10^3～10^5
往复泵	10^2～10^5
多级蒸汽喷射泵	1～10^4
油封式真空泵	1～10^4
罗茨泵	10～10^4
扩散喷射泵	10^{-4}～1
扩散泵	10^{-4}～10^{-1}
涡轮分子泵	10^{-5}～10^{-1}
溅射离子泵	10^{-9}～1
低温泵	10^{-8}～10^{-1}

在对超导绝热套进行抽取真空前，需再次对整根绝热套腔体进行真空检漏，以确认不锈钢波纹管内外管、接头、真空抽口等处于完好的密封状态。生产过程中通常有以下两种检漏方法：

（1）气压检漏法　将高压氮气充入绝热套中，将绝热套置于水中或在焊缝位置涂抹肥皂水，观察焊缝表面是否有气泡产生，这种方法通常适用于漏率值较大的情况下。气泡类型与漏率的对应关系见表 3-10。

表 3-10　气泡类型与漏率的对应关系

气泡类型	漏率范围/(Pa·m³/s)
气泡小，形成速率均匀，气泡持续时间长	10^{-5}～10^{-2}
气泡大，形成速率快，持续时间短	10^{-1}～1
出现小且绵密的肥皂泡沫	≥10^{-6}

（2）氦质谱检漏法　氦质谱检漏法是目前所有检漏方法中准确度和灵敏度最高的方法之一。氦气作为示漏气体，利用氦质谱检漏仪作为检漏仪器。其工作原理为氦气通过漏口处进入检漏仪，氦气电离成氦离子，收集器收集后形成离子流，通过电气线路确定漏气并计算漏率。可使用以下两种方法对超导电缆绝热套进行漏率检测：

1）氦罩法：适用于结构复杂、漏率要求小的容器，通常用于绝热套总漏率检测。

2）吸枪法：适用于漏点确定，将一定压力的氦气充入绝热套内，通过氦气吸枪吸取焊缝漏点处的氦气，以此来确定漏点位置。

使用氦质谱检漏仪检漏时应注意下列事项：

1）被检件预先需进行清洗、干燥处理。

2）由于氦气比空气轻，所以检漏时必须先从被检件上部开始，逐渐向下部检查，由靠近检漏仪处逐渐向远处检查。

3）检出的漏孔应复查。

4）场地要有良好的通风条件。

真空度的测量是超导绝热套生产、敷设过程中重要的一环。在真空低温设备中，抽真空时会伴随着水蒸气、油蒸气等可凝性气体的流出，这些因素将会影响真空度的测量结果。因此应根据工艺要求选择不同类型的真空计。适用于超导电缆绝热套系统的真空计有弹性元件真空计、电容式真空计、电阻式真空计、电离式真空计等。在真空处理过程中，通过真空计来判断处理效果是否符合超导电缆的工艺要求。

3.4.2 绝热套的真空寿命

绝热套的真空寿命取决于三方面：一方面是焊缝及各接头处的漏率；一方面是生产过程中残余在真空夹层中难处理的气体；另一方面是真空夹层中的材料放气及绝热套金属壁面的放气。

一般情况下，管道真空腔内需放置分子筛以延长真空寿命，但在生产过程中，由于工艺的原因，绝热套道夹层内的分子筛不可避免会吸收空气中的大量水汽，必须将分子筛吸收的水汽与其他杂气排出，才能起到吸收材料放气以延长管道真空寿命的作用。在长管道抽空处理时，当夹层内的气体达到一定的真空度时，夹层内的气体稀薄，压差很小，气体流动状态不明显，很难将剩余的气体抽出，此时残留的气体对管道的静态真空度及漏放气速度均有不利的影响，进而严重影响管道的绝热性能。因此，需对常用抽空方式进行研究，力求在更短时间达到更好的真空处理效果，以实现高效的长管道真空处理方式。

在真空处理过程中，对管路进行了两种处理，即管路加热和设置液氮冷阱。在真空处理过程中对真空管道进行加热，加热对气体脱附有利，同时加热还能提高气体分子平均热运动的速度。因此，加热既加快了不凝性气体的脱附速度，也加快了气体分子渗透到层间的速度。

在高真空环境中，都存在一定的残余气体。由于水分子量比氧气、氮气等空气主要成分的分子量都小，因此，无论是油扩散泵还是分子泵，都无法迅速、有效地将其抽出，故越积越多而成为残余气体的主要成分，占残余气体的65～95%。同时，由于真空泵在使用过程中不可避免地会产生泵油蒸发现象，因此会有少量油蒸气进入真空系统。液氮冷阱与真空泵抽除气体的机制不同，它是将一个能达到−120℃以下的制冷盘管放置在真空箱体内或油扩散泵泵口，利用 Meissner 原理，使水蒸气、油蒸气快速凝结在制冷盘管表面，以达到快速抽真空，提高效率的目的。因此，液氮冷阱与真空泵配合使用，将会大幅度提高生产效率，提升抽真空质量，图 3-16 所示为上海 1.2km 示范工程中的绝热套真空处理流程图，最终真空度达到 10^{-2} 量级。

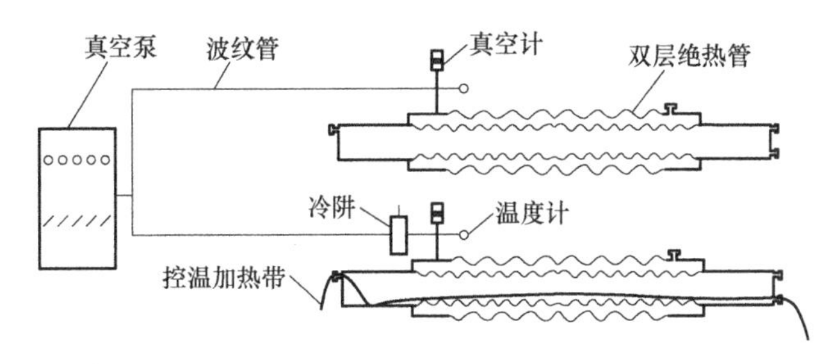

图 3-16　绝热套真空处理流程图

参考文献

[1] 陈丽艳, 王小军, 单喆. 高真空多层绝热容器抽真空工艺探讨[J].中国化工装备, 2013(1): 24-27,36.

[2] 陈国邦, 张鹏. 低温绝热与传热技术[M]. 北京：科学出版社, 2004.

[3] 徐开先. 波纹管类组件的制造及其应用[M]. 北京：机械工业出版社, 1998.

[4] 周最. 航天用燃气阀波纹管组件刚度与疲劳寿命分析[D]. 北京：北京理工大学, 2015.

[5] 李上青. 基于有限元的波纹管疲劳寿命影响因素分析[J]. 管道技术与设备, 2016(3): 34-47.

[6] YUAN Z, HUO S H, REN J T. Effects of Hydroforming Process on Fatigue Life of Reinforced S-Shaped Bellows[C]//International Symposium on Structural Integrity, 2019.

[7] 郑寿森, 祁新梅, 杜晓荣. 产品可装配性设计评价指标体系[J]. 机械设计, 1999,3(3): 26-28,45.

[8] 任工昌, 李耀宗, 黄勋, 等. 机构概念设计中功能自动分解的研究[J]. 陕西科技大学学报：自然科学版, 2003, 21(5): 74-77.

[9] 邹慧君, 汪利, 王石刚, 等. 机械产品概念设计及其方法综述[J]. 机械设计与研究, 1998(2): 18-21.

[10] 王玉新. 机构创新设计方法学[M]. 天津：天津大学出版社, 1997.

[11] MATTHEW J, HAGUE A, TALEB-BENDIAB. Tool for the management of concurrent conceptual engineering design[J]. Concurrent Engineering, 1998, 6(2): 111-112.

[12] HSU W, WOON I M Y. Current research in the conceptual design of mechanical products[J]. Computer-Aided Design, 1998, 30(5): 377-389.

[13] PAHL G, BEITZ W. Engineering design[M]. London: The Design Council, 1984.

[14] 徐勇，尹阔，靳鹏飞，等. 窄波距薄壁波纹管液力成形工艺研究[J]. 塑性工程学报，2021, 28(8): 23-29.

[15] BAKHSHI J M, ELYASI M, GORJI H. Numerical and experimental investigation of the effect of the pressure path on forming metallic bellows[J]. Proceedings of The Institution of Mechanical Engineers Part B-journal of Engineering Manufacture-PROC INST MECH ENG B-J ENG MA, 2010, 224: 95-101.

第4章　超导电缆附件

电力电缆附件是连接电缆与输配电线路及相关配电装置的产品，一般指电缆电路中各种电缆的终端及中间接头。任何电力电缆从配网取电或向电气设备供电时，均需要使用配套终端连接电力设备。在大长度应用场景中，需要使用配套中间接头连接两根电缆，以达到大长度输电的目的。同样，超导电缆在使用时，也需要专门的超导终端和中间接头与其配套。本章将详细阐述超导电缆系统中，超导终端和中间接头的功能、结构，并通过目前国内外示范工程的例子，介绍不同导体结构的超导电缆配套终端和中间接头的差异及特点。

4.1　超导终端

超导终端，又称超导端头，是高温超导电缆系统的主要附件之一。常规电缆中，终端通常安装在电缆末端，连接电缆与其他电力设备。同样，高温超导电缆也通过终端与电力设备相连，不同的是，超导终端还需与制冷系统连接，为超导电缆提供液氮的进出口。可以说，超导终端是超导电缆系统中电力与液氮的过渡通道，它连接了电缆本体、外部电力设备、制冷系统，实现了由高压低温到常压常温，由超导到常导的过渡[1-3]。

高温超导电缆需要使用液氮进行冷却，为了保证超导电缆的性能，电缆需要长时间浸泡在加压液氮中。常压下，液氮的沸点为 77K，远低于室温（300K），因此液氮环境与外界环境之间必须要有隔热措施来保证液氮的稳定，这是由高压低温到常压常温的过渡。

超导终端的主要元件包括终端恒温器、电流引线、高压端子、应力锥、屏蔽端子，超导电缆通过超导终端的电流引线与外部的电力设备连接，形成电流通路，这是由超导到常导的过渡。

电流引线的导体通常由铜、铝等导电性良好的金属制成，而金属的导电性与导热性总是呈正相关的关系，这就形成了一种矛盾，即超导终端既要采取一定的隔热措施来保证液氮的稳定，又要使用电流引线将内外环境连接起来。除此之外，电流引线通电时产生的焦耳热也是超导终端热损耗的来源之一。因此，合理设计电流引线，在保证电流引线通流能力的同时减少电流引线的传导漏热和焦耳热是超导终端的设计难点之一。

在三相交流超导电缆系统中，每根超导电缆的屏蔽层都会通过超导终端的屏蔽引线。屏蔽引线在超导终端的外部或内部互连，使屏蔽电流相互抵消。而超导电缆与屏蔽引线的连接处，即屏蔽终止处，也是超导终端中电场最为集中、最容易发生绝缘故障的部分。因此必须使用应力锥缓和电场，以防止终端发生击穿故障。

超导终端属于户外终端，其安装、运行均在户外露天场所进行。超导终端需集防水、应力控制、屏蔽、绝缘于一体，并具有良好的电气性能和机械性能，能在各种恶劣的环境条件下长期使用。一个合格的超导终端应在满足用户系统电气性能和机械性能需求的同时，具有热损耗低、体积小、状态感知和安装维护方便等特点。

4.1.1 超导终端的结构设计

超导终端作为超导电缆系统的关键组件，承担着密封和电气绝缘的双重职能。它通常安装于超导电缆的两端，负责与外部电力设备的连接。本节将从终端恒温器、电流引线、高压端子、绝缘子、应力锥五方面详细阐述超导终端的结构和功能。

1. 终端恒温器

在超导电缆终端中，终端恒温器主要为满足超导电缆正常运行提供低温及绝缘环境。终端恒温器通常由双层不锈钢密闭容器构成。液氮通过终端恒温器的液氮入口进入内容器，在内容器中积蓄，为超导电缆运行提供低温环境。同时，终端恒温器利用真空夹层和多层绝热材料的结构减少恒温器的热损耗。

根据绝缘层工作温区的不同，高温超导电缆有两种基本设计，分别为室温绝缘（Warm Dielectric，WD）高温超导电缆和冷绝缘（Cold Dielectric，CD）高温超导电缆，如图 4-1 所示。CD 超导电缆绝热管在主绝缘外，处于零电位；而 WD 超导电缆则与之相反，绝热管处于高电位。同样，终端恒温器也根据配套的超导电缆种类，分为冷绝缘终端恒温器和室温绝缘终端恒温器。

（1）冷绝缘终端恒温器　冷绝缘终端恒温器是一种典型的超导终端恒温器结构，该结构在美国、德国、日本、韩国、中国等国家的超导电缆工程中广泛采用。相较于室温绝缘超导终端，冷绝缘超导终端的终端恒温器处于低电位，绝热性能较好，热负荷较低。下面以日本住友电工和中部大学研制的 77kV/200A 冷绝缘超导终端为例，介绍冷绝缘三相分相超导终端恒温器[5]。

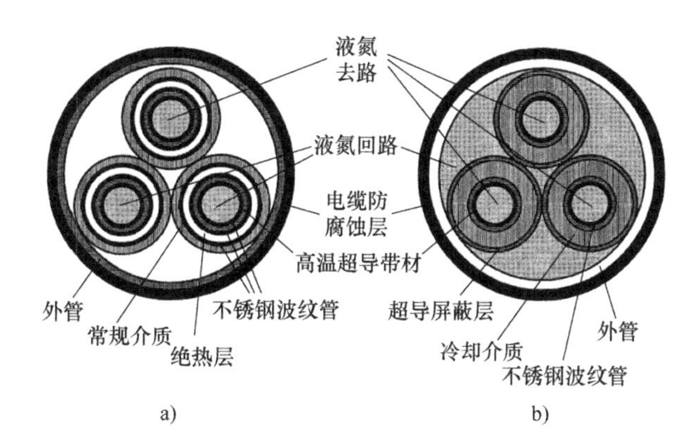

图 4-1　室温绝缘高温超导电缆与低温绝缘高温超导电缆[4]
a）室温绝缘高温超导电缆　b）低温绝缘高温超导电缆

77kV/200A 冷绝缘三相分相超导终端总体结构如图 4-2 所示。终端恒温器采用双层真空杜瓦结构，内容器内侧为有压力状态的液氮环境，夹层为真空，外容器外侧为常温常压。电流引线的低温侧通过高压端子与超导电缆连接，常温侧与外部电力设备连接。电流引线处于高电位，终端恒温器处于低电位，二者之间需要使用绝缘子实现电气绝缘。

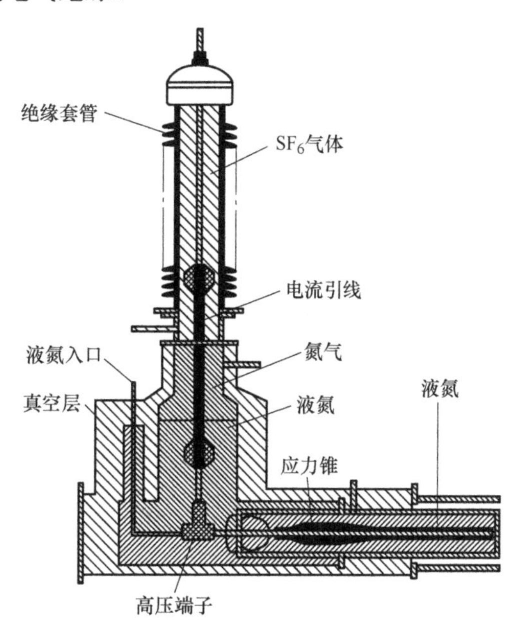

图 4-2　77kV/200A 冷绝缘三相分相超导终端示意图[6]

相较于室温绝缘超导终端，冷绝缘超导终端处于零电位，绝热层绝热效果较好，热负荷较低。终端采用 SF_6 气体、氮气以及液氮绝缘，并用液氮进行冷却。

为了降低终端的漏热和防止 SF_6 气体的液化，该终端采用了乙丙橡胶（EPR）绝缘的非直线型单根电流引线，同时通过 SF_6 气体、氮气和液氮区域，以减少电流引线的漏热。

如图 4-3 所示，终端恒温器是 L 形布局的 304 不锈钢双层杜瓦。304 不锈钢是一种应用广泛的钢材，具有良好的耐腐蚀性、塑形和韧性，能够在低温下保持较好的机械性能。降温时，终端恒温器的内容器从室温逐渐将至 77K，而外容器保持室温。304 不锈钢从室温（300K）到 77K 的收缩率约为 0.3%，图中内容器的长和高均为 1.3m，所以内容器在垂直方向与水平方向的收缩量约为 4mm。由于外容器长度不变，内外容器的收缩差会对材料及焊缝产生应力，因此，终端恒温器需要在内容器的收缩方向上设置波纹节，避免应力过大造成泄漏。

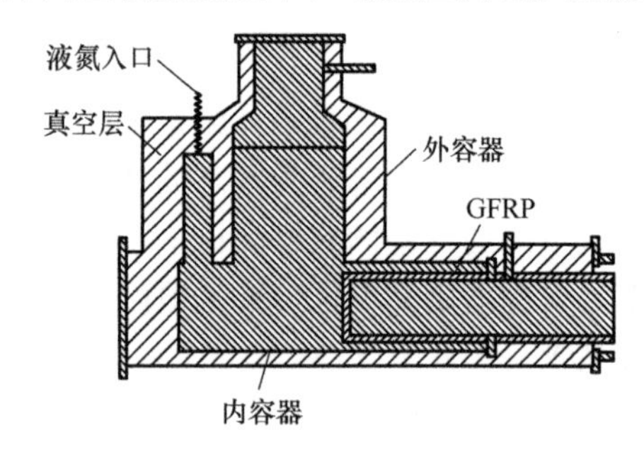

图 4-3　77kV/200A 冷绝缘三相分相超导终端恒温器示意图[6]

终端恒温器设有三个接口。在图 4-3 中，垂直方向的接口连接电流引线，水平方向右端的接口连接超导电缆，左端接口是操作孔。由于内容器内侧是有压力的液氮环境，所以终端恒温器三个接口都需要密封以保证内容器的压力环境。三个接口中，操作孔的法兰和超导电缆的绝热管均为 304 不锈钢，因此可采用焊接方式连接；而电流引线法兰的材料是环氧树脂，因此需要使用螺纹方式密封。

除此之外，终端底部需设有位移装置，由于冷缩热涨的缘故，超导电缆从常温降至液氮温度后，长度会缩短，除了绝热管本身的冷缩热涨之外，还需要让终端保持可移动状态，以防止电缆应力过大。终端位移装置需满足可定向移动、制造与安装方便、造价低廉等的要求。

终端恒温器的外容器处于常温环境，内容器处于 77K 左右的低温环境，内外温度差高达 200K，如果不采取隔热措施，则内容器的液氮会剧烈蒸发，导致超导电缆系统崩溃。终端恒温器通常采用真空与多层绝热材料（Multilayer Insulation，MLI）的复合绝热结构，能够同时减少液氮和环境的对流传热，以及辐射漏热。仅使用真空作为保温手段时，其热导率为 10^{-6}W/(cm・K)量级，使用多层绝热材料与真空复合绝热时，热导率可达到 10^{-7}W/(cm・K)量级[7]。

除了辐射漏热之外，终端恒温器内外容器的接口部分也会产生漏热。终端恒温器的漏热通常在数瓦至十数瓦不等，相较而言，电流引线的漏热远大于终端恒温器的漏热[12]。

（2）室温绝缘终端恒温器 室温绝缘超导终端是室温超导电缆的配套终端。室温超导电缆是早期超导电缆工程中经常采用的一种电缆结构，除了个别工程外，目前几乎已经不再使用。与冷绝缘超导终端不同，室温绝缘超导终端的终端恒温器处于高电位，因此终端恒温器与其他设备连接时需要设置电气绝缘。下面以丹麦 NKT 研制的 30kV/104MVA 室温绝缘超导终端为例，介绍室温绝缘三相分相超导终端恒温器。

30kV/104MVA 室温绝缘三相分相超导终端总体结构如图 4-4 所示。图中超导终端恒温器由双层容器构成，用于提供超导电缆的运行环境。与冷绝缘终端不同的是，由于低温介质（液氮）在电缆内部流动，因此终端恒温器内容器中不会积蓄液氮。电缆系统采用液氮迫流循环冷却，液氮的循环工作压力为 3～5bar（$1bar=10^5Pa$），液氮的进口温度为 65K，出口温度为 80K，终端的绝缘层采用挤缩聚合物，处于环境工况下。终端恒温器处于高电位，但超导电缆绝热套、制冷系统等设备处于低电位，因此终端恒温器与其他设备连接时必须使用绝缘元件[14]。

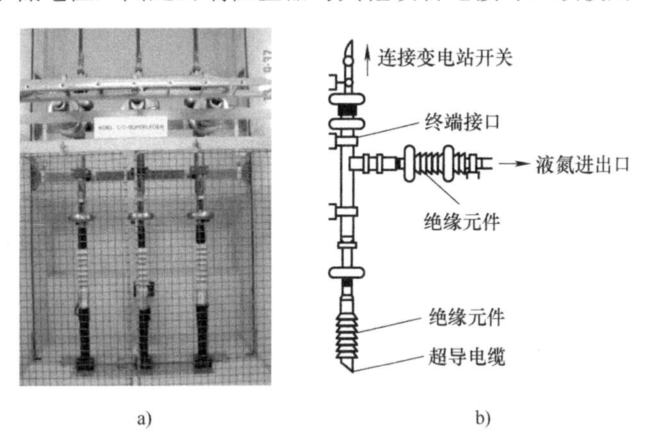

a) b)

图 4-4 30kV/104MVA 室温绝缘三相分相超导终端实物图[13]与示意图

a）实物图 b）示意图

相较于冷绝缘超导终端，室温绝缘超导终端的体积较小，结构更加简单。但受限于其结构，室温绝缘超导电缆通常都是分相电缆，因此室温绝缘超导终端也都是单相终端。在安装室温绝缘超导终端时，必须在其周围设置护栏，保证安全距离。

2. 电流引线

电流引线的导体通常由金属或者合金材料构成，本身具有一定的电阻。在超导终端中，电流引线跨越室温和超导电缆工作的低温区，不仅本身具有很大的传导漏热，通电时也会产生焦耳热，传导热和焦耳热的总和就是电流引线的总漏热。

电流引线的漏热是超导终端总漏热的主要部分，因此电流引线的设计在超导终端的设计中非常重要。电流引线的设计就是要在给定的条件下，通过热损耗的分析确定导体的结构和尺寸，使总漏热量达到最小。加大引线的截面积，可以减小引线的焦耳热，但会增加由传导热引起的引线漏热；减小引线的截面积，情况则刚好相反。研究表明，在引线各项参数已知的情况下，存在一个热损耗最小的最佳长径比 L/A（引线长度与横截面积的比值），使引线末端流入超导终端的热量最小。

（1）导体材料　决定电流引线导体性能的材料参数主要是热导率和电阻率。对于金属，如果不处于特别低的温度下，一般遵循维德曼-夫兰兹定理，即材料的电阻率与热导率满足以下关系：

$$\rho(T)=\frac{LT}{k(T)} \tag{4-1}$$

式中　$\rho(T)$——随温度变化的电阻率；
$k(T)$——随温度变化的热导率；
T——温度；
L——洛伦兹系数，大小为$2.44\times10^{-8}\,\mathrm{W\cdot\Omega/K^2}$。

电阻率越大，导电性能越好，发热量越少；热导率越大，导热性能越好，传入的热量越多。通常情况下，材料的电导率和热导率成正相关关系，所以这个定理表明良导电体一般也是良导热体。

电流引线的导体全部由金属组成，也称为一元电流引线，主要由铜及其合金组成。铜材种类较多，根据铜在合金中所占比例以及其他元素成分，可以将铜合金分为纯铜、无氧铜、磷脱氧铜、银铜、黄铜、青铜和白铜。在某一大类下，还可根据铜所占比例进一步细分，用不同号别来称呼，如纯铜可分为一号铜、二号铜和三号铜。具体的分类方法以及适合的产品形状见表 4-1。在工程中，常用的铜材料有紫铜和黄铜，紫铜即为表 4-1 中的纯铜。

表 4-1　铜的分类及其产品形状

组　别	名　　称	代　　号	产品形状
纯铜	一号铜	T1	板、带、箔、管
	二号铜	T2	板、带、箔、管、棒、线、型
	三号铜	T3	板、带、箔、管、棒、线
无氧铜	零号无氧铜	TU0	板、带、箔、管、棒、线
	一号无氧铜	TU1	板、带、箔、管、棒、线
	二号无氧铜	TU2	板、带、管、棒、线

（续）

组　别	名　称	代　号	产品形状
磷脱氧铜	一号脱氧磷铜	TP1	板、带、管
	一号脱氧磷铜	TP2	板、带、管
银铜	0.1 银铜	TAg0.1	板、管、线
黄铜	96、90、85、80、70、68、65、63、62、59		板、带、箔、管、棒、线、型

（2）最优长径比　有一种设计方法是先将电流引线的导体部分按照初始温度分布分成多个部分，然后根据需求将某些部分替换为别的材料。更换材料属性后，电流引线的温度分布及漏热量会发生变化。考查变更材料后的电流引线温度分布及漏热量是否满足要求，若不满足要求，则按照上述步骤进行多次更新迭代，最终达到温度分布及漏热量满足要求为止。导体部分含有多种材料的电流引线称为多元电流引线[14, 15]。

对于多元电流引线，Peltier 电流引线（PCL）是一个比较成功的例子。通过将 Peltier 元件放置到电流引线的铜导体部分中，利用 Peltier 元件的 Peltier 效应以及 Peltier 材料自身的低导热性，减少电流引线常温侧至低温侧的漏热。

Peltier 效应属于一种热泵效应，它能提供很好的热绝缘性。在一般使用过程中，电流引线的导体部分会被 Peltier 元件分为两个，甚至多个部分。Peltier 材料主要为 BiTe，而 BiTe 还分为 N 型和 P 型。在使用时，N 型 BiTe 连接在正极，P 型 BiTe 连接在负极。BiTe 的热导率约为铜的 1/200。铜和 BiTe 的最优尺寸需要基于电流的幅值来进行计算。

在日本石狩项目的 500m 超导电缆系统中，其电流引线采用 Peltier 电流引线，如图 4-5 所示。在项目中，还对 Peltier 电流引线的漏热性能进行了测试。图 4-6 所示为一对电流引线漏热测量的试验数据，试验采用热测法。从图中不难看出，当电流为 50A 时漏热达到最小值。随后，漏热随着电流的增加而增加。图 4-6 中的右 Y 轴为单位电流漏热。项目对于 Peltier 电流引线的设计值为 35W/kA，而试

图 4-5　石狩项目中的电流引线[19]

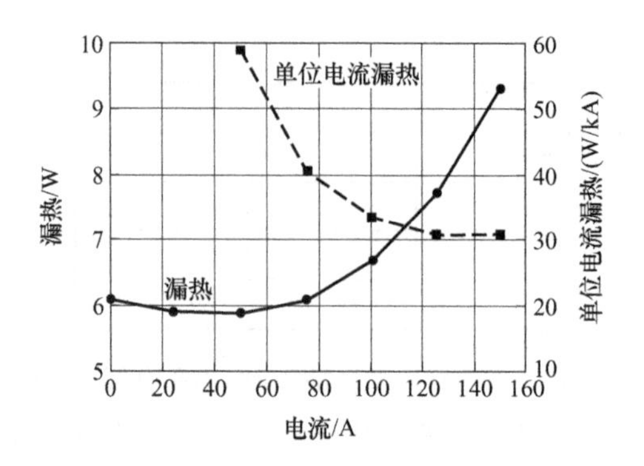

图 4-6 石狩项目中的 Peltier 电流引线测试数据[20]

验值约为 30W/kA。此外，项目还对电流引线进行了过电流试验，峰值电流约为 670A，几乎为 PCL 额定电流的 4 倍。过电流的持续时间为 18ms，而 Peltier 电流引线在过电流以后仍能工作。常规铜电流引线的漏热约为 50W/kA，若能实现 30W/kA 的电流引线，则可为 5kA 的电缆系统减少 400W 的漏热[16]。

在一元电流引线的设计中，一般假设电流引线中的导体部分为一根质地均匀且横截面处处相等的导体。在超导电缆系统中，随着运行时间增加，超导电缆系统也会逐步趋于稳定状态。此时，可以近似认为电流引线壁面温度与低温介质温度相等，导体与气体不再产生对流换热。因此，按照传热学理论[21]，有

$$\frac{\mathrm{d}}{\mathrm{d}x}\left[k(T)A\frac{\mathrm{d}T}{\mathrm{d}x}\right]+\frac{\rho(T)I_{\mathrm{a}}^{2}}{A}=0 \tag{4-2}$$

式中 $k(T)$ ——热导率，单位为 $\mathrm{W/(m \cdot K)}$；

A ——面积，单位为 m^2；

T ——温度，单位为 K；

$\rho(T)$ ——电阻率，单位为 $\Omega \cdot \mathrm{m}$；

I_{a} ——电流载荷，单位为 A。

式（4-2）中的第一项表示电流引线中从高温端传至低温端的漏热，第二项表示电流引线通电时所产生的焦耳热。如上所述，由于一般金属材料均满足式（4-1）的维德曼-夫兰兹定理。因此，上述方程一般情况下是一个非线性微分方程，需要利用数值方法求解。而在温度范围变化不大，电阻率 ρ 和热导率 k（T）均可视为常数的场合，式（4-2）可变为

$$\frac{\mathrm{d}^2T}{\mathrm{d}x^2}+\frac{\rho I_{\mathrm{a}}^2}{kA^2}=0 \tag{4-3}$$

令 $\frac{\rho I_{\mathrm{a}}^2}{kA^2}=\beta$，则可得到式（4-3）的通解为

$$T = -\frac{\beta}{2}x^2 + C_1 x + C_2 \tag{4-4}$$

式中，A、β 为待定常数。按照计算模型的边界条件，有

$$x = 0,\ T = T_L;\quad x = L,\ T = T_H \tag{4-5}$$

将式（4-5）代入式（4-4），可得

$$C_1 = (T_H - T_L)/L + \beta L/2,\quad C_2 = T_L \tag{4-6}$$

将式（4-6）代入式（4-4），可得到

$$T = \frac{\beta}{2}(Lx - x^2) + (T_H - T_L)x/L + T_L \tag{4-7}$$

将 β 代入式（4-7），有

$$T = \frac{\rho I_a^2}{2kA^2}(Lx - x^2) + (T_H - T_L)x/L + T_L \tag{4-8}$$

对式（4-8）求微分，可得到温度梯度的表达式为

$$\frac{\mathrm{d}T}{\mathrm{d}x} = -\frac{\rho I_a^2}{kA^2}x + (T_H - T_L)/L + \frac{\rho I_a^2 L}{2kA^2} \tag{4-9}$$

从而可得到电流引线截面的热通量的表达式为

$$Q = -kA\frac{\mathrm{d}T}{\mathrm{d}x} = -kA \bullet \left[-\frac{\rho I_a^2}{kA^2}x + (T_H - T_L)/L + \frac{\rho I_a^2 L}{2kA^2}\right] \tag{4-10}$$

电流引线底部的总热通量为

$$Q|_{x=0} = -kA\frac{\mathrm{d}T}{\mathrm{d}x}|_{x=0} = -kA(T_H - T_L)/L - \frac{\rho I_a^2 L}{2A} \tag{4-11}$$

令形状因子 $\frac{L}{A} = \alpha$，则

$$Q|_{x=0} = -k(T_H - T_L)/\alpha - \frac{\rho I_a^2}{2}\alpha \tag{4-12}$$

式中，负号表明热通量的方向为 x 轴负方向。若要找到使得 Q 最小的 α，对式(4-12)求 α 的一阶导数即可，即

$$\frac{\partial Q}{\partial \alpha}|_{x=0} = k(T_H - T_L)/\alpha^2 - \frac{\rho I_a^2}{2} = 0$$

$$\Rightarrow \alpha = \frac{1}{I_a}\sqrt{\frac{2k(T_H - T_L)}{\rho}} \tag{4-13}$$

若 ρ 和 k 均随温度变化，则式（4-2）的求解将会变得十分困难。2009 年，古濑充穗在文献中利用材料的平均热导率 k_{ave}，以及电阻率随温度线性变化 $\rho=\alpha T$ 来进行一定程度上的简化，从而计算形状因子对漏热的影响

$$\frac{\mathrm{d}}{\mathrm{d}x}\left[k(T)A\frac{\mathrm{d}T}{\mathrm{d}x}\right]+\frac{\rho(T)I_{\mathrm{a}}^{2}}{A}=0$$
$$x=0,\ T=T_{\mathrm{H}};\quad x=l,\ T=T_{\mathrm{L}} \tag{4-14}$$

将平均热导率 k_{ave} 以及电阻率 $\rho(T)=\alpha T$ 代入式（4-14），求解可得到

$$T=\frac{T_{\mathrm{L}}\sin\beta x+T_{\mathrm{H}}\sin\beta(l-x)}{\sin\beta l},\beta=\frac{I}{A}\sqrt{\frac{\alpha}{k_{\text{ave}}}} \tag{4-15}$$

$$Q=-k_{\text{ave}}A\frac{\mathrm{d}T}{\mathrm{d}x}|_{x=l}=I\sqrt{k_{\text{ave}}\alpha}\,\frac{T_{\mathrm{H}}-T_{\mathrm{L}}\cos\delta}{\sin\delta},\delta=I\sqrt{\frac{\alpha}{k_{\text{ave}}}}\frac{l}{A} \tag{4-16}$$

式中　A——电流引线的截面积，单位为 m^2；

l——电流引线长度，单位为 m。

定义平均洛伦兹常数 L_{ave} 为

$$L_{\text{ave}}=\frac{k_{\text{ave}}\rho}{T}=\frac{k_{\text{ave}}\alpha T}{T}=k_{\text{ave}}\alpha \tag{4-17}$$

将式（4-17）代入式（4-16），得到

$$Q=-k_{\text{ave}}A\frac{\mathrm{d}T}{\mathrm{d}x}|_{x=l}=I\sqrt{L_{\text{ave}}}\,\frac{T_{\mathrm{H}}-T_{\mathrm{L}}\cos\delta}{\sin\delta},\delta=I\frac{l\sqrt{L_{\text{ave}}}}{k_{\text{ave}}A} \tag{4-18}$$

对式（4-18）中的 δ 求导，并令 $\partial Q/\partial\delta=0$，可得最优长径比为

$$\alpha=\frac{l}{A}|_{x=l}=\frac{1}{I}\bullet\frac{k_{\text{ave}}}{\sqrt{L_{\text{ave}}}}\arccos\frac{T_{\mathrm{L}}}{T_{\mathrm{H}}} \tag{4-19}$$

最小漏热量 $Q_{\min}$ 为

$$Q_{\min}=I\sqrt{L_{\text{ave}}(T_{\mathrm{H}}^{2}-T_{\mathrm{L}}^{2})} \tag{4-20}$$

由式（4-20）可看出，在热导率为常数、电阻率随温度线性变化的情况下，电流引线的最优长径比与设计电流 I、平均洛伦兹常数 L_{ave}、平均热导率 k_{ave}，以及电流引线两端的温度有关。而最优长径比所对应的最小漏热量则与设计电流 I、平均洛伦兹常数 L_{ave}，以及电流引线两端的温度有关。对于热导率 k 和电阻率 ρ 均随温度非线性变化的情况，最优长径比和最小漏热量需要结合实际情况，采用数值方法对式（4-1）进行求解来获取。

除了需要满足漏热性能外，根据国家标准，电流引线的电气性能应符合短路电流、工频耐压和雷电冲击耐压等要求。短路电流的计算可参考 GB/T 15544.1—2023《三相交流系统短路电流计算　第 1 部分：电流计算》。该标准详细描述了在不同情境下短路电流的强度和时间等因素。为判断导体是否满足短路电流要求，可以使用 GB/T 50217—2018《电力工程电缆设计标准》附录 B 中所列的公式进行计算。然而，由于电流引线的结构简单且环境单一，可以采用以下简化公式进行短路电流和截面积的计算：

$$I_{c} = A\frac{\sqrt{t}}{K} \tag{4-21}$$

式中　I_c ——短路电流，单位为 A；

A ——导体截面积，单位为 m^2；

t ——最大短路时间，单位为 s；

K ——热稳定系数。

上述参数中，短路电流与最大短路时间是由电力部门或设计院综合了国家标准及电网参数后确定的。热稳定系数为材料本身的特征参数。在确定了这三个参数之后，可以计算出满足短路电流和最大短路时间要求的导体截面积，再根据式（4-21）的最佳长径比，可以确定电流引线的最佳长度。

除短路电流外，电流引线还必须满足工频耐压和雷电冲击耐压的要求。超导电缆和电流引线在进行工频耐压试验和雷电冲击耐压试验时，需要按照 GB/T 3048.1—2007《电线电缆电性能试验方法　第 1 部分：总则》中所描述的方法和标准进行试验。通常情况下，电流引线或终端不会单独进行工频耐压试验和雷电冲击耐压试验，而是作为整体系统与超导电缆连接起来，形成一个完整的系统后再进行相关内容的验证试验。

3. 高压端子

常规电缆中，电流引线与电缆线芯通常采用螺纹、压接、焊接等机械方式连接。由于超导带材在机械性能方面的限制，如果采用传统的螺纹、压接等方式连接，则不可避免地会给超导带材造成不可逆的损害。因此，必须采用一种高可靠、低电阻的过渡元件连接电流引线与超导带材。

在超导终端中，通常采用焊锡的方式连接超导带材与高压端子。图 4-7 所示为一种高压端子与超导带材的连接示意图。在施工过程中，施工人员首先会剥离超导电缆的绝缘层，以便对超导电缆的带材与铜衬芯进行分离。随后，施工人员将无氧铜材质的高压端子与超导电缆的铜衬芯压接牢固，这一步骤旨在预防降温过程中电缆冷缩可能对超导带材造成的潜在损害。紧接着，施工人员将超导带材牢固地锡焊至高压端子上。最后，施工人员在超导带材上缠绕绝缘纸，完成连接。

一般来说，由于敷设条件的限制，高压端子必须在现场施工。施工时，施工人员应控制焊接温度，使用低温焊锡，避免因温度过高导致超导带材损坏。为了保证超导带材与高压端子的连接电阻足够小，焊接的超导带材应尽可能长一些。

高压端子焊接完成后，就可以与电流引线连接。由于高压端子与电流引线同为无氧铜材质，因此可以采用螺纹、压接、焊接等机械方式连接。图 4-8 展示了一种电流引线及高压端子的连接方式。

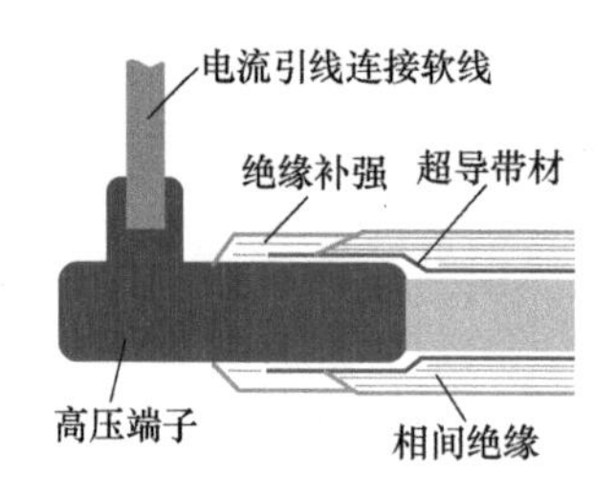

图 4-7　高压端子与超导带材的连接示意图

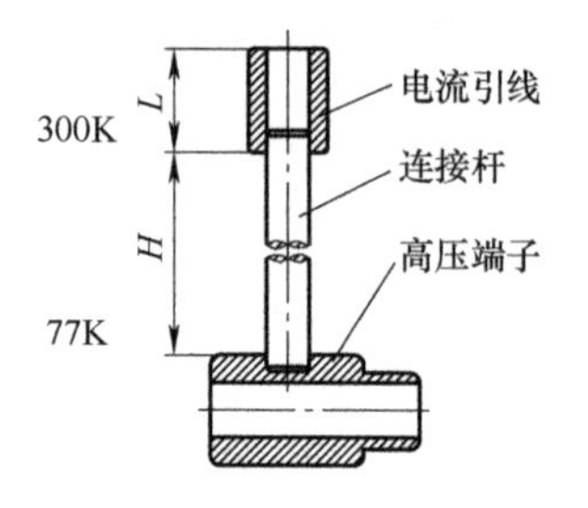

图 4-8　电流引线及高压端子的连接示意图[22]

高压端子不但要具有较低的电阻，保证通流时具有较低的热损耗，还需要具有一定的机械强度，以承载电缆安装完成后在降温及运行中存在的张力。

4. 绝缘子

绝缘子（又称高压套管、绝缘套）是超导终端中用于电流引线的高压导体与终端恒温器绝缘的关键组件。绝缘子主要包括复合绝缘套管和干式绝缘子两类，这两类绝缘子在当前的超导电缆工程中均得到了广泛应用。

图 4-9 展示了复合绝缘套管的构造示意图。复合绝缘套管可以看作是一个中空圆筒，圆筒的上下是用于与其他元件连接的金属法兰。圆筒的主体部分由两种不同的绝缘材料构成，内壁多选用环氧玻璃钢，其表面光滑、机械强度高、绝缘性能优良；而外部伞裙则多选用硅橡胶或陶瓷等绝缘材料。由于复合绝缘套管需长期暴露于室外环境，承受各种极端气候条件和污染影响，因此其外部伞裙必须具备出色的抗侵蚀和抗污闪能力。此外，圆柱体内部通常填充有 SF_6 气体或硅油（日本标准）、异丁烯油（部分欧洲国家使用）以增强其绝缘性能[23]。

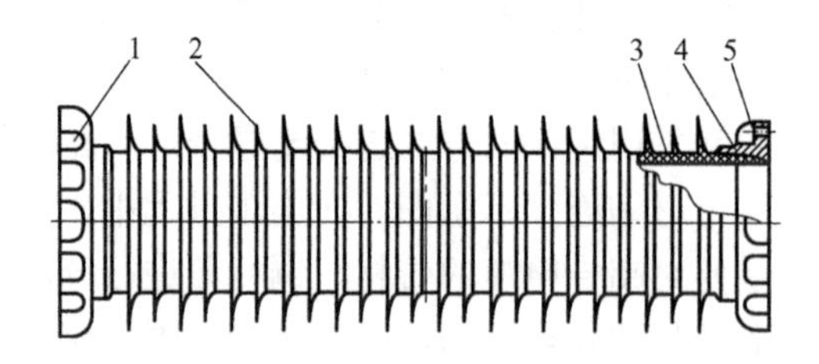

图 4-9　空心复合绝缘套管示意图[24]

1—端部附件　2—伞裙外套　3—玻璃钢绝缘管　4—胶黏剂　5—端部附件

表 4-2 列举了一些常见的绝缘物质的击穿场强。在填充绝缘物质时，必须充分考量其工作温度范围，以确保在任何情况下都不会发生相变，从而避免绝缘失效的风险。根据已知条件，复合绝缘套管中的 SF_6 气体在常压下的液化温度约为-65℃，而绝缘油的凝固温度通常在-40℃左右。因此，在进行绝缘填充操作时，应确保工作温度在上述物质的相变温度之上，以保证绝缘性能的稳定和可靠。

表 4-2　常温常压下不同绝缘物质的击穿场强

材质	击穿场强/(kV/cm)
干燥空气	32
六氟化硫（SF_6）	89
硅油	65～90
异丁烯油	120～140

常规电缆中，干式绝缘子作为电缆与电气设备间的过渡元件发挥着至关重要的作用。如图 4-10 所示，干式绝缘子的结构设计与复合绝缘套管颇为相似，均包含金属法兰、内部绝缘圆筒以及外部绝缘伞裙等关键组件。其区别在于，干式绝缘子内部设有导电杆结构。导电杆与绝缘圆筒之间采用环氧材料浇铸作为绝缘填充。相较于绝缘气体或绝缘油，干式绝缘子的绝缘性能更佳[25]。

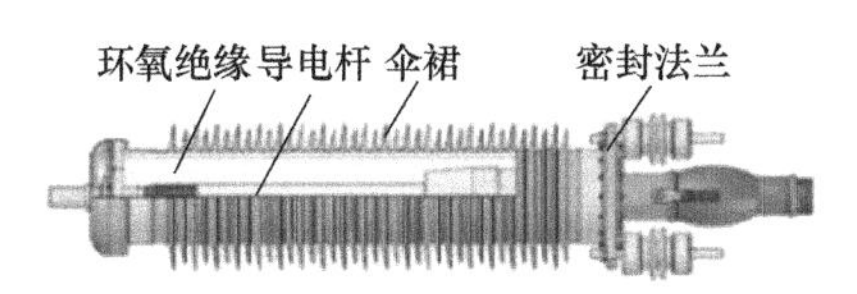

图 4-10　干式绝缘子示意图

对于超导电缆终端，无论使用何种形式的绝缘子，确保电流引线的绝缘性能和终端的气密性是首要的条件。干式绝缘子和绝缘套管已是成熟产品，同电压等级的产品均可满足一般用户的需求。

绝缘子和终端恒温器之间通过橡胶密封圈密封。受到终端恒温器内容器的影响，绝缘子下端金属法兰的温度通常在-20～15℃左右。表 4-3 列举了一些常用橡胶密封圈。不同材质的橡胶密封圈在工作温度上存在差异，在超导工程中，通常会采用氟橡胶密封圈进行密封。

表 4-3　各类橡胶密封圈

材质	工作温度/℃	特点
硅胶	-60～200	材质柔软、耐腐蚀性差
丁腈橡胶	-40～120	耐油、耐磨性差
氟橡胶	-40～200	耐高温、耐油、耐腐蚀

绝缘子的绝缘效能主要依赖于其外部伞裙的绝缘性能。我国颁布的标准GB/T 26218.3—2011《污秽条件下使用的高压绝缘子的选择与尺寸确定 第3部分：交流系统用复合绝缘子》中，对伞裙结构的参数进行了详尽的规定。目前，我国常见的伞裙类型如图4-11所示，主要包括一大二小型、一大一小型以及等径伞型。

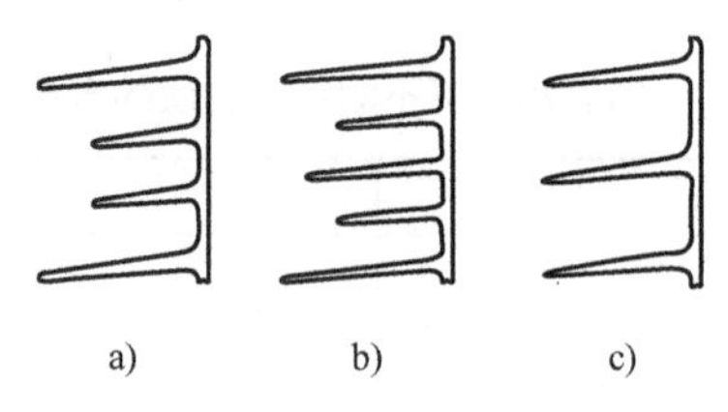

图4-11 伞裙种类示意图

a）一大二小 b）一大一小 c）等径

伞裙结构的伞间距 S 和伞伸出 P 之比应大于0.75，即 $\frac{S}{P}>0.75$。同时，任意部位的爬电距离 I_d 与空气间距 d 之比应小于5，即 $\frac{I_d}{d}<5$。如图4-12所示，如果伞裙是交替伞裙，则长伞裙伸出 P_1 与短伞裙伸出 P_2 之差应不小于15mm，即 $P_1-P_2\geqslant 15\text{mm}$。[26]

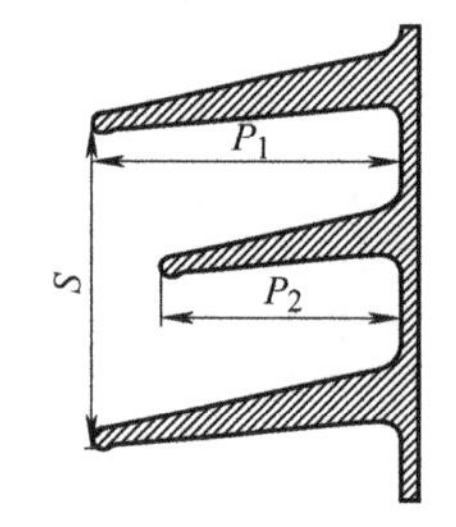

图4-12 爬电距离示意图

5. *应力锥*

在制作高压端子的过程中，通常会将屏蔽层和绝缘层剥离。一旦屏蔽层剥离，原本在电缆绝缘内部相对匀称的电场会在屏蔽层剥离根部发生畸变，如图4-13a所示。从图中可以看出，电场集中的屏蔽层根部区域成为电气性能最薄弱的地方，容易发生击穿现象。为了保护电缆绝缘、降低局部电场强度，通常会在高压端子和屏蔽端子之间增加应力锥结构[27]。

在超导终端中，屏蔽层终止处的电场最为集中，如不采取措施均匀电场分布，则极易发生击穿。应力锥是改变电场分布的一种常见结构，通过在屏蔽层终止处缠绕绝缘材料、改变绝缘的形状来均匀电场的分布。应力锥必须选用在低温下保持良好的机械和绝缘性能的材料，如绝缘纸、PPLP、环氧树脂等。

常规电缆的应力锥是一种内部呈圆柱形、外部呈菱形的结构，如图4-14所示。在常规电缆中，应力锥由绝缘橡胶和半导电橡胶两种材料组成，安装在屏蔽层终止处，与屏蔽层相连。半导电橡胶与电缆屏蔽层连通，形成等势曲面。等势曲面可以极大地改善电场分布，避免电场集中引发的绝缘击穿，如图4-13b所示。通过调整应力锥曲线形状参数或应力锥端曲率，可以有效改善其内部电场分布、均化电场。

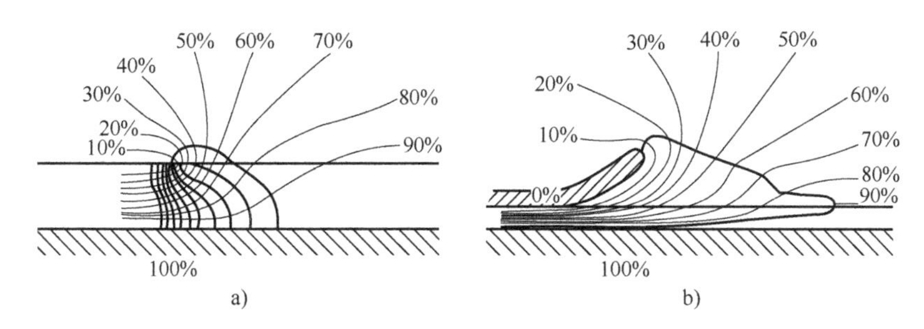

图 4-13　应力锥电场改善对比图[29]

a）无应力锥　b）有应力锥

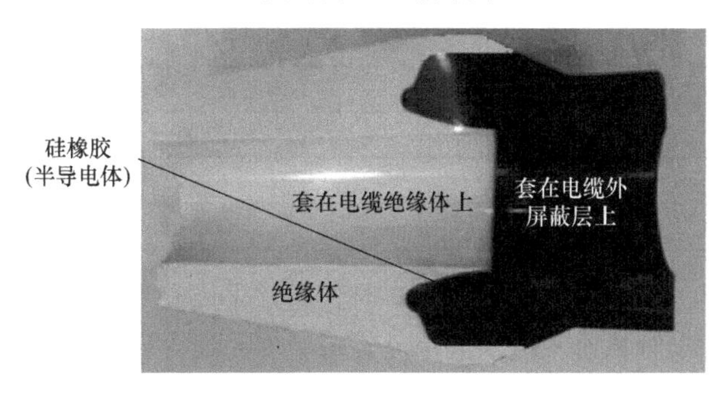

图 4-14　常规电缆的应力锥（图片源自网络）

超导电缆在屏蔽层终止处也需要安装应力锥。不同的是，超导电缆的绝缘屏蔽层由超导带材与铜带保护层两部分组成，且超导电缆运行时浸泡在液氮中，如果使用常规电缆的橡胶应力锥，不但安装困难，运行时也会因为橡胶无法承受低温而出现断裂。因此，在超导电缆中通常采用纸绝缘与环氧树脂绝缘件模拟应力锥的曲面。

图 4-15 展示了一种超导电缆的应力锥结构。上方的浅灰色部分是环氧树脂绝缘件，中间的黑色部分是应力锥纸绝缘，下方的深灰色部分是电缆本体的纸绝缘。从图中不难看出，环氧树脂绝缘件和纸绝缘共同构成了类似于常规电缆的应力锥的曲面。环氧树脂的可塑性高、强度高且低温下不易开裂，是低温环境下常用的绝缘材料。但需要注意的是，环氧树脂有多重型号，不同型号的环氧树脂性能差异较大，在选择环氧树脂时，应挑选耐冷冲击强度高、低温环境下不易开裂的型号。在中低压的系统中，也可以使用金属元件替代环氧绝缘件。

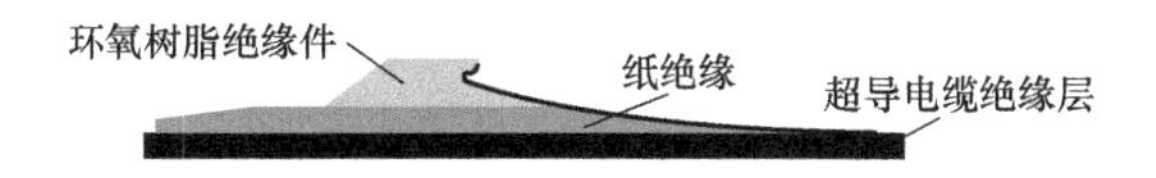

图 4-15　超导电缆的应力锥示意图

绝缘纸具有良好的绝缘性、可塑性、耐低温性，是现阶段超导电缆最常见的绝缘材料。但绝缘纸无法浇筑成型，施工时只能人工缠绕。超导电缆中常用的绝缘纸有牛皮纸和 PPLP（Polypropylene Laminated Paper）两种。PPLP 高压电缆绝缘纸是一种复合绝缘纸，由两层牛皮纸和一层 PP 膜复合而成，其相对介电常数为 2.6，击穿场强大于 70kV/mm，介电强度和介质损耗比普通牛皮纸小[28]。PPLP 具有较高的介电强度和良好的浸渍性能，其击穿场强也明显高于牛皮纸，作为绝缘材料非常优秀。但其延展性不如牛皮纸，使用 PPLP 制作纸绝缘应力锥时应确保各层之间不存在空隙，以避免击穿。表 4-4 列举了 PPLP 的一些绝缘性能参数。

表 4-4　PPLP 的绝缘性能

试验类型	击穿场强/（kV/mm）
局部放电	22.00
直流耐压	67.00
雷电冲击	69.42

设计应力锥的形状参数和锥端曲率时，通常采用有限元法分析进行设计。该方法将分析对象划分为有限数量的单元，每个单元包含多个节点，并根据一定的边界和初始条件，求解每个节点的电动势和其他相关参数，从而直观地分析电场的分布情况，并通过改变锥形参数或曲率来调节电场分布[27]。

图 4-16 所示为一个二维应力锥曲面图。应力锥接到屏蔽屏上，其曲面上任意一点 $F(x,y)$ 电位为零，则应力锥属于等电位面，电力线都与其应力锥面正交。在纸绝缘应力锥的锥面上，任意一点 $F(x,y)$ 的场强 E 均可以拆分为轴向场强 E_t 和法向场强 E_n，且 E_n 与 E 的夹角为 α，则可以列出以下等式：

$$E_t = E_n \tan\alpha \tag{4-22}$$

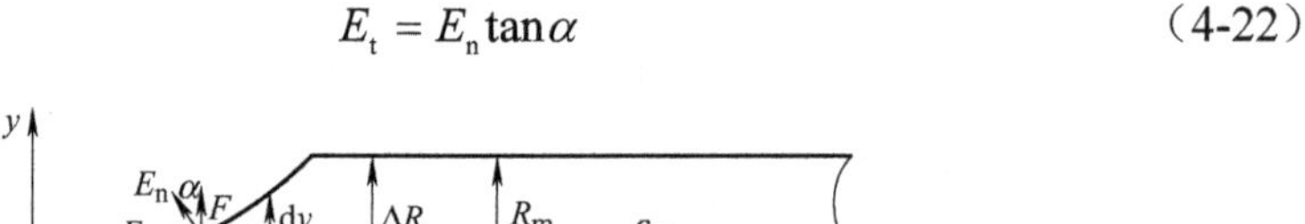

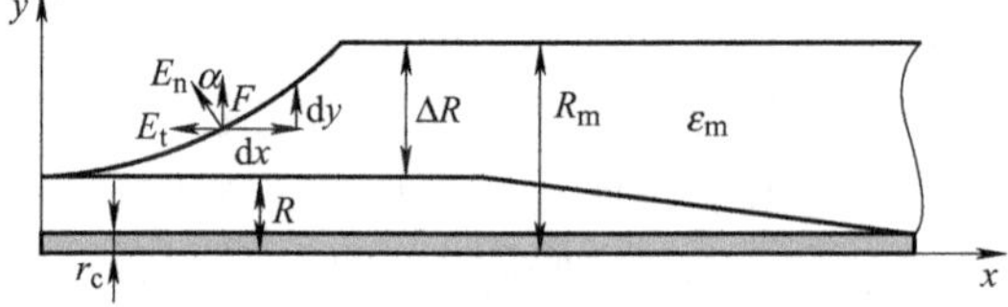

图 4-16　二维应力锥设计示意图

在锥面起始点，即 $F(x,y)$ 中 $x=0$，$y=R$ 处，E_n 等同于电缆本体的最大电场强度为 E_m，即

$$E_m = \frac{U}{r_c \cdot \ln\left(\frac{R}{r_c}\right)} \tag{4-23}$$

式中　E_m ——电缆本体的最大电场强度；
U ——电缆导电层电压；
r_c ——电缆导电层半径；
R ——电缆纸绝缘半径。

将 $F(x,y)$ 的坐标与式（4-23）代入式（4-22）中，即可获得轴向场强 E_t 和法向场强 E_n 与 F 点坐标之间的关系。如果应力锥的纸绝缘与电缆纸绝缘的介电常数不同，则需要将介电常数也带入其中。假设应力锥纸绝缘的介电常数为 ε_m，电缆纸绝缘的介电常数为 ε_1，则上述公式可以表达为

$$E_t = E_n \tan\alpha = \frac{U}{y\left[\ln\left(\frac{R}{r_c}\right)^{\frac{\varepsilon_m}{\varepsilon_1}} + \ln\frac{y}{R}\right]}\frac{dy}{dx} \tag{4-24}$$

求解该积分方程，则可得到锥面设计公式为

$$x = \frac{U}{E_t}\ln\left\{\frac{\ln\frac{y}{R}}{\ln\left[\left(\frac{R}{r_c}\right)^{\frac{\varepsilon_m}{\varepsilon_1}} \cdot \frac{y}{R}\right]}\right\} \tag{4-25}$$

式中　x、y——应力锥面坐标；
U ——电缆导电层电压；
E_t ——锥面轴向场强；
E_n ——锥面法向场强；
r_c ——电缆导体层外半径；
R ——电缆纸绝缘外半径；
ε_m ——应力锥纸绝缘介电常数；
ε_1 ——电缆纸绝缘介电常数。

为了有效减小电缆本体绝缘端部的轴向场强，可将绝缘尾部切削成与应力锥曲面恰好相反的锥形曲面，称为反应力锥。反应力锥是增绕绝缘和电缆本体绝缘的交界面，若设计不好容易沿该面发生移滑击穿。

其锥面设计公式为

$$x = \frac{U}{E_t}\ln\left\{\frac{\ln\frac{y}{R}}{\ln\left[\left(\frac{R}{r_c}\right)^{\frac{\varepsilon_m}{\varepsilon_1}} \cdot \frac{y}{R}\right]}\right\} \tag{4-26}$$

主绝缘轴向场强为

$$E_{\mathrm{n}}=\frac{U}{r_{\mathrm{c}}\ln\left(\frac{R_{\mathrm{m}}}{r_{\mathrm{c}}}\right)} \tag{4-27}$$

则增绕绝缘厚度为

$$R_{\mathrm{m}}=r_{\mathrm{c}}\exp\left(\frac{U}{r_{\mathrm{c}}E_{\mathrm{n}}}\right) \tag{4-28}$$

相较于超导电缆主绝缘厚度，其增加的绝缘厚度为

$$\Delta R=R_{\mathrm{m}}-R=r_{\mathrm{c}}\exp\left(\frac{U}{r_{\mathrm{c}}E_{\mathrm{m}}}\right) \tag{4-29}$$

根据常规电缆终端应力锥设计的经验公式，切向电场强度一般为主绝缘最大场强的60%左右，轴向电场强度一般为主绝缘最大场强的10%左右。

4.1.2 示范工程中的超导终端

不同结构的超导电缆，与其配套的超导终端结构也有所差异。冷绝缘超导终端可以分为单相超导终端、三芯超导终端和三相同轴超导终端三种类型。本节将通过对比研究各国超导电缆示范工程案例，对超导终端的功能进行详细说明，分析其结构特点，并阐述不同超导终端之间的差异。

1. 单相超导终端

单相超导终端是指一个终端恒温器只连接一根超导电缆的终端。相较于其他结构，单相超导终端结构简单、制造难度较低，因此常用于与试验线路配套。

韩国LS电缆在2003年建设了一条30m/22.9kV/1.26kA的单相冷绝缘超导电缆试验线，所使用的终端如图4-17所示。这是一种典型的单相超导终端结构，图中终端恒温器为304不锈钢双层容器，夹层由真空隔热及绝热被隔热组成。恒温

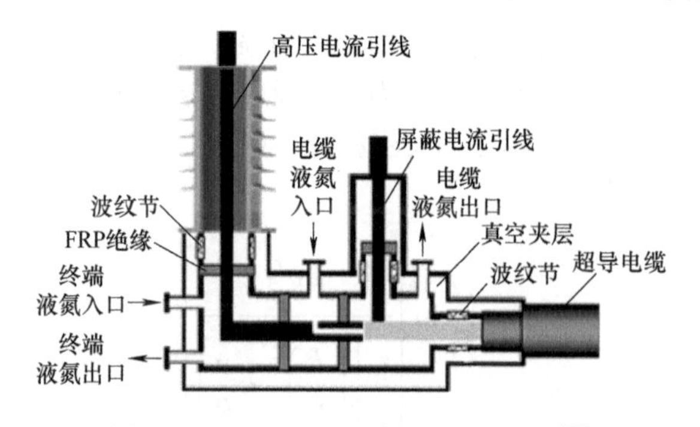

图4-17 22.9kV单相冷绝缘超导终端[33]

器内容器在垂直方向与水平方向上均设有波纹节，用于吸收内外容器的收缩差，避免应力过大造成泄漏。

为了降低制冷成本，项目组用 FRP 绝缘将终端的液氮区域与超导电缆的液氮区域隔开，形成两条液氮循环回路。在电缆的液氮循环回路中，液氮通过电缆液氮入口进入超导电缆的不锈钢线芯波纹管，再从另一侧终端进入回流通道，最终通过电缆液氮出口回到制冷系统。

高压电流引线与屏蔽电流引线分别连接超导电缆的导电层和屏蔽层。屏蔽层终止处设有纸绝缘应力锥，用于缓和电场，避免电场集中发生击穿。

考虑到三相交流电矢量和为零的特点，在交流输电的应用场景中，超导电缆必须将屏蔽层互连，消除屏蔽电流。屏蔽互连的主要方式有两种，分别是外接式和内接式。在外接式单相超导终端中，屏蔽层需要通过专门的屏蔽电流引线，引导至终端恒温器的外部，并在室温条件下实现连接。2003 年，韩国 LS 电缆公司采用图 4-17 的终端设计，建造了一条 5m/22.9kV 的三相统包超导电缆测试系统，图 4-18 所示为测试系统现场照片。这套测试系统采用了外接式屏蔽互连方案，这种结构的屏蔽电流引线的电阻相对较高，通流能力相对较弱，同时还会产生额外的热损耗。

图 4-18　22.9kV 三相统包超导电缆测试系统现场照片[33]

内接式的屏蔽电流引线通过单相超导终端之间的真空绝热管连接，运行时浸泡在液氮中，在热损耗上更具优势。2008 年，在美国能源部的支持下，美国超导公司、耐克森公司（Nexans）、法液空集团在长岛电力局建设了一条 600m/138kV/ 574MVA 的三相分相超导电缆系统，并于同年 4 月并网运行，现场照片及终端结构如图 4-19 所示。三个终端的内容器经由真空绝热管相互连通，电流引线通过屏蔽引线接口在液氮环境中实现互联。由于三个终端构成一个整体，无法进行独立移动，因此必须配置冷缩补偿装置，避免超导电缆冷缩不一致所引发的泄漏问题。

图 4-19 美国 LIPA 项目中使用的单相超导终端[33]

同样使用内接式的还有韩国济州岛项目。2015 年，韩国电力公司与韩国 LS 电缆公司在韩国济州岛建设了一条 1km/154kV/600MVA 的三相交流钇系高温超导电缆，并于 2016 年 3 月并网运行[34]。这条 154kV 的超导电缆主要作为超导故障电流限制器（Superconducting Fault Current Limiter，SFCL）使用[35]。图 4-20 展示了该线路使用的单相超导终端。

图 4-20 韩国济州岛项目现场照片

内接式超导终端在我国也有应用。2013 年，上海电缆研究所有限公司依托宝钢公司，在上海宝山建设了一条 50m/35kV/2kA、额定容量为 120MVA 的高温超导示范线[36]。该项目由上海电缆研究所牵头，宝山钢铁股份有限公司、上海三原电缆附件有限公司、上海电力设计院有限公司等多家单位合作完成。图 4-21 展示了该线路使用的超导终端。这是我国首条挂网运行的冷绝缘高温超导电缆，从 2013 年开始带负载运行，连续稳定运行超三年，未发生超导电缆系统及设备故障。

图 4-21 上海宝钢项目的单相超导终端

2. 三芯超导终端

三芯超导终端是指一个终端恒温器同时连接三根超导电缆的终端。相较于单相超导终端，三芯超导终端结构更加紧凑、占地面积更小、热损耗更低，但电气绝缘要求更高、制造安装也更加复杂。

2006 年，在美国能源部和纽约能源研发局的支持下，Super Power 公司、住友电工、林德公司在加利福尼亚建设了一条 350m/34.5kV/48MVA 的三芯超导电缆系统，并于同年 7 月并网运行[38]。这是世界上首次用于实际输送电路（地下）的超导电缆。现场照片及终端结构如图 4-22 所示。

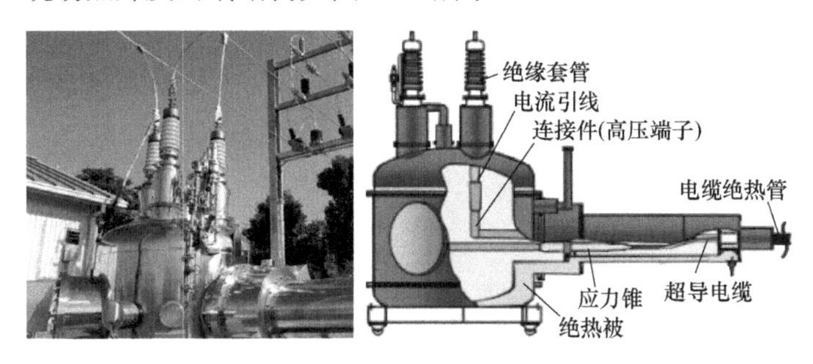

图 4-22 美国 Albany 项目的三芯超导终端[39]

从附件构成上看，三芯终端与单相终端类似。不同的是，三芯终端不需要设置专门的屏蔽引线接口，三芯终端的设计无需设置屏蔽引线接口，其超导屏蔽层的互连可以在恒温器内部直接实现。内部互连能够显著减少常规导体及超导带材的使用长度，大幅度降低屏蔽电流在通过屏蔽电流引线时产生的焦耳热。图 4-23 展示了两种屏蔽互连的接法，分别为三角形联结和星形联结。为了保证屏蔽层的低电位，需要在屏蔽层的连接回路上选取一点接地。理想状态下，三相电缆感应出的屏蔽电流大小相等，相位相差 120°。互连后总的屏蔽对地电流为零。但在实际应用中，互连后的总屏蔽电流可能会残留几至十几安培。接地线的形状没有特殊要求，但为了降低接地线的热损耗，建议采用截面积较小的接地线。

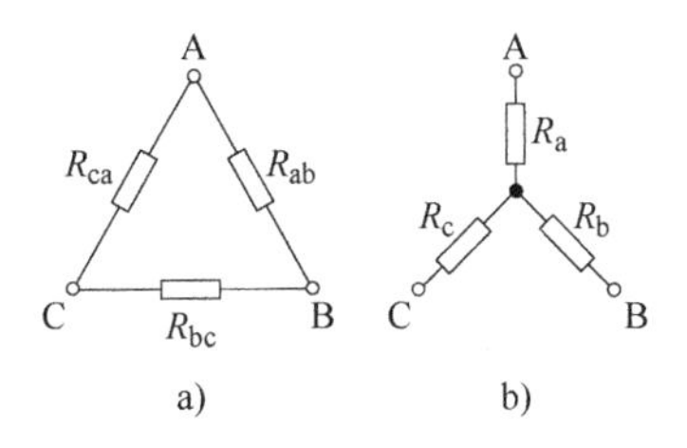

图 4-23 三角形联结和星形联结示意图

a）三角形联结 b）星形联结

在单相超导终端中，每相终端仅需考虑单相超导电缆的绝缘。但在三芯超导终端中，由于三相电缆均在同一容器内，如果三相电缆的绝缘距离不足，则必然会发生相间击穿。因此相较于单相终端，三芯终端的体积更大。超导电缆系统的电压等级越高，电气绝缘的难度越大，随之而来的体积、质量的增大也会增加终端的设计难度。因此，目前仅有美国 Albany 项目、韩国 Shingal 项目、中国上海公里级项目中使用了该种结构形式的超导终端。

2018 年，在韩国电力公司（KEPCO）的资助下，韩国 LS 电缆公司在新葛变电站建设了一条 1km/23kV/50MVA 的三相高温钇系超导电缆。这条超导线路安装在新葛变电站与兴德变电站之间，是世界上第一条商业化的高温超导电缆。工程中使用的三芯超导终端如图 4-24 所示。该线路于 2018 年 11 月完成了型式试验，2019 年 7 月开始商业运行。

图 4-24　韩国 Shingal 计划三芯超导终端[40]

2019 年，在上海市科委、上海市经信委的支持下，国网上海市电力公司开展了 1.2km/35kV/2.2kA 的三相交流高温超导电缆的研制。该工程拟在上海市中心城区长春-漕溪站之间建设一条长度为 1.2km 的 35kV 高温超导电缆线路，用于替代 220kV 普通电力电缆。

2021 年 12 月 22 日，国网上海市电力公司联合上海电缆研究所有限公司、上海国际超导科技有限公司、安徽万瑞冷电科技有限公司研制的 35kV 三相统包超导电缆系统在上海市徐汇区正式并网投运。项目中使用的三芯超导终端如图 4-25 所示。这条 1.2km/35kV/2.2kA 的三相交流高温超导电缆是世界上第一条用于超大城市中心城区供电的超导电缆，也是全球距离最长、容量最大的 35kV 超导电缆工程，标志着我国超导输电技术迈入全球领先行列[41]。

3. 三相同轴超导终端

三相同轴超导电缆的结构较为特殊，其 U/V/W 三相导体和屏蔽层是相对比较紧凑的同心圆，因此需要专用的终端与其配套。

图 4-25　国产化公里级超导电缆示范工程的三芯超导终端

图 4-26 所示为一个典型的三相同轴超导终端。图中终端恒温器为 304 不锈钢双层容器，夹层由真空隔热及绝热被隔热组成。超导电缆进入终端恒温器后，屏蔽层与接地线相连，通过接地口引出终端。三相导体分别与 U/V/W 相电流引线连接。为了缓和电场，屏蔽层与导体之间、各相导体之间必须设置应力锥。制冷系统通过真空绝热管与终端恒温器的液氮进出口连接，提供液氮循环。相较于其他形式的超导终端，三相同轴超导终端的三相导体之间距离更近，对电场分布的控制和电气绝缘材料的绝缘强度要求也更高。

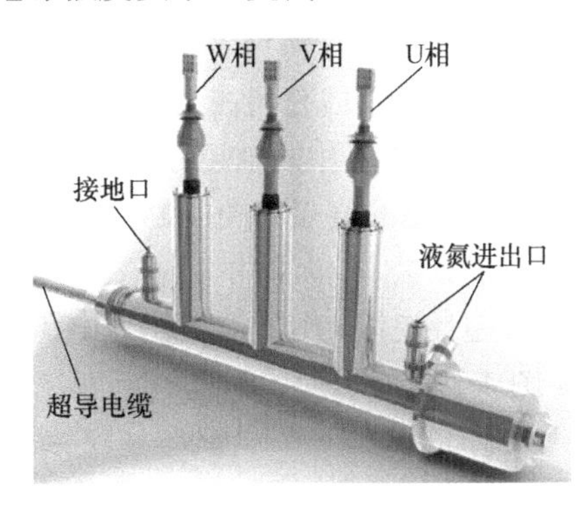

图 4-26　三相同轴超导终端示意图[42]

2013 年，在德国联邦经济技术部的支持下，德国电力公司 RWE、耐克森公司（Nexans）、卡尔斯鲁厄理工学院（KIT）在德国埃森市建设了一条 1km/10kV/40MVA 的三相同轴超导电缆示范工程。2014 年 3 月，该超导电缆成功并网投运，实现商业化运行，是当时世界上最长的超导电缆[43]。该项目使用的三相同轴超导终端如图 4-27 所示。项目组简化了 U/V/W 相的电流引线结构，将其与终端恒温器结合，并使用空心绝缘套管绝缘。这种结构形式的优点是结构紧凑、占地面积小，但由于缩短了电流引线的长度，所以其绝缘难度较大、热损耗较高。

图 4-27　德国埃森市 Ampacity 项目中使用的三相同轴超导终端[44]

2020 年，在日本新能源产业技术综合开发机构（NEDO）的资助下。昭和电线电缆公司、巴斯夫公司在日本横滨建设了一条 200m/6.6kV/30MVA 的三相同轴超导电缆。该工程的终端结构与德国埃森项目类似，如图 4-28 所示。从图中可以看出，项目组在内容器上使用 FRP 管替代了一部分 304 不锈钢管，以满足相间绝缘要求。

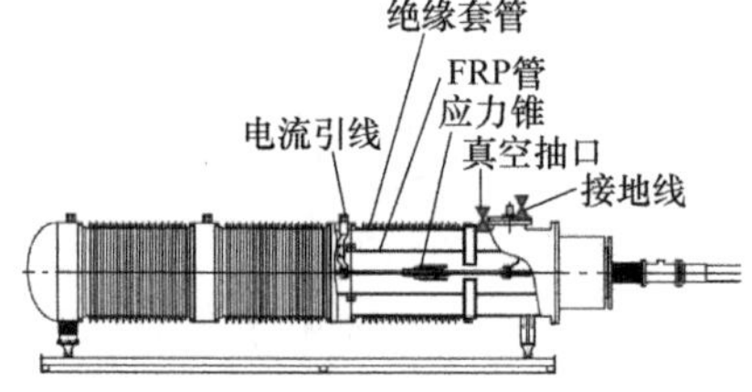

图 4-28　日本横滨三相同轴超导终端现场照片及示意图[45]

2006 年，美国超导公司、美国南线公司在俄亥俄州哥伦布市的 Bixby 变电站建设了一条 200m/13.8kV/60MVA 的三相同轴超导电缆，是世界上第一条并网运行的三相同轴超导电缆，该项目使用的终端如图 4-29a 所示。2014 年，美国国土安全科学技术理事会、美国超导公司和纽约爱迪生公司联合研制开发了一条 25m/13.8kV/4kA 的三相同轴超导电缆，用于测试超导电缆作为故障限流器（FCL）的性能，该项目的终端如图 4-29b 所示。

a)　　　　　　　　b)

图 4-29　a）美国 Bixby 变电站的超导终端现场照片[46]　b）三相同轴超导故障限流器终端[47]

2021 年，针对用电负荷不断攀升、供电可靠性要求提高、输电通道趋于饱和、变电站及线路建设用地受阻等现实难题，南方电网深圳供电局开展了“城市配网超导输电关键技术研究及示范应用”研究，在高负荷密度供电区域建设一组 400m/10kV/2.5kA 级三相同轴高温交流超导电缆示范工程。这条建设于深圳市福田区的超导线路在 2021 年 7 月完成敷设，2023 年 2 月通过大负荷测试，是我国第一条三相同轴超导电缆。图 4-30 展示了该项目使用的三相同轴超导终端[48]。

a)

b)

图 4-30　a）中国深圳三相同轴超导终端试验现场照片　b）投运现场照片

4.2　中间接头

任何电力电缆在使用时，若线路长度超出单根电缆的生产极限，则必须通过中间接头实现电缆的连接。对于常规电力电缆，中间接头仅需完成电气连接和绝缘功能即可。超导中间接头除了要担负起同样的责任外，还要保证电缆的低温运行环境。与超导终端相比，由于超导中间接头不设置电流引线，因此其漏热远低于超导终端，通常与电缆绝热管相当。

4.2.1　中间接头的结构设计

在长距离超导电缆系统中，中间接头是不可或缺的关键环节。鉴于当前国内外超导电缆的制造技术与运输能力，单根电缆的最大长度约为 600m。因此，对于超过这一长度的超导输电线路，就必须安装超导中间接头。

由于超导电缆的特殊性，超导中间接头必须使用双层恒温器，以保护电缆免受外部环境影响。双层恒温器的内层充满液氮，外层则暴露于室温空气中。这两层之间由真空隔热层和绝热被隔热层构成，旨在维持液氮环境的稳定性。

在超导电缆接头中，导体连接与终端的导体连接比较类似。不同的是，超导接头为了取得较好性能，通常会采用超导带材的连接方式。但这种连接方式相对复杂，对现场施工工艺和操作技术要求较高。因此，部分超导工程也会选择采用预制连接件进行连接。此外，中间接头部分还需进行绝缘补强处理，即在完成导体连接后，通过在导体上缠绕绝缘纸制作双头应力锥。这种结构可以有效地缓和电场，从而提高接头部分的绝缘性能。

1. 中间接头恒温器

与超导终端一样，中间接头恒温器也是由双层不锈钢容器构成的。内容器的内部为液氮，外容器的外部为室温空气。夹层使用真空和绝热被的结构以减少恒温器的热损耗。真空隔热的目的是防止空气等流体导致的接头漏热；绝热被隔热则是防止接头的辐射漏热。因为接头没有电流引线，所以这一步显得至关重要。

中间接头恒温器的构造与终端类似，都是双层不锈钢恒温器。恒温器的内容器中填充液氮，外容器暴露于室温下的空气中，夹层使用真空和绝热被隔热。由于接头不需要电流引线，因此中间接头的漏热均来自传导漏热。

2007 年，住友电工在横滨变电站内建设了一条 30m/66kV/200MVA 的超导试验线路，该线路的中间接头结构如图 4-31 所示。该中间接头的恒温器是双层不锈钢容器，两侧连接电缆绝热管。恒温器内容器与电缆两端的内容器相互贯通，共同构成一个液氮循环回路。由于超导电缆绝热管在出厂时已经预制了高真空夹层，所以在安装接头时，无需破坏该真空状态以确保连通性。因此，中间接头的夹层被设计为独立腔体。中间接头恒温器内容器的空间需要足够大、足够长，以保证应力锥不会受到挤压等破坏。应力锥呈一字形排列，终端容器也需要呈一字形，以保证应力锥的空间。

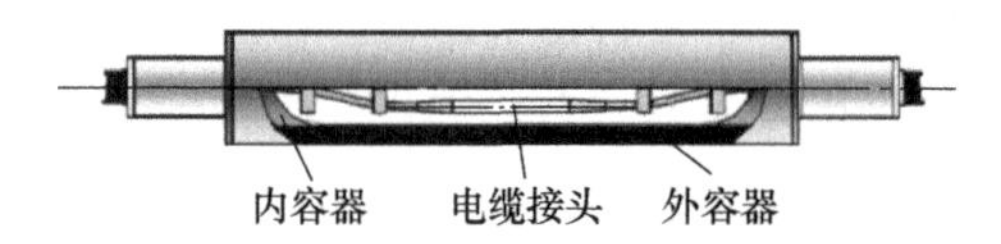

图 4-31　超导中间接头结构示意图[49]

超导电缆运行时，中间接头内容器在灌满液氮后重量较大，因此需要在内外容器之间设置支撑支架以防止中间接头破损。通常采用环氧树脂作为接头支架的材料，这种材料具有漏热低、强度大、接触液氮温度不会出现碎裂、真空环境下不会放气等优势。

作为关键的压力容器组件，中间接头恒温器还需配备必要的安全装置，如安全阀、爆破片/膜、放气阀等。此外，由于中间接头通常安装在露天环境或接头井中，因此必须具备防水和防腐功能，以确保其长期稳定运行。

2. 导体连接及绝缘

超导电缆中间接头的连接分为导体连接和绝缘补强两部分，其中导体连接包括铜衬芯和超导带材的连接，绝缘补强包括应力锥和外部绝缘保护。

超导电缆中间接头通常采用压接法连接铜衬芯，如图 4-32 所示。铜衬芯是超导电缆的主要承力结构，因此必须选择合适的压接管压接。如果空隙过大，则超导电缆很容易被降温时产生的冷缩应力拉开，从而拉断超导带材。压接部分的抗拉强度一般不低于线芯强度的 70%。部分工程中也会采用焊接方式连接铜衬芯。

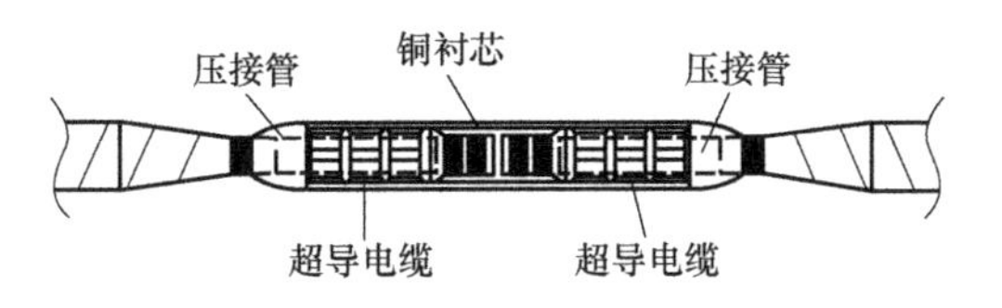

图 4-32　铜衬芯连接示意图[50]

在完成压接后，必须对连接部分的表面进行精细打磨，确保其光滑度。若连接管、线芯表面的棱角和毛刺未经打磨处理，那么这些不规则的结构在缠绕绝缘补强的过程中，可能会挤压超导带材。部分工程中也会使用铜棒作为导体连接两根电缆。如图 4-33 所示，这种中间接头的设计采用了铜导体与环氧应力锥的预制件来连接两根超导电缆。这种结构的优势在于操作简单、工期短，但相应地，使用铜导体会增加中间接头的发热，增加超导电缆系统的冷却难度。

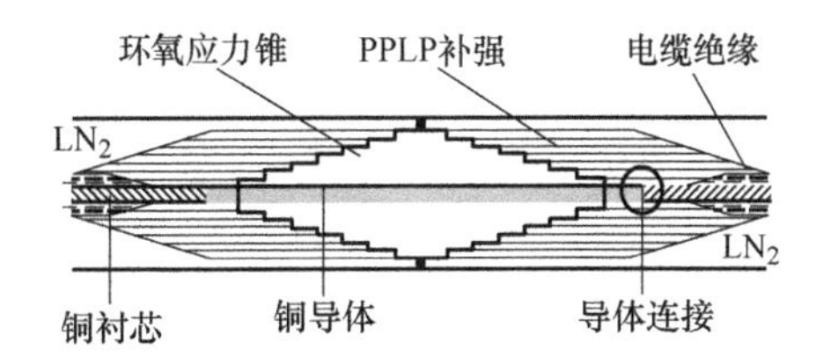

图 4-33　一种超导中间接头结构示意图[51]

电应力控制是中高压电缆附件设计中极为重要的部分。电应力控制是对电缆附件内部的电场分布和电场强度实行控制，也就是采取适当的措施，使得电场分布和电场强度处于最佳状态，从而提高电缆附件运行的可靠性和使用寿命。对于电缆中间接头，因为电缆的超导屏蔽层及电缆末端绝缘被切断，所以会引起电场畸变，若处理不好，电场分布不均匀，就极易造成电缆中间接头击穿。为了改善电缆绝缘屏蔽层切断处的电应力分布，超导电缆系统中常用的方法是利用绝缘纸缠绕应力锥来缓解电场分布，从而降低了电晕产生的可能性，减少了绝缘的破坏，保证了电缆的运行寿命。

纸绝缘应力锥使绝缘屏蔽层切断处的电场分布得到改善，电场强度分布相对均匀，避免了电场集中。超导电缆在冷却时会发生较大收缩，因而在缠绕应力锥时，应注意应力锥与中间接头边界的距离。缠绕应力锥前，应注意导电层超导线材与铜衬芯之间的绝缘缓冲。应力锥的设计方法在 4.1.1 节 5 中已有详细阐述，此处不再赘述。

应力锥制作完成后，即可在应力锥的外表面沿壁连通屏蔽层超导带。由于屏蔽层的屏蔽作用，这里不需要再制作额外的应力锥，仅需在屏蔽层超导带材上缠绕绝缘材料，保证中间接头的绝缘性能即可。绝缘材料可使用PPLP、绝缘纸等常见绝缘材料。

4.2.2 示范工程中的中间接头

与超导终端不同，超导电缆结构的差异并不会体现在与之配套的中间接头上。为了推动长距离超导电缆技术的发展，美国、日本、韩国、欧洲各国以及中国均在积极开展超导电缆中间接头的研究与开发工作。

2006年7月，美国超导公司在美国能源部的支持下，在俄亥俄州哥伦布Bixby变电站建设了一条200m/13.2kV/3kA的三相同轴超导电缆。为了验证三相同轴电缆中间接头结构的可行性与实用性，项目组在200m的超导电缆中间设置了一个中间接头。这是世界上第一个三相同轴超导电缆中间接头，如图4-34a所示。2009年，美国Albany地区成功安装了一条350m/34.5kV/0.8kA的三芯超导电缆。这条超导电缆具有两个户外终端和一个5m长的中间接头。两段电缆分别为320m与30m，中间接头如图4-34b所示。

a) b)

图4-34 a）Bixby项目中的三相同轴中间接头[52] b）Albany项目中的三芯中间接头[53]

2012年，住友电工在日本横滨建设了一条总长250m/66kV/200MVA的三相交流高温超导电缆，该项目中的三芯中间接头如图4-35a所示。2020年，在日本新能源产业技术综合开发机构（NEDO）的资助下，昭和电线电缆公司、巴斯夫公司在日本横滨建设了一条200m/6.6kV/30MVA的三相同轴超导电缆，该线路有两个中间接头，中间接头如图4-35b所示。

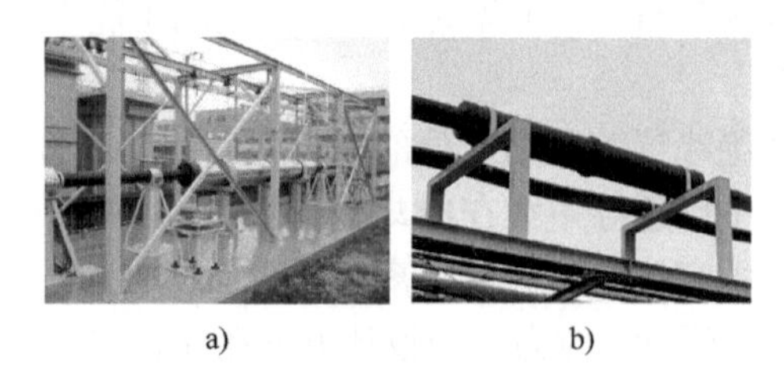

a) b)

图4-35 a）横滨项目中的三芯中间接头[54] b）巴斯夫项目中的三相同轴中间接头

2014年，韩国LS电缆公司和韩国电力技术研究所在韩国济州岛变电站合作开发了一条 500m/80kV/3.125kA 的直流超导电缆。该线路的中间接头如图 4-36a 所示。2018 年，在韩国电力公司（KEPCO）的资助下，韩国 LS 电缆公司在新葛变电站建设了一条 1km/23kV/50MVA 的三相高温钇系超导电缆。这条超导线路安装在新葛变电站与兴德变电站之间，是世界上第一条商业化的高温超导电缆，该线路的中间接头示意图如图 4-36b 所示。

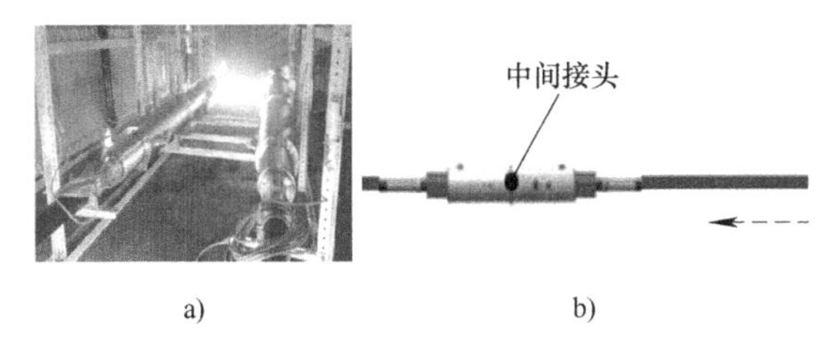

a)　　b)

图 4-36　a）韩国济州岛项目中的中间接头[55]　b）新葛项目的中间接头[56]

2013 年，德国的 Ampacity 项目中，项目组使用了一个中间接头连接两根 500m 长的三相同轴超导电缆，该线路中所使用的中间接头如图 4-37 所示。

图 4-37　Ampacity 项目中的三相同轴中间接头[44]

2021 年，我国第一条公里级超导电缆在上海市徐汇区正式并网投运。这条 1.2km/35kV/2.2kA 的三相交流高温超导电缆拥有两个中间接头，不但是我国第一个拥有两个中间接头的超导电缆项目，也是世界第一个在大型城市中心区域地下工井内安装中间接头的超导电缆项目，该项目的中间接头如图 4-38 所示。

图 4-38　上海公里级项目中的中间接头[57]

参考文献

[1] 宗曦华, 张喜泽. 超导材料在电力系统中的应用[J]. 电线电缆, 2006(5): 1-6.

[2] 肖立业, 林良真. 超导输电技术发展现状与趋势[J]. 电工技术学报, 2015, 30(7): 1-9.

[3] 丘明. 超导输电技术在电网中的应用[J]. 电工电能新技术, 2017, 36(10): 55-62.

[4] LEE G J, LUIZ A. Superconductivity application in power system[M]//Applications of high-Tc superconductivity. Intech, 2011: 45-74.

[5] SHIMONOSONO T, NAGAYA S, MASUDA T, et al. Development of a termination for the 77 kV-class high Tc superconducting power cable[J]. IEEE transactions on power delivery, 1997, 12(1): 33-38.

[6] GERHOLD J, TANAKA T. Cryogenic electrical insulation of superconducting power transmission lines: transfer of experience learned from metal superconductors to high critical temperature superconductors[J]. Cryogenics, 1998, 38(11): 1173-1188.

[7] 吴同文, 杨磊, 刘大群, 等. 低温下真空多层绝热材料导热系数的测试[J]. 低温与超导, 1996(2): 39-41.

[8] 上冈 泰晴. 多层断热技术 III[J]. 低温工学, 2016, 51(8): 376-383.

[9] 市村 正也. 真空技术超入门[J]. Journal of the Vacuum Society of Japan, 2015, 58(8): 273-281.

[10] 谭粤, 李蔚, 夏莉, 等. 多层绝热材料抽真空阻力测试装置[J]. 广州航海学院学报, 2021, 29(1): 51-54.

[11] 高云飞, 何远新, 南晋峰, 等. LNG 罐式集装箱主要组成材料放气速率测试[J]. 真空与低温: 1-8.

[12] 村上 義夫. 真空材料のガス放出に対する私の見方[J]. 真空, 1990, 33 (5): 461-466.

[13] WILLEN D, HANSEN F, DÄUMLING M, et al. First operation experiences from a 30 kV, 104 MVA HTS power cable installed in a utility substation[J]. Physica C: Superconductivity, 2002, 372: 1571-1579.

[14] 崔国根, 毕延芳. 高温超导电缆终端的研究与开发[J]. 低温与超导, 2003, (4): 45-49.

[15] 诸嘉慧, 田军涛, 张宏杰, 等. 一种使用变截面电流引线的高温超导体临界电流特性测量装置: CN101446611B[P]. 2012-10-03.

[16] YAMAGUCHI S, KOSHIZUKA H, HAYASHI K, et al. Concept and design of 500 meter and 1000 meter DC superconducting power cables in Ishikari, Japan[J]. IEEE Transactions on Applied Superconductivity, 2015, 25(3): 1-4.

[17] YAMAGUCHI S, IVANOV Y, WATANABE H, et al. Construction and 1st experiment of the 500-meter and 1000-meter DC superconducting power cable in Ishikari Phys[C]. Proc, 2016.

[18] IVANOV Y, VYATKIN V, WATANABE H, et al. Current imbalance and AC losses of long-distance DC HTS cable[J]. IEEE Transactions on Applied Superconductivity, 2016, 26(7): 1-4.

[19] IVANOV Y V, CHIKUMOTO N, WATANABE H, et al. Multi-channel data acquisition system for a 500 m DC HTS power cable in Ishikari[J]. Physics Procedia, 2016, 81: 187-190.

[20] YAMAGUCHI S, KOSHIZUKA H, HAYASHI K, et al. Concept and design of 500 meter and 1000 meter DC superconducting power cables in Ishikari, Japan[J]. IEEE Transactions on Applied Superconductivity, 2015, 25(3): 1-4.

[21] 杨世铭, 陶文铨. 传热学[M]. 北京：高等教育出版社, 2006.

[22] REN L, TANG Y, SHI J, et al. Design of a Termination for the HTS Power Cable[J]. IEEE Transactions on Applied Superconductivity, 2012, 22(3): 5800504-5800504.

[23] 司晓闯, 徐卫星, 张倩. 空心复合绝缘子的结构设计研究[J]. 河南科技, 2014(6): 77-78.

[24] 张锐，吴光亚，张广全，等. 复合空心绝缘子的发展现状与应用前景[J]. 电力设备，2007(4): 36-38.

[25] 关志成. 绝缘子及输变电设备外绝缘[M]. 北京：清华大学出版社, 2006.

[26] 严璋, 朱德恒. 高电压绝缘技术[M]. 北京：中国电力出版社, 2007.

[27] 高亮, 刘义成, 孔德波. 电力电缆附件中电应力控制方法分析[J]. 交通科技与经济, 2015, 17(4): 117-120.

[28] SUZUKI H, TAKAHASHI T, OKAMOTO T, et al. Electrical insulation characteristics of cold dielectric high temperature superconducting cable[J]. IEEE transactions on dielectrics and electrical insulation, 2002, 9(6): 952-957.

[29] 于立佳, 王银顺, 朱承治, 等. 100kV 直流高温超导电缆终端应力锥设计[J]. 低温与超导, 2020, 48(4): 42-46.

[30] 逯康康. 冷绝缘高温超导电缆终端应力锥的设计与分析[D]. 北京：北京交通大学, 2016.

[31] 王龙彪, 钱刚, 吕莹莹, 等. 高温超导电缆屏蔽层中电流分布的仿真模型研究[J]. 低温与超导, 2022, 50(2): 30-35, 100.

[32] KIM D W, JANG H M, LEE C H, et al. Development of the 22. 9-kV class HTS power cable in LG cable[J]. IEEE transactions on applied superconductivity, 2005, 15(2): 1723-1726.

[33] KIM D W, JANG H M, LEE C H, et al. Development of the 22.9kV class HTS power cable in LG cable[J]. IEEE transactions on applied superconductivity, 2005, 15(2): 1723-1726.

[34] MAGUIRE J F, YUAN J, SCHMIDT F, et al. Operational experience of the world's first transmission level voltage HTS power cable[C]//AIP Conference Proceedings. American Institute of Physics, 2010, 1218(1): 437-444.

[35] LEE S R, LEE J J, YOON J, et al. Protection scheme of a 154-kV SFCL test transmission line at the KEPCO power testing center[J]. IEEE Transactions on Applied Superconductivity, 2017,

27(4): 1-5.

[36] LEE S R, KO E Y, LEE J J, et al. Development and HIL Testing of a Protection System for the Application of 154-kV SFCL in South Korea[J]. IEEE Transactions on Applied Superconductivity, 2019, 29(5): 1-4.

[37] 魏东, 宗曦华, 徐操, 等. 35kV 2000A 低温绝缘高温超导电力电缆示范工程[J]. 电线电缆, 2015(1): 1-3, 5.

[38] 宗曦华, 魏东. 高温超导电缆研究与应用新进展[J]. 电线电缆, 2013(5): 1-3.

[39] WEBER C, LEE R, MASUDA T, et al. Operating results of the Albany (NY) high temperature superconducting cable system[C]//2007 IEEE Power Engineering Society General Meeting. IEEE, 2007: 1-4.

[40] TAKIGAWA H, YUMURA H, MASUDA T, et al. The installation and test results for Albany HTS cable project[J]. Physica C: Superconductivity and its applications, 2007, 463: 1127-1131.

[41] LEE C, CHOI J, YANG H, et al. Economic evaluation of 23 kV tri-axial HTS cable application to power system[J]. IEEE Transactions on Applied Superconductivity, 2019, 29(5): 1-7.

[42] 张喜泽, 宗曦华, 黄逸佳. 上海公里级超导电缆的设计研究[J]. 低温与超导, 2022, 50(6): 35-41.

[43] STEMMLE M, MERSCHEL F, NOE M, et al. Superconducting MV cables to replace HV cables in urban area distribution grids[C]//PES T&D 2012. IEEE, 2012: 1-5.

[44] STEMMLE M, MERSCHEL F, NOE M, et al. AmpaCity—Advanced superconducting medium voltage system for urban area power supply[C]//2014 IEEE PES T&D Conference and Exposition. IEEE, 2014: 1-5.

[45] STEMMLE M, ALLWEINS K, MERSCHEL F, et al. Three years operation experience of the ampacity system installation in essen Germany[C]//Proc. 13th Eur. Conf. Appl. Supercond. 2017.

[46] ADACHI K, SUGANE H, WANG T, et al. Development of 22 kV HTS triaxial superconducting bus[J]. IEEE Transactions on Applied Superconductivity, 2017, 27(4): 1-5.

[47] MAGUIRE J, FOLTS D, YUAN J, et al. Development and demonstration of a fault current limiting HTS cable to be installed in the Con Edison grid[J]. IEEE Transactions on Applied Superconductivity, 2009, 19(3): 1740-1743.

[48] REY C M, DUCKWORTH R C, DEMKO J A, et al. Test results for a 25 meter prototype fault current limiting HTS cable for project Hydra[C]//AIP Conference Proceedings. American Institute of Physics, 2010, 1218(1): 453-460.

[49] WANG B, WU X, XIE H, et al. Design, manufacture, and test of a 30 m 10 kV/2. 5 kA concentric HTS cable prototype for urban grid[J]. IEEE Access, 2021, 9: 120066-120077.

[50] MASUDA T, YUMURA H, WATANABE M, et al. Design and experimental results for

Albany HTS cable[J]. IEEE transactions on Applied Superconductivity, 2005, 15(2): 1806-1809.

[51] LALLOUET N, DELPLACE S. Device for connecting two superconductive cables: U. S. Patent: 7 999 182[P]. 2011-8-16.

[52] KIM W J, KIM H J, CHO J W, et al. Electrical and mechanical characteristics of insulating materials for HTS DC cable and cable joint[J]. IEEE Transactions on Applied Superconductivity, 2015, 25(3): 1-4.

[53] DEMKO J A, SAUERS I, JAMES D R, et al. Triaxial HTS cable for the AEP Bixby project[J]. IEEE Transactions on Applied Superconductivity, 2007, 17(2): 2047-2050.

[54] MASUDA T, YUMURA H, WATANABE M, et al. Fabrication and installation results for Albany HTS cable[J]. IEEE transactions on applied superconductivity, 2007, 17(2): 1648-1651.

[55] YUMURA H, ASHIBE Y, OHYA M, et al. Update of YOKOHAMA HTS cable project[J]. IEEE transactions on applied superconductivity, 2013, 23(3): 5402306-5402306.

[56] LIM J H, YANG H S, SOHN S H, et al. Cryogenic system for 80-kV DC HTS cable in the KEPCO power grid[J]. IEEE Transactions on Applied Superconductivity, 2015, 25(3): 1-4.

[57] NA J B, SUNG H G, CHOI C Y, et al. Design of 23kV 50MVA class HTS cable in South Korea[C]//Journal of Physics: Conference Series. IOP Publishing, 2018, 1054(1): 012073.

[58] ZONG X H, HAN Y W, HUANG C Q. Introduction of 35-kV kilometer-scale high-temperature superconducting cable demonstration project in Shanghai[J]. Superconductivity, 2022, 2: 100008.

第5章 超导电缆制冷系统

5.1 制冷系统简介

制冷系统作为超导电缆系统中的重要组成部分之一，其为超导电缆系统中的液氮提供必需的冷量及动力，使得液氮能在超导电缆系统设计的温度范围内进行循环，为超导电缆提供相对稳定的运行环境，这里所说的相对稳定的运行环境主要是根据超导电缆中的超导材料来确定的。超导电缆中的超导材料一般要工作在其临界温度以下，且其所处的工作温度越低，其导电性能越好。目前，处于量产化的超导材料主要有 Nb_3Sn、Nb-Ti、一代高温超导材料 BSCCO 和二代高温超导材料 YBCO。其中，Nb_3Sn 的临界温度为 18.1K，能提供其工作环境的冷媒为液氦（He_2）。因此，其主要用于超导磁体的制作，主要工作温区在 4.2K 以下。一代高温超导材料 BSCCO 的临界温度约为 105～110K，二代高温超导材料 YBCO 的临界温度约为 93K。因此，上述两种材料可使用液氮作为冷媒来为其提供所需的工作环境。工作温度区间的不同，代表着相应冷媒材料及制冷成本的不同。液氮的价格远低于液氦的价格，因此从成本投入及后续运行维护费用的角度来考虑，超导电缆系统优选液氮作为制冷系统的冷媒，超导材料选用一代或二代超导材料。

对于超导电缆用制冷系统的设计，需要从漏热、制冷效率、冗余充足、便于安装及维护等多个方面综合考虑。合理的制冷系统设计，不仅能用较为简单的循环管路实现系统冷量的输入及液氮的循环，减少硬件投入，同时还为后续简化监控系统控制程序和制冷系统的操作，方便维护等打下基础。制冷系统的设计流程图如图 5-1 所示。

制冷系统硬件部分的主要由制冷机、液氮泵、过冷换热器以及辅助系统组成[1]。辅助系统则主要包括冷却水供应系统、真空绝热管路、液氮储罐、驱动气源、阀门以及测量仪表等。上述制冷系统硬件要配合相关的控制及监控系统，才形成一个完整的制冷控制系统，一般超导电缆系统的制冷系统示意图如图 5-2 所示。

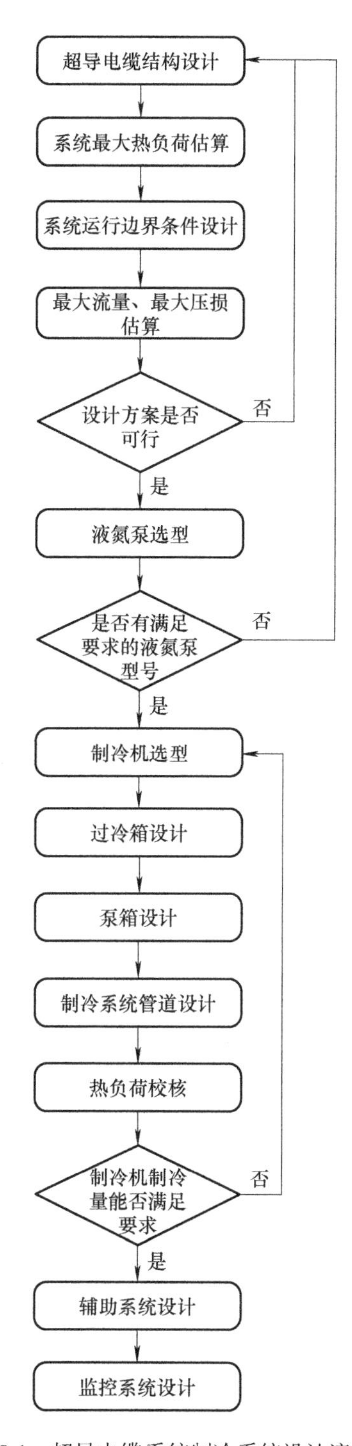

图 5-1　超导电缆系统制冷系统设计流程图

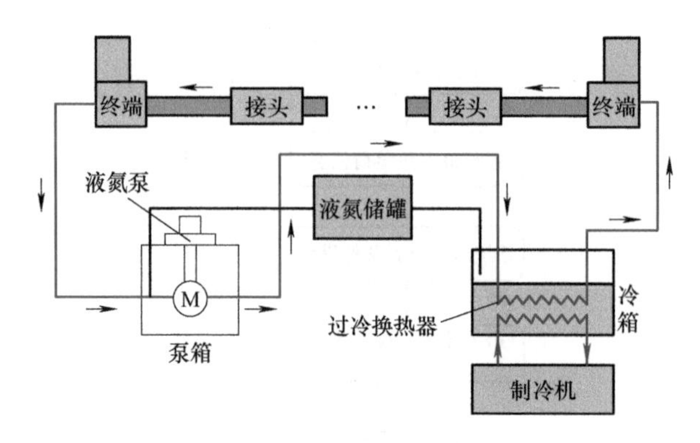

图 5-2　超导电缆系统制冷系统示意图

5.1.1　制冷系统设计原则

由于制冷系统的作用是要确保超导电缆工作在合适的温度范围，因此制冷系统整体设计的最主要依据为超导电缆系统的整体热负荷 Q_t，Q_t 可表示为

$$Q_t = Q_{cable} + Q_{terminal} + Q_{cool} \tag{5-1}$$

式中　Q_t ——超导电缆系统整体热负荷；

Q_{cable} ——超导电缆热负荷；

$Q_{terminal}$ ——超导终端热负荷；

Q_{cool} ——制冷系统热负荷。

超导电缆热负荷 Q_{cable} 主要包括超导电缆绝热管和回流管绝热管的漏热、超导电缆中间接头热负荷，以及超导电缆在传输交流电时所产生的交流损耗，即

$$Q_{cable} = Q_{cryostat\_heat\_leak} + Q_{joint\_heat\_load} + Q_{return\_pipe\_heat\_leak} + P_{ac} \tag{5-2}$$

式中　$Q_{cryostat\_heat\_leak}$ ——超导电缆绝热管漏热；

$Q_{joint\_heat\_load}$ ——超导电缆中间接头漏热；

$Q_{return\_pipe\_heat\_leak}$ ——回流管绝热管漏热；

P_{ac} ——超导电缆交流损耗。

单位长度超导电缆交流损耗 p_{ac} 与传输交流电流之间有以下关系[2]：

$$p_{ac} \propto I^{\alpha} \tag{5-3}$$

其中，α 取值一般在 2～3 之间。超导电缆绝热管、中间接头和回流管绝热管的漏热主要与绝热管及中间接头的制作工艺相关，超导电缆绝热管和回流管绝热管在生产制作前，相关材料的预处理、吸附剂的放置、多层复合绝热层的厚度、绝热管真空处理的好坏程度等，均会影响绝热管的漏热。因此，在绝热管生产制造过程中，为了尽可能提高绝热管的绝热性能，降低漏热，需要针对各个重要工艺环

节进行深入研究，寻找最优的工艺参数范围。

超导电缆中间接头的热负荷 $Q_{joint\_heat\_load}$ 主要包括中间接头绝热恒温器的漏热 $Q_{joint\_heat\_leak}$，以及超导电缆本体接头通电时所产生的电损耗 P_{joint}，即

$$Q_{joint\_heat\_load} = Q_{joint\_heat\_leak} + P_{joint} \tag{5-4}$$

由于超导电缆中间接头的本体接头和绝热恒温器均需要现场制作，因此在制作过程中，超导电缆本体接头电阻的大小、绝热恒温器焊接的好坏、复合绝热层的厚度及绕包紧密程度、吸附剂的放置以及真空处理的好坏，都会影响中间接头热负荷的大小。

超导电缆终端 $Q_{terminal}$ 作为超导电缆输电系统的重要组成部分，其承担着常规电缆和超导电缆的连接作用。超导电缆终端的热负荷主要有三部分，即电流引线的漏热、超导电缆终端杜瓦的漏热，以及电流引线通电时所带来的焦耳热，即

$$Q_{terminal} = Q_{current\_lead\_heat\_leak} + Q_{shell\_heat\_leak} + P_{current\_lead} \tag{5-5}$$

式中　$Q_{current\_lead\_heat\_leak}$——电流引线漏热；

$Q_{shell\_heat\_leak}$——超导电缆终端杜瓦漏热；

$P_{current\_lead}$——电流引线焦耳热。

电流引线漏热 $Q_{current\_lead\_heat\_leak}$ 与电流引线焦耳热 $P_{current\_lead}$ 主要与电流引线的材质、截面积以及长度有关。根据实际使用情况，选择合适的材质以及最优长径比，可使电流引线的漏热和焦耳热之和在理论上降至最小。此外，还可通过设计多段变径式的电流引线来减少电流引线漏热和焦耳热，使得两者之和进一步减小。超导电缆终端杜瓦大部分外壳以及多层绝热层绕包均在厂内完成，仅保留一部分在现场配合电流引线和电缆进行安装，终端整体夹层的真空在电流引线、电缆及壳体安装完成后处理。因此，终端杜瓦的漏热很大程度上取决于真空现场处理的程度以及效果。

除了超导电缆、终端以及中间接头的热负荷以外，制冷系统自身也会有一定程度的热负荷。制冷系统包含冷箱、泵箱、制冷机等多个部件，各个部件都会有一定程度上的漏热。同时，各个部件之间需通过真空连接管进行连接，在连接管和部件承插连接的位置会引入漏热，不同的承插连接方式所引入的漏热不同，真空连接管受自身工艺影响也存在一定的漏热，即制冷系统的热负荷 Q_{cool}，可用以下公式表示：

$$Q_{cool} = \sum_{i} Q_{part\_i} \tag{5-6}$$

式中　Q_{part_i}——制冷系统中不同部件或管道的漏热。

因此，制冷系统在设计时需充分考虑部件及其相应的连接方式，满足要求的同时还要简单合理，尽可能减少制冷系统的漏热。因此，超导电缆系统整体热负荷可表示为

$$Q_t = Q_{\text{cryostat\_heat\_leak}} + Q_{\text{joint\_heat\_leak}} + P_{\text{joint}} + Q_{\text{return\_pipe\_heat\_leak}} + P_{\text{ac}} + Q_{\text{current\_lead\_heat\_leak}} + Q_{\text{shell\_heat\_leak}} + P_{\text{current\_lead}} + \sum_i Q_{\text{part\_i}} \tag{5-7}$$

在得到超导电缆系统的整体热负荷后，即可根据该热负荷值对制冷形式进行设计，对相应的冷源供给设备进行选型。现有大部分超导电缆系统主要采取受迫流动换热的方式，液氮在封闭管路内循环。因此，液氮会在冷箱中通过过冷换热器与冷源交换热量。

5.1.2 制冷系统类型

超导电缆的冷却方式主要有传导式和浸泡式两种。其中传导式是用导热良好的材料将制冷机的冷头与需要冷却的部件连接起来，利用热传导来将冷头的冷量传至部件，从而达到被冷却部件温度下降的目的，连接件的材质一般为铜。传导冷却方式不需要其他液体或气体作为制冷工质，仅通过制冷机就能实现制冷，简单便捷。但传导制冷方式存在温度均匀性差、抗热扰动能力低、降温速度慢等缺点。因此，传导制冷方式比较适用于被冷却部件体积小、热负荷较低的场合。

浸泡式冷却方式是将被冷却部件浸泡在液体冷却工质中，通过冷却工质吸收热量。实际应用中，超导电缆应用的长度一般都比较长，为了确保整个超导电缆的温度在设计的运行温度范围内，需要利用液氮泵来实现液氮的受迫循环流动。受迫流动的液氮在流经制冷机或者冷箱时，其在流动过程中所吸收的热量会被制冷机或冷箱带走，温度也下降至要求的温度，并进入系统进行下一轮循环。对于不便使用循环泵的场合，可借助热虹吸效应来辅助冷却。其基本原理为来自冷箱的低温液体工质凭借位势差流向需冷却的部件，而吸热汽化的工质通过管道回流至制冷机冷头，被冷头凝结液化并回到冷箱中，形成一个循环。热虹吸效应可让被冷却部件与冷头之间的温差小于 1K。美国 Albany 超导电缆工程中利用了这种效应，将冷箱中的液氮与斯特林（Stirling）制冷机进行耦合。目前，几乎所有超导电缆工程都采用浸泡式冷却方式来冷却超导电缆。

超导电缆制冷系统主要有闭式和开式两种。闭式系统的定义与前述浸泡式冷却方式类似，过冷液氮受迫循环流动，吸收热量并冷却电缆。过冷液氮吸收的热量则在冷箱杜瓦中通过与制冷机换热，被制冷机带走排至外界。冷箱杜瓦中的过冷液氮量始终维持在一个稳定值，几乎无消耗。开式系统同样将需要冷却的部件浸泡在冷箱杜瓦的液氮中，液氮吸热汽化后，自然地或通过机械泵直接排放到大气中。冷箱杜瓦中的液氮温度为此时冷箱压力下对应的液氮沸点。

无论制冷系统是采取闭式还是开式对超导电缆而言，其液氮循环回路总体上是一个封闭的循环系统，与制冷系统相互独立。因此，冷箱内的液氮液位以及压力变化不会影响超导电缆循环回路中的压力及液氮量。对超导电缆系统有影响的是冷箱杜瓦内的液氮温度。这是由于作为循环回路一部分的过冷换热器是浸泡在冷箱杜瓦的液氮中的，循环回路中的液氮通过过冷换热器与冷箱杜瓦中的液氮进行换热，将其在循环过程中的热量释放至冷箱，同时实现自身温度的降低。因此，冷箱杜瓦中液氮与过冷换热器中的液氮之间的温度差决定了这两者之间的换热效率，也决定了回路中流过过冷换热器后的液氮温度。为了保证流过过冷换热器后的液氮温度，即进入电缆系统的液氮温度满足要求，需要确保冷箱杜瓦中的液氮温度达到一定值且保持稳定。

在闭式制冷系统中，调节冷箱杜瓦中液氮温度主要是依靠制冷机来实现的。如图 5-2 所示，冷箱杜瓦中液氮与制冷机换热，其从过冷换热器中吸收的热量被制冷机带走排至外界，从而维持自身的温度稳定。制冷机的选择是根据系统整体的热负荷 Q_t、制冷机的制冷效率、维护时间等综合考虑的。制冷机根据制冷工作原理的不同，可分为脉管式制冷机、斯特林制冷机、逆布雷顿制冷机等。关于制冷机将会在后续介绍。

与闭式系统不同，对开式制冷系统而言，其主要依靠液氮的蒸发来将从过冷换热器中吸取的热量排至外界，液氮蒸发过程中吸取的热量取决于该压力下的液氮潜热。为了增加液氮的潜热，以及控制进入电缆系统的液氮的温度，需要通过抽空减压的方式来控制冷箱杜瓦中液氮的温度。该方式是通过减少冷媒表面的蒸汽压，使得冷媒蒸发速度加快，利用冷媒蒸发吸热的原理来实现冷媒温度的下降。抽真空减压具有制冷速度快、可提供冷量大的优点。但采用抽空减压方式，则需要频繁启停抽空泵，这样会使得冷媒表面的蒸汽压有波动，导致冷媒的温度不稳定。液氮和冷媒进行换热时，会导致液氮换热后的温度有波动。同时，由于抽真空减压是利用冷媒蒸发吸热的方式提供冷量，因此会不断地消耗冷媒。故在使用过程中，需在一定时间内补充冷媒。采用开式抽空减压制冷的超导电缆系统示意图如图 5-3 所示。

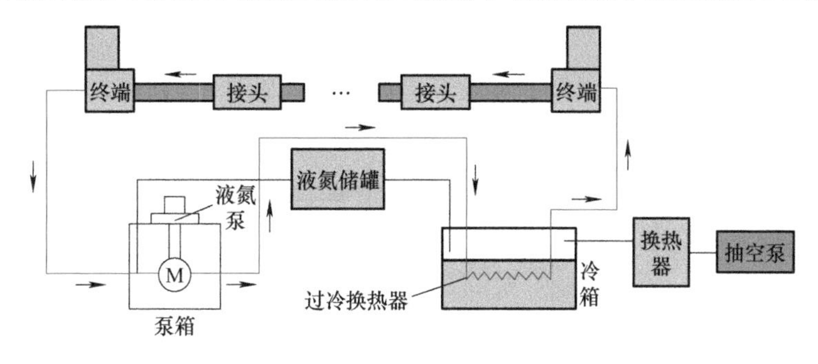

图 5-3　采用开式抽空减压制冷的超导电缆系统示意图

抽空减压方式的制冷量可通过下面方法进行简单估算。假设采用抽空减压方式制冷时，冷媒的目标温度为T_{target}，冷媒在该目标温度下所对应的饱和蒸汽压为P_{target}。在冷媒表面压力$P = P_{\text{target}}$时，冷媒的汽化潜热为$L(T_{\text{target}})$。所以当系统总体的热负荷为Q_t时，单位时间需要被汽化的冷媒质量为

$$M_{\text{vapored}} = Q_t / L(T_{\text{target}}) \tag{5-8}$$

式中　M_{vapored}——单位时间内被汽化的冷媒质量，单位为kg/s。

在目标温度T_{target}和饱和蒸汽压P_{target}下，冷媒饱和液相的密度为$\rho(T_{\text{target}})_{\text{liquid}}$，饱和气相的密度为$\rho(T_{\text{target}})_{\text{gas}}$，则单位时间内被汽化的冷媒的液相体积和气相体积分别为

$$V(T_{\text{target}})_{\text{liquid}} = M_{\text{vapored}} / \rho(T_{\text{target}})_{\text{liquid}} = \frac{Q_t}{L(T_{\text{target}})} / \rho(T_{\text{target}})_{\text{liquid}}$$

$$V(T_{\text{target}})_{\text{gas}} = M_{\text{vapored}} / \rho(T_{\text{target}})_{\text{gas}} = \frac{Q_t}{L(T_{\text{target}})} / \rho(T_{\text{target}})_{\text{gas}} \tag{5-9}$$

式中　$V(T_{\text{target}})_{\text{liquid}}$——单位时间内被汽化的冷媒的液相体积，单位为m³/s；

$V(T_{\text{target}})_{\text{gas}}$——单位时间内被汽化的冷媒的气相体积，单位为m³/s。

此时，冷媒吸收热量汽化后的整体温度大致等于该饱和蒸汽压下的饱和温度，在此情况下也就是目标温度，即

$$T = T_{\text{target}} \tag{5-10}$$

一般情况下，较低饱和蒸汽压所对应的饱和温度都比较低，如液氮在饱和蒸汽压为0.017411 MPa下的饱和温度为65 K，在饱和蒸汽压为0.076096 MPa下的饱和温度为75 K。而真空泵的工作对象通常是常温气体，至少气体温度不能低于某个值。这是因为若抽取的气体温度过低，则会导致真空泵中的密封圈被冻裂、真空泵油被冻结导致泵过载等情况。因此，为了避免这种情况，通常会在被抽真空容器和真空泵之间放置一个换热器，抽空过程中气体通过换热器与环境进行换热，使自身温度上升至真空泵的要求温度范围内，如图5-4所示。

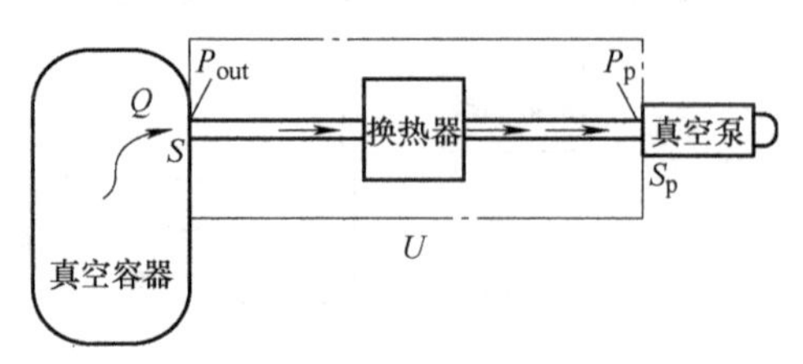

图5-4　抽空减压系统抽空原理示意图

假设冷媒气体经过换热器后，其气体温度上升为T_1，并假设冷媒气体为理想气体。由理想气体状态方程

$$\frac{P_a V_a}{T_a} = \frac{P_b V_b}{T_b} \tag{5-11}$$

式中　P_a，V_a，T_a——理想气体在状态 a 下的压力、体积和温度；

P_b，V_b，T_b——理想气体在状态 b 下的压力、体积和温度。

在压力不变的情况下，冷媒气体经过换热器后的体积变为

$$\frac{V(T_{target})_{gas}}{T_{target}} = \frac{V_1}{T_1} \tag{5-12}$$

$$V_1 = V(T_{target})_{gas} \frac{T_1}{T_{target}} \tag{5-13}$$

式中　V_1——冷媒气体在温度为T_1时的体积，单位为 m³/s。

因此，若要抽空减压系统能够在目标温度T_{target}提供足够的冷量，则真空泵的抽速需要满足

$$S_p \geqslant V_1 = V(T_{target})_{gas} \frac{T_1}{T_{target}} \tag{5-14}$$

式中　S_p——真空泵的抽速。

一般情况下，由于真空泵与被抽真空容器之间存在抽空管道和换热器，因此对被抽真空容器而言，真空容器抽空口处的有效抽速S与真空泵的抽速S_p通常是不同的。

图 5-4 中，设真空容器需要抽取的气体负荷为Q，单位为 Pa•m³/s，抽空管道和换热器整体的流导为 U，抽空管道入口压力和出口压力分别为P_{out}、P_p，根据流量的定义[3]

$$Q = U(P_{out} - P_p) \tag{5-15}$$

真空泵的泵口压力为P_p、泵的抽速为S_p，泵抽走的气体流量为

$$Q = S_p P_p \tag{5-16}$$

管道入口压力为P_{out}，有效抽速为S，通过入口的气流量为

$$Q = SP_{out} \tag{5-17}$$

在动态平衡时，流经任意截面的气体流量相等。由式（5-15）～式（5-17）

可得

$$\frac{1}{S}=\frac{1}{S_p}+\frac{1}{U} \tag{5-18}$$

或

$$S=\frac{S_p \cdot U}{S_p+U} \tag{5-19}$$

在泵的抽速 S_p 为定值时，真空抽气系统的有效抽速随管道流导变化，三者关系如图 5-5 所示。

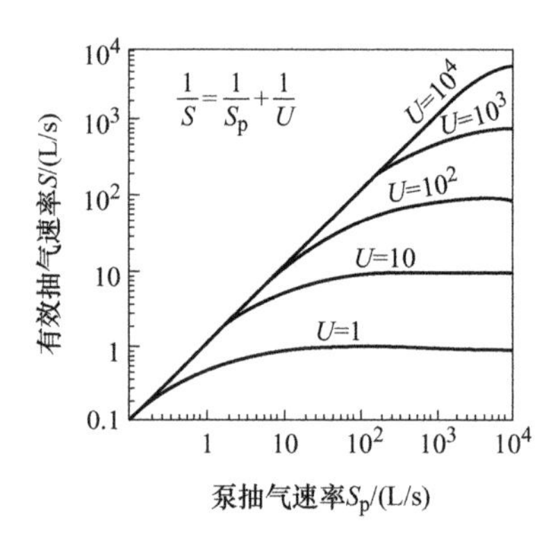

图 5-5　有效抽速、机组抽速与流导的关系[3]

一般而言，真空泵的抽速 S_p 随着泵口压力 P_p 的变化而变化。因此，对于需要抽空的冷媒杜瓦，在设计抽空管道和真空泵选型时，需要充分考虑抽空效率的因素。

在确定了制冷方式以后，下一步需要对液氮泵进行选型。液氮泵的选型依据主要是冷媒在超导电缆系统中循环时因能量损失而产生的压力下降。超导电缆系统可根据实际需要运行在不同的流量下，而不同流量所对应的压力损失不同。因此在选择液氮泵时，一般根据超导电缆系统的设计最高运行流量以及其所对应的压损来选择。

过冷换热器作为超导电缆系统中循环冷媒与冷源交换热量的重要部件，其设计的合理与否会影响整个制冷系统的制冷效率以及超导电缆系统运行的稳定性。设计时，需充分考虑循环冷媒与外界冷源的换热方式和换热效率。

除制冷机、液氮泵、过冷换热器等较为关键的部件以外，还有如液氮储槽、冷却水供应系统、低温阀门和仪器仪表等辅助系统和配件，需要根据超导电缆制冷系统来进行设计。辅助系统设计时，在确保适当的冗余以及可靠性的前提下，应尽可能做到简单且便于操作。关于制冷机、液氮泵、过冷换热器，以及辅助系统的相关选型方法将会在后续讨论。

5.2　制冷机

制冷机作为制冷系统的核心部件，其核心参数为其制冷量。如前所述，制冷机制冷量主要根据整个超导电缆系统的热负荷 Q_t 来确定。依据整个超导电缆系统的热负荷 Q_t，再考虑一定的裕度 γ，所需的制冷量为：

$$Q_{cryo\_sys} = \gamma Q_t \tag{5-20}$$

制冷机的选型除了制冷量要满足要求以外，还需要考虑不同制冷机的性能对比，如功耗及效率、技术、成本（保活初期投入、运行和维护成本）、可靠性及易耗件等方面。超导电缆冷却用制冷机的要求是可靠、高效、价格合理且体积小。日本对效率的基本要求是在 77K 时 COP 要达到 0.1，对应的比卡诺效率为 29%。其中，COP 表示制冷机的制冷系数（Coefficient of Performance），其定义为低温制冷机的制冷量 Q_c 与净输入功 W 之比[4]，即

$$\text{COP} = \frac{Q_{cryo\_sys}}{W} = \frac{Q_{cryo\_sys}}{Q_a - Q_{cryo\_sys}} \tag{5-21}$$

式中　Q_a ——制冷机排向环境的热量。

到目前为止，可用的低温制冷机有布雷顿、斯特林和 G-M 制冷机。从总体看，前川制作所的布雷顿制冷机在可靠性与效率方面虽然能满足要求，但价格非常高。斯特林制冷机效率和价格合适，但无维护时间太短。G-M 制冷机无维护时间太短，效率也低。

在过去，日本的超导电缆项目在制冷机的选择上一般比较粗略，并不综合考虑其适用性。而市场上并没有各方面都满足超导电缆项目要求的制冷机，只有 AISIN 斯特林勉强符合要求。自 SMES 项目开始，大型超导电缆项目一方面采用 AISIN 斯特林制冷机完成项目，另一方面设立制冷机子项目开发适用于超导电缆冷却的制冷机。住友重工研发了 G-M 制冷机（30K），并研发了大功率的超导冷却用 G-M 制冷机。前川制作所和大阳日酸开发了布雷顿制冷机，AISIN 开发了斯特林型脉管制冷机（77K）。目前，比较成功的是布雷顿制冷机，而之前的 AISIN 斯特林制冷机已经停止生产。

美国的空间用脉管制冷机技术高度发达，但并不能满足超导电缆的使用需求。Cryomech 的 G-M 制冷机的效率比 AISIN 斯特林要低，单机制冷量只有 AISIN 斯特林制冷机的一半。Qdrive 的脉管制冷机在 80K 的制冷量可达 1kW，但效率与

Cryomech 的 G-M 制冷机一样。Infiner 的牛津式斯特林制冷机是值得关注的，这是一款在 77K 时 COP 可达到 0.1 的长寿命低温制冷机。

在欧洲，法液空开发了一系列的布雷顿制冷机，与前川制作所的相比，效率仍然不高。下面分别对四种制冷机进行介绍。

5.2.1 G-M 制冷机

G-M 制冷机（吉福特-麦克马洪循环制冷机）的基本制冷原理是利用绝热放气降温，连续进行绝热放气膨胀法（也称为西蒙膨胀法）制冷。当高压室温的气体绝热被填充至一个压力容器时，容器中的温度和压力会升高。如果在充气的过程中同时冷却容器中的气体，使其保持温度不变，随后将该容器中的气体向低压空间释放，那么由于节流效应，气体的压力和温度便会降低，从而产生冷量。利用气缸-排出器组件，通过按给定相位工作的配气阀门，使其周期性地实现西蒙膨胀过程，让热量不断被输运至外界，从而实现制冷。

单极 G-M 循环制冷机的示意图如图 5-6 所示。它由两大部分组成，即左上为压缩机系统，其余部分为膨胀机系统。G-M 制冷机的大致工作流程如下（为了简单起见，假定 G-M 制冷机完成的循环为理想制冷循环）：

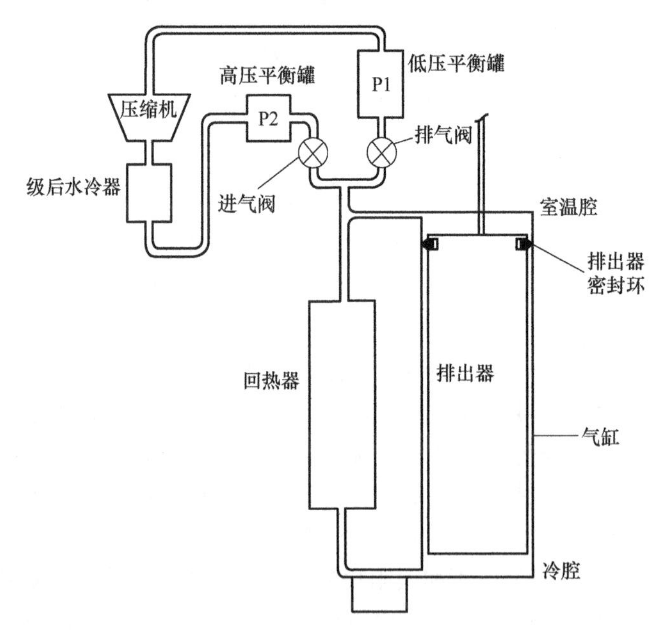

图 5-6 单极 G-M 循环制冷机示意图[4]

1）制冷工质为理想气体；

2）回热器、换热器和管道等膨胀腔的余隙容积均为零；

3）回热器和换热器换热没有损失；

4）忽略循环流道中的流阻损失；

5）气缸壁与排出器间无摩擦损失；

6）无外泄漏损失；

7）压缩过程是可逆绝热的；

8）忽略进、排气阀门提前关闭和开启的影响。

G-M 制冷机在制冷过程中，其冷腔的理想 p-V 图及制冷机中气体工质的温度与时间的关系如图 5-7 所示。整体工作过程按升压过程（曲线 1—2）、等压充气过程（曲线 2—3）、绝热放气过程（曲线 3—4）以及等压排气过程（曲线 4—1）四个过程进行，这四个过程组成一个循环。周而复始地重复这样的循环过程，整个系统就能连续工作，不断地制取冷量。

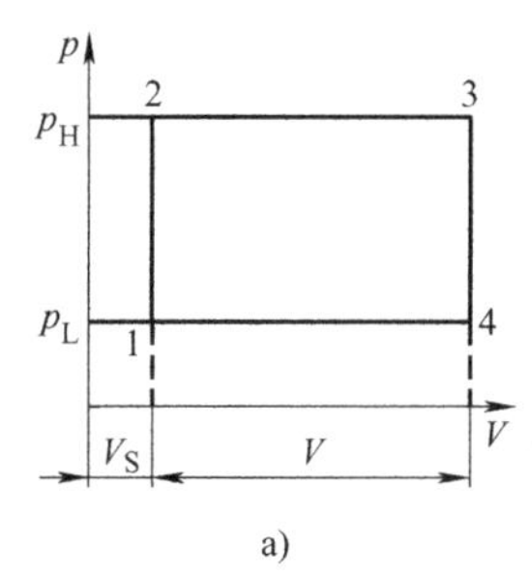

a)

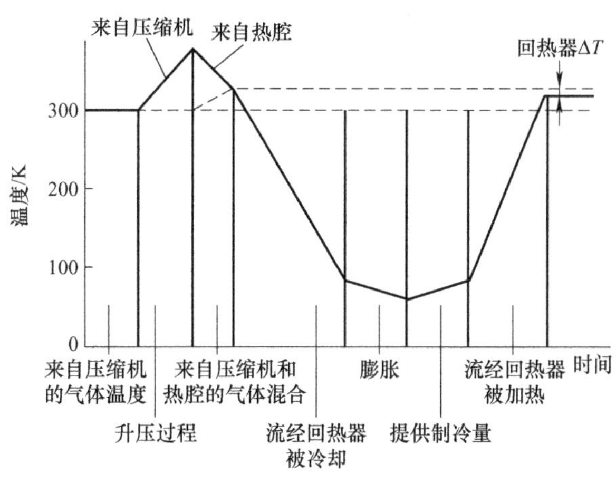

b)

图 5-7　理想 G-M 循环的冷腔 p-V 图及制冷机中气体工质的温度-时间图[4]

a）冷腔 p-V 图　b）气体工质温度与时间的关系

G-M 制冷机理论制冷量的计算公式如下：

$$Q_c = (p_H - p_L)V \tag{5-22}$$

式中　Q_c ——一次循环的理论制冷量；

p_L，p_H ——放气侧压力（低压）和充气侧压力（高压）；

V——制冷腔的最大容积。

由此可知，理论制冷量 Q_c 只与系统中的压力差 $(p_H - p_L)$ 以及冷腔最大容积有关，与制冷机的运行温度无关。但由于实际循环过程中存在着各种不可逆损失，这些损失和制冷温度 T_c 有关，T_c 越低，损失就越大。因此，实际制冷量随制冷温度的降低而显著减少。

5.2.2 斯特林循环制冷机

斯特林制冷机是一种利用斯特林循环进行制冷的回热式气体制冷机，这类制冷机的优点是结构紧凑、效率高，可分为机械压缩机驱动和热压缩机驱动两类。其中，机械驱动式斯特林制冷机进一步可细分为整体式和分置式两种，而热驱动式斯特林制冷机机也称为维勒米尔制冷机。

斯特林制冷机按其内置压缩机气缸的数量，可分为单缸机和多缸机两类。图 5-8 所示为荷兰 Stirling 公司两款斯特林制冷机的产品图。

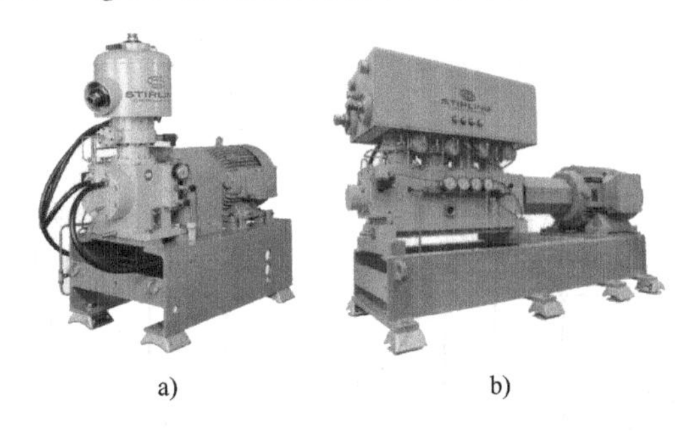

a)　　b)

图 5-8　荷兰 Stirling 公司两款斯特林制冷机产品图

a）SPC-1 单缸式斯特林制冷机　b）SPC-4 四缸式斯特林制冷机

图 5-8a 所示为单缸式斯特林制冷机，图 5-8b 所示为四缸式斯特林制冷机，其制冷机相关参数见表 5-1。

表 5-1　荷兰 Stirling 公司两款斯特林制冷机相关参数表

类型	功耗/kW	制冷量/kW	温度/K	COP	维护间隔/h
斯特林 SPC-1	12	1	77	0.0833	6000
	12.2	0.8	70	0.0656	
	12.55	0.75	65	0.0598	
斯特林 SPC-4	45	4	77	0.0889	6000
	46	3.6	70	0.0783	
	47	2.8	65	0.0596	

图 5-9 所示为斯特林制冷方式理想制冷循环的示意图[4]。图中分别给出了斯特林制冷循环过程的 p-V 图、T-s 图、工作容积变化图，以及排出器和压缩活塞的推移轨迹图。其中容积变化图中的右侧表示压缩部分，左侧表示膨胀部分。假设活塞和压缩气缸之间形成的空间叫作压缩腔（室温腔）V_a，排出器与膨胀气缸之间形成的空间叫作膨胀腔（冷腔）V_c。两个工作腔通过回热器相连通，压缩气缸活塞与排出器的运动有一定的相位差。

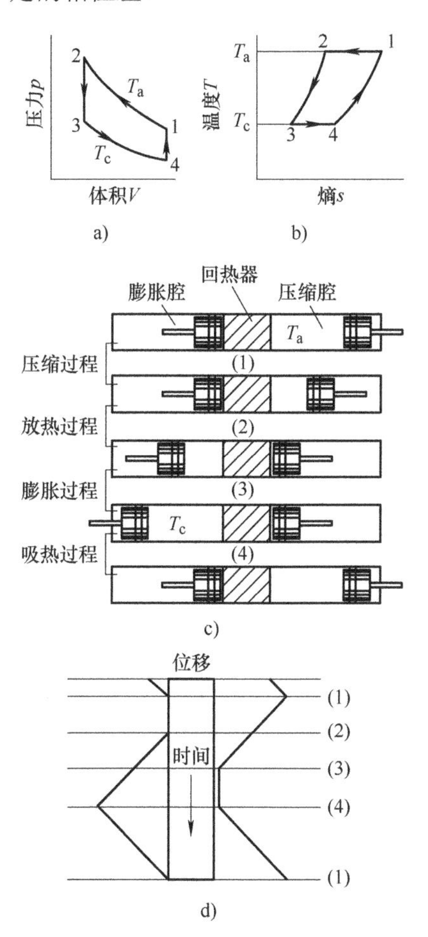

图 5-9　斯特林理想制冷循环示意图[4]

a）p-V 图　b）T-s 图　c）工作容积变化图　d）排出器和压缩活塞的推移轨迹图

如图 5-9 所示，由图中的状态点 1 开始，压缩活塞位于右止点，排出器也同时位于右止点。气缸内气体工质的压力为 p_1，容积为 V_1。整个斯特林循环所经历以下四个过程：

（1）等温压缩（过程 1-2）　压缩活塞向左移动，期间排出器不动，气体被等温压缩，由压缩产生的热量被冷却器带走。在等温压缩过程中，工质气体温度保持$T_1=T_a$，其压力升高至p_2，而容积则减少至V_2。

（2）等容放热（过程 2-3） 压缩活塞和排出器同时向左运动，此时气体容积保持不变，即$V_2=V_3$，直到压缩活塞到达左止点。在此过程中，气体通过回热器时被回热器冷却，并将热量传递至填料。因此，工质气体温度由T_a降低至T_c，压力也由p_2降至p_3。这个过程属于内部换热，与整个循环的能耗无关。

（3）等温膨胀（过程 3-4） 压缩活塞在左止点停止不动，而排出器则继续向左运动至左止点。温度为$T_c(=T_3=T_4)$的工质气体经历等温膨胀过程，通过冷量换热器从低温热源吸收制冷量Q_c，容积增大到V_4，压力降低到p_4。过程 3-4 为制冷过程。

（4）等容吸热（过程 4-1） 排出器和压缩活塞同时向右运动到右止点，工质气体容积保持不变，即$V_1=V_4$，并恢复到起始位置。当温度为$T_c=T_4$的工质气体流经回热器时，将会从填料吸热，同时温度升高至$T_1=T_a$，压力也同时增加到p_1。过程 4-1 为等容吸热过程。

在整个理想斯特林循环过程中，压缩过程中释放至外界的放热量与膨胀过程中从外界吸取的吸热量之差为该过程所消耗的功，即压缩功与膨胀功之差，表示如下：

$$W=Q_a-Q_c=mR(T_a-T_c)\ln\frac{V_1}{V_2} \tag{5-23}$$

斯特林循环的理论制冷系数为

$$\varepsilon=\frac{Q_c}{W}=\frac{T_c}{T_a-T_c}=\varepsilon_{Carnot} \tag{5-24}$$

由式（5-24）可知，斯特林循环的理论制冷系数与同温限的卡诺循环制冷系数相等。若将两个等容过程看成是由无限多个卡诺循环所组成的，则可证明上述结论同样适用于实际气体循环。

上述关于斯特林制冷循环的分析是理想化的，而实际制冷循环过程中，会有一定的损耗。为了在一定程度上定量地给出实际斯特林制冷机与理想卡诺循环之间的性能差别，图 5-10 给出了斯特林理想循环过程中活塞的间断运动与实际制冷过程中活塞的简谐运动的比较。图 5-11 则给出了回热器在整个循环过程中，流体和填料的瞬时温度变化情况。图 5-12 给出了斯特林制冷机的比功耗（即消耗功与制冷量之比）与温度的关系。

在实际使用过程中，斯特林制冷机不可避免地会出现故障。造成其故障的原因有很多，如材料和制造质量的原因导致的故障，由于装配不当、调位不准等原因导致的故障等。此外，经过长期运行后，制冷机可能会出现如图 5-13 所示的衰

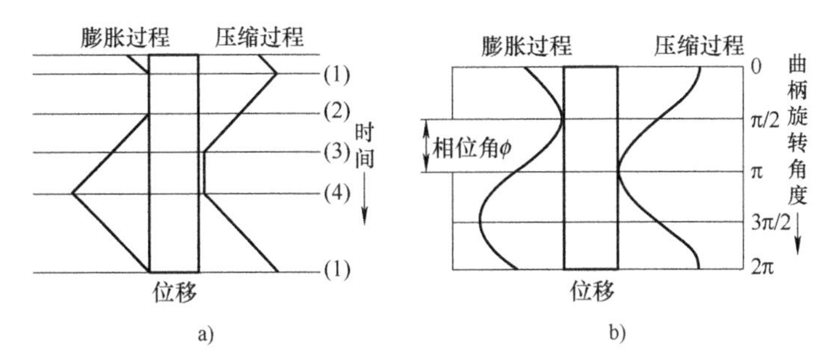

图 5-10　斯特林理想循环过程中活塞的间断运动与实际制冷过程中活塞的简谐运动的比较[4]

a）理想循环　b）实际循环

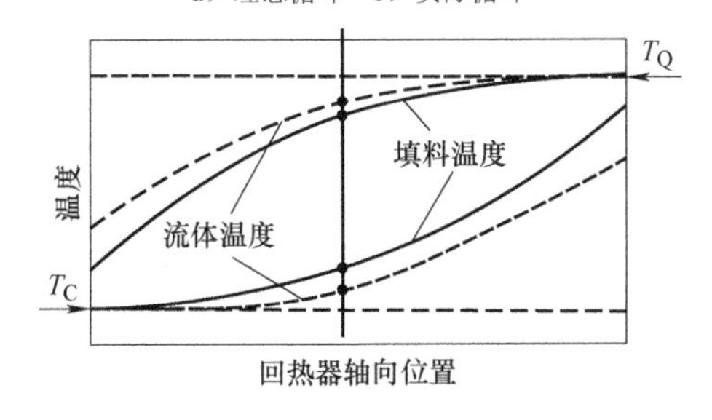

图 5-11　回热器在热吹期和冷吹期中流体和填料的瞬时温度变化[4]

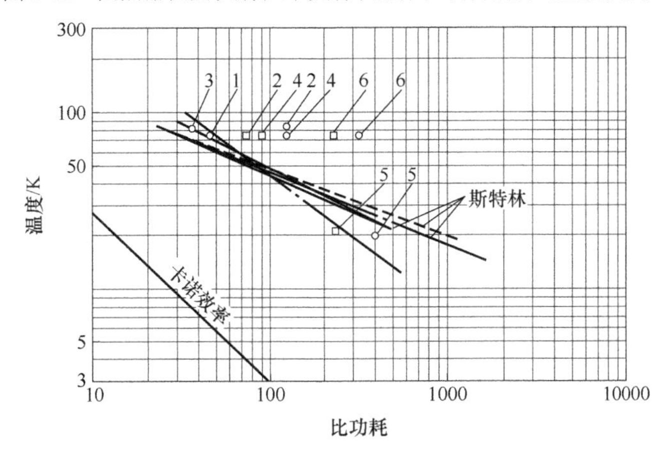

图 5-12　实际斯特林制冷机的比功耗与温度的关系[4]

1—1W 整体式斯特林制冷机　2—0.25W 分置式斯特林制冷机　3—1W 分置式斯特林制冷机　4—导弹用 1W 分置式斯特林制冷机　5—最新 20K 分置式斯特林制冷机　6—1W 分置式 VM 制冷机　○—名义值　□—实际测量值

减特性。因此，需要对斯特林制冷机进行定期维护，每次维护的内容主要是对制冷机进行清洗置换和重新充气。斯特林制冷机经过清洗置换和重新充气后，制冷机的性能可几乎恢复至原有水平。但由于回热填料的间隙、孔道所受到磨损颗粒的永久性残留污染，多次换气后这种污染的严重程度会不断加深，而换气周期会缩短。最后，当出现轴承损坏、压缩机密封损坏，或由于污染导致无法达到要求的制冷温度时，制冷机将无法继续工作。

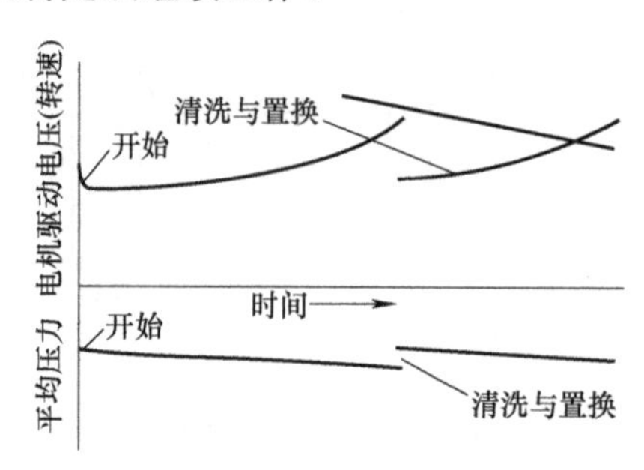

图 5-13　斯特林制冷机的性能衰减特性[4]

5.2.3　脉管制冷机

基本型脉管制冷机如图 5-14 所示，脉管制冷机的制冷原理是利用高压气体在脉管空腔中的绝热放气膨胀过程来获得冷量的。在工作过程中，其内部气体的温度分布如图 5-15 所示。脉管制冷机的工作过程主要分为以下四个阶段：

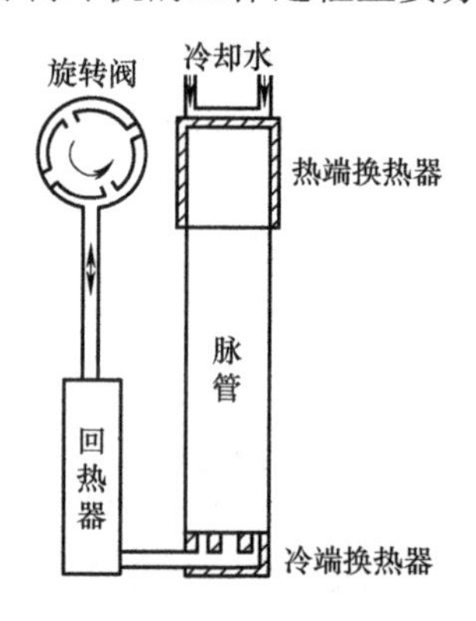

图 5-14　G-M 基本型脉管制冷机[4]

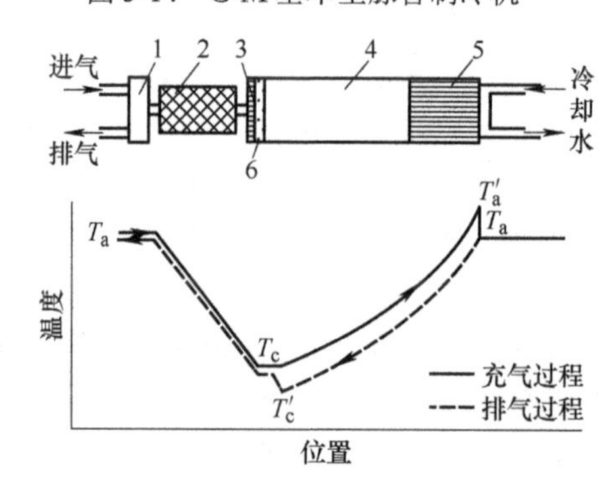

图 5-15　脉管制冷机循环过程的气体温度分布[4]

1—切换阀　2—回热器　3—负荷换热器　4—脉管　5—水冷却器　6—导流器

（1）充气阶段　开启进气阀，温度为T_a的高压气体经过进气阀并流过回热器，同时被回热器冷却到接近T_c温度。随后通过冷端换热器以及导流器，以层流形式进入脉管，并将管内的气体推向封闭侧。当管内气体受到挤压后，气体的压力和温度上升，使得脉管封闭侧的气体温度达到最高值T_a'。

（2）换热阶段　放置在脉管封闭侧的水冷部件将前一阶段产生的热量带走，使得管内气体的温度降低到T_a，并关闭进气阀。

（3）排气阶段　开启排气阀，使得管内腔体与低压气源接通，脉管内气体发生膨胀，产生制冷效应，并使气体的温度下降至T_c'。

（4）回热过程　膨胀后的低压气体将会反向流过回热器，并吸收回热器中的热量。此时，气体的温度上升至接近T_a，随后返回压缩机入口。至此，脉管制冷机的一个制冷循环结束，并开始重复上述循环。

基本型脉管制冷机的理论分析模型如图5-16所示。假设腔内工质为理想气体，该工质由脉管冷端进入，温度为T_1，质量流率为$\dot{m}_1$；从脉管热端流出，温度为T_2，质量流率为$\dot{m}_2$，由能量守恒可得

$$\frac{\mathrm{d}Q}{\mathrm{d}t}+\dot{m}_1h_1=\frac{\mathrm{d}U}{\mathrm{d}t}+\dot{m}_2h_2 \tag{5-25}$$

根据连续性方程可得

$$\dot{m}_1-\dot{m}_2=\frac{\mathrm{d}\left(\dfrac{pV}{RT_\mathrm{m}}\right)}{\mathrm{d}t}=m\left(\frac{1}{p}\frac{\mathrm{d}p}{\mathrm{d}t}-\frac{1}{T_\mathrm{m}}\frac{\mathrm{d}T_\mathrm{m}}{\mathrm{d}t}\right) \tag{5-26}$$

式中　T_m——脉管内气体平均温度；

m——脉管中的工质质量。

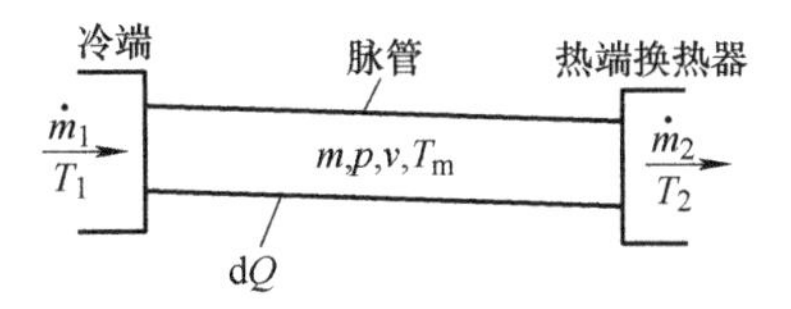

图 5-16　基本型脉管制冷机的理论分析模型[4]

在实际情况下，式（5-26）右侧中的第二项要远小于第一项，因此可简化得到

$$\dot{m}_1-\dot{m}_2\approx\frac{m}{p}\frac{\mathrm{d}p}{\mathrm{d}t} \tag{5-27}$$

同时有

$$\frac{\mathrm{d}U}{\mathrm{d}t}=c_\mathrm{v}\frac{\mathrm{d}(mT)}{\mathrm{d}t}=\frac{V}{k-1}\frac{\mathrm{d}p}{\mathrm{d}t} \tag{5-28}$$

式中，$k = c_p / c_v$ 为比热容比。

将式（5-27）和式（5-28）代入能量守恒式，即可得到

$$\frac{dQ}{dt} = \dot{m}_1(h_2 - h_1) + \frac{V}{k-1}\left(1 - k\frac{T_2}{T_m}\right)\frac{dp}{dt} = \dot{Q}_s + \dot{Q}_a \tag{5-29}$$

式中，$\dot{Q}_s = \dot{m}_1(h_2 - h_1)$，其表示稳定条件下的传热，为正值。

$$\dot{Q}_s = \frac{V}{k-1}\left(1 - k\frac{T_2}{T_m}\right)\frac{dp}{dt} \tag{5-30}$$

表示不稳定条件下的传热。针对绝热过程，可得

$$\frac{dQ}{dt} = 0 \tag{5-31}$$

因此有

$$\dot{Q}_s = -\dot{Q}_a \tag{5-32}$$

由此可见，只要 $-\dot{Q}_a$ 项大于零，脉管就会出现制冷效应。当 $T_1 < T_2$ 时，有 $T_2 / T_m > 1$。只要 $dp / dt > 0$，$-\dot{Q}_a$ 值即为正值。在这个条件下，气体从脉管冷端进入，热量将从低温 T_1 被传递到高温 T_2。

脉管制冷机的优点在于其没有在低温区的运动部件，即排出器，因而结构简单、运行寿命长。而一般的低温制冷机则需要通过控制在膨胀气缸中做往复运动的排出器，使其能给制冷工质提供正确的相位，以实现高效的制冷效应。因此，在脉管制冷机中，必须增加调相器来补偿被去除的排出器的功能，才能得到满足需求的制冷效率。

5.2.4 布雷顿循环制冷机

与斯特林热机循环类似，逆布雷顿循环可用于制冷，简称布雷顿制冷循环。布雷顿循环制冷机的主要特点是利用间壁式换热器来进行冷热流体间的热交换。其次，布雷顿循环利用透平膨胀机来进行绝热膨胀制冷。因而，布雷顿制冷循环又被称为透平-布雷顿制冷循环。

图 5-17 所示为利用间壁式换热器的布雷顿循环制冷机流程，其对应的 p-V 图和 T-s 图如图 5-18 所示。该制冷循环主要由以下六个阶段组成：

（1）绝热压缩阶段（过程 1-2）　运行在环境温度下的压缩机对气体工质进行绝热压缩。

（2）级后冷却阶段（过程 2-3）　经过压缩的气体工质通过水冷式换热器，在等压状态下被冷却至环境温度。

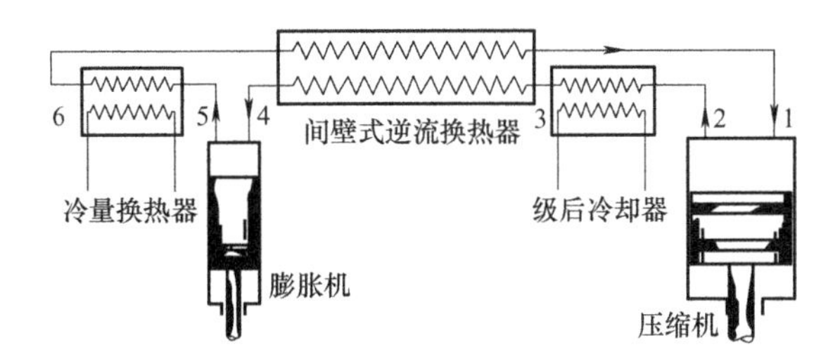

图 5-17　具有间壁式换热器的布雷顿循环制冷机流程[4]

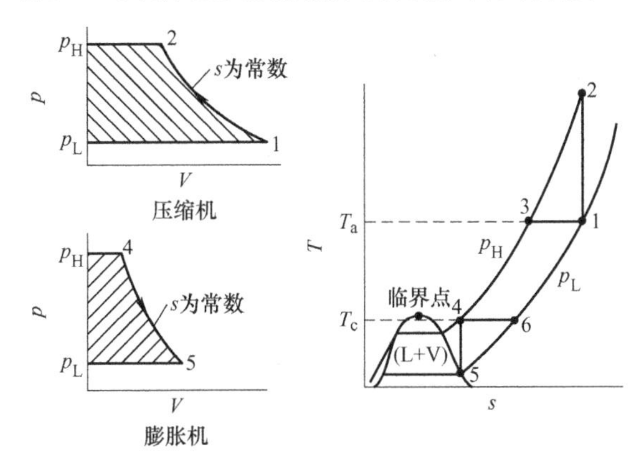

图 5-18　具有间壁式换热器的布雷顿制冷循环 p-V 图和 T-s 图[4]

（3）等压冷却阶段（过程 3-4）　压缩气体在逆流式间壁换热器中被等压冷却到低温。

（4）绝热膨胀阶段（过程 4-5）　压缩气体经过低温膨胀机绝热膨胀制冷至温度 T_5，这个温度是该制冷循环得到的最低制冷温度。

（5）等压吸热阶段（过程 5-6）　冷气流离开膨胀机，并在冷量换热器中等压吸热，该吸收的热量就是该循环用于冷却热负荷的有效制冷量。

（6）等压复热阶段（过程 6-1）　低压气体工质经过逆流式间壁换热器的低压通道被等压升温至环境温度。

由上述描述可知，理想布雷顿制冷循环是一个由两个绝热压缩和绝热膨胀过程与两个等压传热过程组成的循环，加上一个回热过程，使得循环过程的热效率得到提高。如图 5-19 所示的理想布雷顿制冷循环的制冷系数可用式（5-33）表示。

$$\varepsilon=\frac{T_4}{T_2-T_4}=\frac{1}{\dfrac{T_2}{T_4}-1}=\frac{1}{\dfrac{T_1}{T_4}\left(\dfrac{p_2}{p_1}\right)^{\frac{k-1}{k}}-1}=\frac{1}{\dfrac{T_a}{T_c}\left(\dfrac{p_H}{p_L}\right)^{\frac{k-1}{k}}-1} \tag{5-33}$$

式中　k——绝热指数。

由式（5-33）可以看出，环境温度的降低和制冷温度的提高，都可提升制冷系数。此外，通过低压力比也可得到较高的制冷系数。

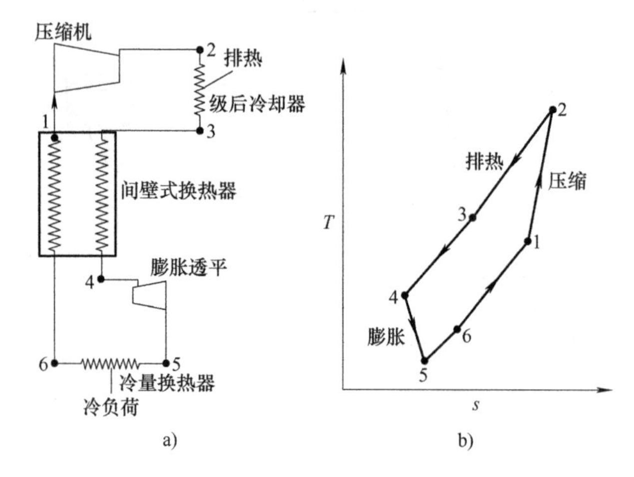

图 5-19　理想布雷顿循环制冷系统的流程图和 T-s 图[4]

a）流程图　b）T-s 图

图 5-19 给出了实际制冷过程中，布雷顿循环制冷系统的流程图和 T-s 图。从图 5-19a 可以看出，布雷顿循环制冷系统由压缩机、级后冷却器、间壁式换热器、膨胀透平和冷量换热器等部件组成。由图 5-19b 可看出，制冷系统中高压气体的放热过程和低压气体的吸热过程基本上沿着高、低压的等压线进行。但压缩机的压缩过程和膨胀机的膨胀过程较为严重地偏离了绝热等熵过程。这表明，若考虑透平或压缩机效率的影响时，其制冷循环过程的 T-s 图和图 5-18 所示的理想循环是不同的。另外系统中各种不可逆的损失都会使得熵增大，因而也导致制冷循环中各过程曲线的形状发生变化。

根据系统的热平衡，图 5-19 所示的实际布雷顿循环可用制冷量可由以下公式计算：

$$q_c = h_1 - h_3 + h_4 - h_5 - \sum q \tag{5-34}$$

式中　$\sum q$——各种冷量损失的总和。系统制冷过程中消耗的功率为

$$\omega = q_a - q_E \tag{5-35}$$

式中　q_a，q_E——压缩机消耗的功率和膨胀机输出的功率。因此，性能系数为

$$\mathrm{COP} = \frac{Q_c}{W} \tag{5-36}$$

布雷顿循环制冷系统中使用的压缩机和膨胀机通常有活塞式和透平式两种。对于制冷量大的装置，采用透平机械比较合适，这是由于透平机械的效率高、运

行可靠、连续运行时间长。此外由理论分析表明，布雷顿循环具有最佳压力比。在最佳压力比的条件下，对应的输入功率和机器质量最小。布雷顿循环的最佳压力比一般在 2.5～3。若在布雷顿循环中采用透平压缩机，则其单极压力比通常在 1.1～1.5 的范围内。

逆布雷顿循环的低温制冷机具有体积较小、重量轻、效率高、工作可靠性强、降温速度快和制冷温区广等优点，近年来广泛应用于高温超导、能源回收、气体分离与液化、天然气厂等领域[5]。

法国法液空公司生产的商用逆布雷顿制冷机在国际上得到了广泛应用，其中 TBF-350 及 TBF-175 分别在 2016 年及 2017 年用在了高温超导电缆系统中，TBF-350 及 TBF-1050 在 2016—2018 年用在了海上天然气项目中，法液空逆布雷顿制冷机常见型号如图 5-20 所示，图 5-21 所示为法液空逆布雷顿不同型号制冷机性能参数图。

Turbo-Brayton TBF-175　　Turbo-Brayton TBL-350

Turbo-Brayton TBF-700　　Turbo-Brayton TBL-1800

图 5-20　法液空逆布雷顿制冷机常见型号

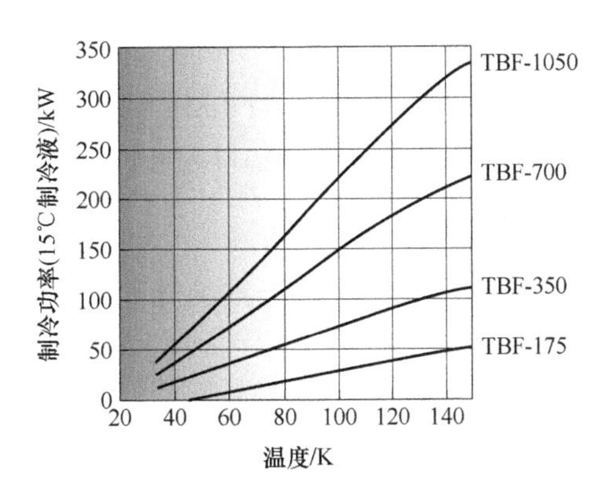

图 5-21　法液空逆布雷顿不同型号制冷机性能参数图

除了法液空公司生产布雷顿制冷机，日本同样有两个公司生产布雷顿制冷机，分别是前川及大阳日酸。前川为高温超导项目开发研制了一款逆布雷顿制冷机，型号为Brayton Ne0（见图5-22），在5kW、77K的工况下COP为0.1，是较为高效的制冷机。日本大阳日酸公司同样为韩国高温超导项目专项开发了一款逆布雷顿制冷机，针对不同的冷量需求，研制出两种不同型号的，如图5-23所示，制冷量分别为10kW及2kW。

图5-22　前川Brayton Ne0制冷机

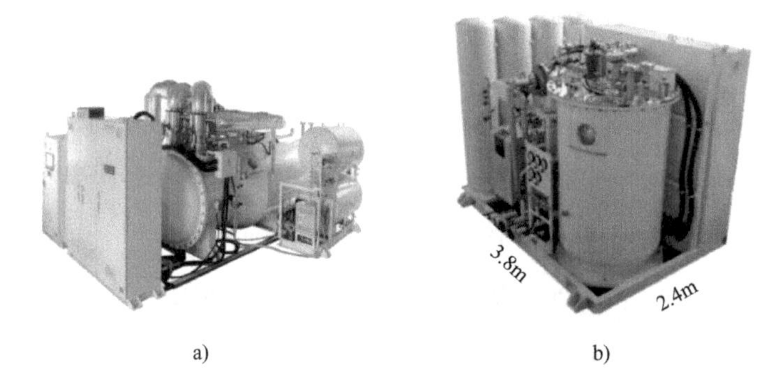

a)　　　　b)

图5-23　大阳日酸两种不同型号的逆布雷顿制冷机

a）日本大阳日酸10kW逆布雷顿制冷机　b）日本大阳日酸2kW逆布雷顿制冷机

5.2.5　不同制冷机性能对比

不同制冷机的制冷效率、制冷量、无维护时间、维护成本等均不相同，因此，各国的超导电缆工程从总体热负荷、制造成本、维护成本等方面综合考虑，采用了不同的制冷机。表5-2为世界部分超导电缆工程的概况。表5-3给出了几种目前可用于超导电缆系统的制冷机。其中，布雷顿制冷机冷量可大范围调节，斯特林制冷机可小范围调节，G-M制冷机也可调节，但需要加装变频器。

表 5-2　世界部分超导电缆工程概况

地　点	项　目	规　　格	DC/AC	制冷机	制冷机厂商	系统制冷能力	型　　号
德国	AmpaCity Project	10kV/40MVA/1000m	AC	液氮过冷冷却	—	—	50m³液氮罐
美国纽约	Hydra Project	12.8kV/96MVA/200m	AC	斯特林制冷机	Stirling Cryogenics	6.2kW/72K	三台 4kW/77K
美国长岛	LIPA Project	138kV/574MVA/600m	AC	布雷顿制冷机	法液空	5.6kW/65K	TBF80，效率 20%，13 万 h 无故障
韩国首尔	韩国电力公司项目	22.9kV/50MVA/500m	AC	斯特林制冷机-蒸发	Stirling Cryogenics	8kW/80K	两台 SPC-4LC，Stirling
韩国济州岛	TASS Project	80kV/500MVA/500m	DC	布雷顿制冷机	大阳日酸	10kW/70K	一台 NeoKelvin-Turbo（10kW/70K）
日本东京	高温超导电缆实证项目	66kV/200MVA/240m	AC	斯特林制冷机 布雷顿制冷机	AISIN 前川	5.8kW/69K	5.8kW/77K
日本石狩	Ishikari Project	50MVA/1000m	DC	斯特林制冷机 布雷顿制冷机	AISIN 大阳日酸	2kW/66K	两台 NeoKelvin-Turbo（2kW/70K）布雷顿制冷机；两台斯特林制冷机 1kW/77K
中国上海	宝钢超导电缆示范项目	35kV/126MVA/50m	AC	G-M 制冷机	Cryomech		
韩国新葛	Shingal Project	23kV/50MVA/1035m	AC	布雷顿制冷机	大阳日酸	7.5KW/69K	一台 7.5KW/69K
中国深圳	深圳超导电缆示范工程项目	10kV/44MVA/400m	AC	G-M 制冷机	南京鹏力		
中国上海	公里级超导电缆示范工程	35kV/133MVA/1200m	AC	布雷顿制冷机 斯特林制冷机	法液空 Stirling Cryogenics	4kW/77K	一台 17kW/77K 四台 4kW/77K

表 5-3　制冷机性能对照表

厂　商	类　型		功耗/kW	制冷量/kW	温度/K	效率（%）	可靠性（维护间隔）	运行成本	维护成本	综合成本	易耗件
前川制作所	布雷顿	研发	58	5.8	77	29	3 万 h	低	低	高	无
		目录		5	77	23					
		实际		6	69	25					
大阳日酸	布雷顿 NeoKelvin®-Turbo 2kW		55	2	70	12	逆变器：4 年；换风扇：8 年；换基板	高	低	高	无
法液空	TBF-80		100（计算值）	5.6	65	20	13 万 h	中	低	高	无
AISIN	斯特林		12	1	77	24	8000h	中	高	中	有
Stirling Cryogenics	斯特林 SPC-1		12	1	77	24	6000h	中	高	中	密封圈之类的部件（现场维护需 0.5～1 天，第一年不收费，之后维护费按卖价的 1%～2%收取），既可由用户维护，也可由制造商维护
	斯特林 SPC-4		45	4（2.8）	77（65）	26（22）	6000h	中	高	低	
Cryomech	GM AL600		12.5	0.51	70	14	1 万 h 换活塞环，2 万 h 换阀和过滤器	高	中高	中	活塞环、阀（由制造商维护），过滤器（用户可维护）

图5-24给出了几种制冷机制冷效率的比较曲线。由于没有一款各方面都合适的制冷机，因此选用时需要考虑制造商公司实力、产品性能、价格、实用性等因素。前川制作所是生产螺杆压缩机的著名企业，并提供美国的加速器用氦压缩机。前川布雷顿制冷机是为超导电缆研制的，其效率高、省电、制冷量调节灵活、无维护时间长。法液空是国际低温领域的大型跨国公司，其布雷顿循环是低温制冷的经典循环。法液空的布雷顿制冷机效率比前川的低，耗电量比前川的略高，初投资较大，但冷量调节灵活、无维护时间长。大阳日酸是日本第一大氧气公司，是由日本酸素和另外两家酸素公司合并而成的，其布雷顿制冷机也是为超导电缆研制的。大阳日酸的布雷顿制冷机的效率较低，与G-M制冷机效率相当、耗电高、初投资大，但无维护时间长。斯特林低温公司的斯特林制冷机价格低，效率可满足使用要求，但其无维护时间比布雷顿制冷机短。

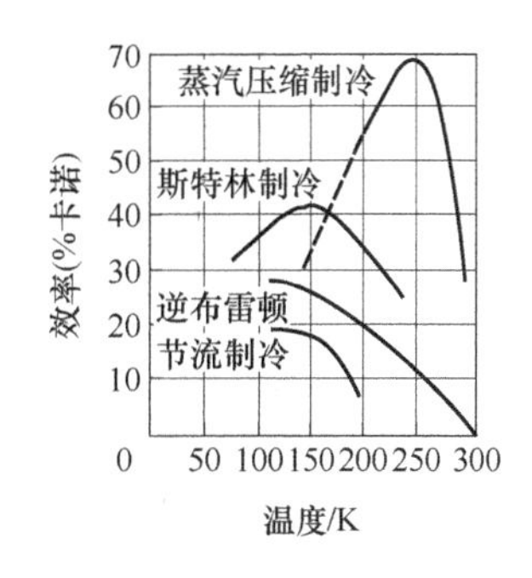

图 5-24　几种制冷机制冷效率的比较曲线[2]

5.3 液氮泵

5.3.1 液氮泵选型原则

液氮泵作为制冷系统循环的关键部件，液氮泵的选型决定了制冷系统运行的稳定性。液氮泵的重要参数主要是扬程及流量。选择液氮泵时，液氮泵的最小流量主要根据超导电缆进出口的最大设计温差ΔT_{max}来确定，液氮泵的扬程则是由超导电缆系统的设计允许运行最大压力范围Δp_{max}决定的。

如前所述，假设超导电缆进出口的最大设计温差为ΔT_{max}，即

$$\Delta T_{\text{max}} = T_{\text{out, max}} - T_{\text{in, min}} \tag{5-37}$$

则由公式

$$\int_{T_{\text{in, min}}}^{T_{\text{out, max}}} c_{\text{p}}(T)\dot{m}_{\text{min}}\text{d}T = Q_{\text{cable}} \tag{5-38}$$

可得超导电缆系统循环时所需的最小流量为

$$\dot{m}_{\text{min}} = \frac{Q_{\text{cable, max}}}{\int_{T_{\text{in, min}}}^{T_{\text{out, max}}} c_{\text{p}}(T)\text{d}T} \tag{5-39}$$

式中　$\dot{m}_{\text{min}}$——液氮泵所需的最小流量；

$c_{\mathrm{p}}(T)$ ——不同温度下液氮的恒压热容；

$Q_{\mathrm{cable,\,max}}$ ——超导电缆整体最大热负荷；

$T_{\mathrm{in,\,min}}$ ——超导电缆进口最低温度；

$T_{\mathrm{out,\,max}}$ ——超导电缆出口最高温度。

而式（5-39）可进一步进行改写得

$$\dot{m}_{\min}=\frac{Q_{\mathrm{cable,\,max}}}{\int_{T_{\mathrm{in,\,min}}}^{T_{\mathrm{out,\,max}}}c_{\mathrm{p}}(T)\mathrm{d}T}=\frac{Q_{\mathrm{cable,\,max}}}{\dfrac{\int_{T_{\mathrm{in,\,min}}}^{T_{\mathrm{out,\,max}}}c_{\mathrm{p}}(T)\mathrm{d}T}{\Delta T_{\max}}\Delta T_{\max}}=\frac{Q_{\mathrm{cable,\,max}}}{\overline{c_{\mathrm{p}}}\Delta T_{\max}} \tag{5-40}$$

式中　$\overline{c_{\mathrm{p}}}$ ——温度在 $T_{\mathrm{in,\,min}}$ 和 $T_{\mathrm{out,\,max}}$ 范围内的平均恒压热容。

由于不同温度下，液氮的密度 ρ_{LN} 不同，因此，液氮密度 ρ 也是温度的函数，即

$$\rho_{\mathrm{LN}}=\rho_{\mathrm{LN}}(T) \tag{5-41}$$

而正常运行情况下，由于热负荷的变化，超导电缆内液氮温度沿电缆长度方向的分布也是变化的。因此，在计算超导电缆内液氮的体积流量 $\dot{V}_{\mathrm{LN}}$ 时，可使用液氮在该温度范围内的平均密度 $\overline{\rho_{\mathrm{LN}}}$ 来估算。用上述方法得到的为超导电缆内液氮的平均体积流量，即

$$\overline{\dot{V}_{\mathrm{LN}}}=\frac{\dot{m}}{\overline{\rho_{\mathrm{LN}}}} \tag{5-42}$$

因此，最小体积流量对应的最小平均体积流量为

$$\overline{\dot{V}_{\mathrm{LN,\,min}}}=\frac{\dot{m}_{\min}}{\overline{\rho_{\mathrm{LN}}}}=\frac{Q_{\mathrm{cable,\,max}}}{\overline{c_{\mathrm{p}}}\bullet T_{\max}\bullet\overline{\rho_{\mathrm{LN}}}} \tag{5-43}$$

假设超导电缆绝热管内部的液氮流通面积为 A_{cable}，以及同一截面上液氮流速相同，则最小体积流量所对应的最小平均流速为

$$\overline{\dot{v}_{\mathrm{LN,\,min}}}=\frac{\overline{\dot{V}_{\mathrm{LN,\,min}}}}{A_{\mathrm{cable}}}=\frac{Q_{\mathrm{cable,\,max}}}{\overline{c_{\mathrm{p}}}\bullet\Delta T_{\max}\bullet\overline{\rho_{\mathrm{LN}}}\bullet A_{\mathrm{cable}}} \tag{5-44}$$

一般情况下，在进行超导电缆系统设计时，都会考虑超导电缆在一定的压力范围内运行。这是因为压力太小时，超导电缆绝缘的耐压能力下降，且绝缘内部导致出现气泡，导致发生击穿。而压力太高，对于超导电缆绝热管、中间接头杜瓦、终端杜瓦等承压部件的设计和制造无疑是增加了难度，且降低了超导电缆的运行安全系数。因此，在超导电缆系统设计阶段，会根据实际情况，确定合适的

超导电缆系统运行的压力范围。

假设超导电缆系统的设计允许运行最大压力范围为Δp_{max}，系统压力最低点压力值为p_{min}，电缆长度为L，则根据达西-范宁公式

$$\Delta p = 4f \cdot \rho \cdot \frac{L}{D_h}\frac{v^2}{2} \tag{5-45}$$

可得系统允许的液氮最大平均流速$\overline{\dot{v}_{LN,\,max}}$为

$$\overline{\dot{v}_{LN,\,max}} = \sqrt{\frac{\Delta p_{max} D_h}{2f \cdot \overline{\rho_{LN}} \cdot L}} \tag{5-46}$$

式中　$\overline{\rho_{LN}}$——液氮平均密度；

f——液氮流动通道的摩擦系数；

D_h——液氮流动通道的当量直径。

当量直径D_h的计算公式如下：

$$D_h = 4\frac{A_{cable}}{P_{cable}} \tag{5-47}$$

式中　A_{cable}——流通面积；

P_{cable}——液氮流动通道的湿周。

因此，可知

$$\overline{\dot{V}_{LN,\,min}} = A_{cable} \cdot \overline{\dot{v}_{LN,\,min}} = \frac{Q_{cable,\,max}}{\overline{c_p} \cdot \Delta T_{max} \cdot \overline{\rho_{LN}}} \tag{5-48}$$

$$\overline{\dot{V}_{LN,\,max}} = A_{cable} \cdot \overline{\dot{v}_{LN,\,max}} = A_{cable} \cdot \sqrt{\frac{\Delta p_{max} D_h}{2f \cdot \overline{\rho_{LN}} \cdot L}} \tag{5-49}$$

在得到流量的最大值和最小值以后，可针对两个值的大小进行讨论。

（1）$\overline{\dot{V}_{LN,\,max}} > \overline{\dot{V}_{LN,\,min}}$　在这种情况下，超导电缆系统正常运行时的流量可在$(\overline{\dot{V}_{LN,min}}, \overline{\dot{V}_{LN,max}})$的范围内，即

$$\overline{\dot{V}_{LN}} \in (\overline{\dot{V}_{LN,\,min}}, \overline{\dot{V}_{LN,\,max}})$$

在这个范围内的流量$\overline{\dot{V}_{LN}}$既可保证超导电缆进出口的温升小于ΔT_{max}，同时也可确保系统的压差在液氮泵的扬程范围内，确保系统液氮处于可持续循环状态。

（2）$\overline{\dot{V}_{LN,\,max}} = \overline{\dot{V}_{LN,\,min}}$　在这种情况下，超导电缆系统的液氮流量只能为

$$\overline{\dot{V}_{LN}} = \overline{\dot{V}_{LN,\,max}} = \overline{\dot{V}_{LN,\,min}} \tag{5-50}$$

这表明液氮泵的流量只有维持在$\overline{\dot{V}_{\mathrm{LN,\,max}}}$，才能确保超导电缆进出口的温升不大于$\Delta T_{\max}$，且确保系统的压差在液氮泵的扬程范围内。

（3）$\overline{\dot{V}_{\mathrm{LN,\,max}}}<\overline{\dot{V}_{\mathrm{LN,\,min}}}$　在这种情况下，超导电缆系统的液氮流量无解，即无流量可满足要求。因此，需要对系统重新进行设计。通过减少热负荷、放大流通面积、减少摩擦系数f等方式，使得$\overline{\dot{V}_{\mathrm{LN,\,max}}}>\overline{\dot{V}_{\mathrm{LN,\,min}}}$。

此外，对于超导电缆系统沿程压降的估算，摩擦系数f是比较关键的一个参数。目前在流体力学中，对于普通圆直管，在不同的雷诺数Re范围内，可用不同的公式对f进行估算。其中，雷诺数Re的计算公式如下：

$$\mathrm{Re}=\frac{D_{\mathrm{h}}\rho v}{\mu} \tag{5-51}$$

因此，在不同的雷诺数Re范围下，f的估算公式如下[6]：

1）$\mathrm{Re}<2000$，管内流体的流动状态为层流状态，有

$$f=\frac{64}{\mathrm{Re}} \tag{5-52}$$

2）$\mathrm{Re}>4000$，光滑管流为

$$\frac{1}{\sqrt{f}}=2\log\left(\frac{\mathrm{Re}\sqrt{f}}{2.51}\right) \tag{5-53}$$

3）$4000\leqslant \mathrm{Re}\leqslant 10^{8}$，光滑管流为

$$\frac{1}{\sqrt{f}}=1.8\log\left(\frac{\mathrm{Re}}{6.9}\right) \tag{5-54}$$

4）$3000\leqslant \mathrm{Re}\leqslant 10^{5}$，Blasius光滑管为

$$f=\frac{0.316}{\mathrm{Re}^{0.25}} \tag{5-55}$$

5）完全粗糙管流，所有湍流管道（Colebrook公式）为

$$\frac{1}{\sqrt{f}}=-2\log\left(\frac{\varepsilon}{3.7}+\frac{2.51}{\mathrm{Re}\sqrt{f}}\right) \tag{5-56}$$

式中　ε——管道的相对粗糙度。

但超导电缆绝热管一般都采用螺旋波纹管，因此液氮在螺旋波纹管内的流动十分复杂，目前尚未由统一的公式来计算空心螺旋波纹管的摩擦系数f。另外，由于超导电缆是插入到螺旋波纹管中的，因此当螺旋波纹管内存在内芯时，其液

氮的流动特性将会变得更为复杂。

其实早在 1963 年就有针对波纹管流通特性的研究，以色列 Flexonics 公司的 Hwathorne 和 Von Helms（HVH）[7]进行了开创性的工作，他们提出的波纹管内压降计算公式[见式（5-57）]被众多后来者引用。该公式建立在空气和水两种工质的试验测量数据基础之上。

$$\Delta P = \frac{N}{2}\rho v^2 \left[1 - \left(\frac{d}{d + \gamma s}\right)^2\right]^2 \tag{5-57}$$

式中　$\gamma = 0.438$——经验系数；

s——波距，单位为 m；

d——直径，单位为 m；

N——波节个数；

ρ——密度，单位为 kg/m^3；

v——流速，单位为 m/s。

1974 年，Kauder[8]提出了波纹管管内压降公式（5-58）和流动阻力系数的计算公式（5-59），结果如图 5-26 所示。

$$\Delta P = 4f\frac{L}{d}\rho\frac{v^2}{2} \tag{5-58}$$

$$\ln f = 6.75 + 4.13\ln\left(\frac{t}{d}\right) + \left[230\left(\frac{t}{d}\right)^{2.1} - 0.7\right]\ln\left(\frac{t}{s}\right) + 0.193e^{\left[-3300\left(\frac{t}{d}\right)^{2.1}\left(\frac{t}{s}\right)\right]}\ln\mathrm{Re} \tag{5-59}$$

适用范围为$0.0455 < \dfrac{t}{d} < 0.0635, 0.2 < \dfrac{t}{s} < 0.6$。

式中　t/d——粗糙率=波高/管子直径；

t——波高，单位为 m；

s——波距，单位为 m；

d——直径，单位为 m；

L——管长，单位为 m；

ρ——密度，单位为 kg/m^3；

v——流速，单位为 m/s。

在文献公式适用范围内，流动阻力系数都包含在图 5-25 中 t/d=0.0455，t/s=0.2 和 t/d=0.0455，t/s=0.6 的两条线形成的带状区域中。

1990 年，威斯康星大学麦迪逊分校的 J.G.Weisend[9]等人进行了氮气、超流氦 He Ⅱ 和液氮在波纹管内的流动试验。试验波纹管参数见表 5-4。

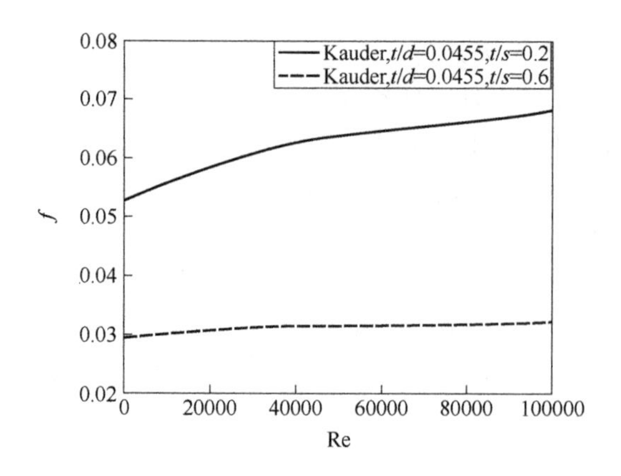

图 5-25　Kauder 关联式范围[8]

表 5-4　J. G. Weisend 试验波纹管参数

内径/mm D_i	外径/mm D_o	长度/mm L	波节数 N	波距/mm s	t/d
9.27	14.35	145	64	2.24	0.242
9.27	14.35	595	210	2.67	0.288
12.7	19.60	139.4	43	3.32	0.261
12.7	19.60	217	55	4.02	0.317
12.7	19.60	290.7	85	3.46	0.272

通过改变波纹管的波距进行氮气流动试验，发现 HVH 提出的定值经验系数 γ 与试验数据并不相符。同时发现在 $0.2<\dfrac{t}{d}<0.4$ 的范围内，流动阻力系数 f 并不随 $\dfrac{t}{d}$ 变化而产生明显变化，与 Kauder 得出的（5-59）中隐含的“流动阻力系数随波长增大而增大”的规律不符。他们分析其可能原因是 Kander 试验中使用的波纹管具有更大的直径和更小的波高，即其粗糙率 $0.0455<\dfrac{t}{d}<0.0635$ 与 Weisend 所采用的波纹管 $0.242<\dfrac{t}{d}<0.317$ 相差较大。HeⅡ的流动试验证明 HeⅡ在波纹管内的流动特性与其他流体相同，其超流性并未给流动压降造成特殊性。通过液氮和 HeⅡ的试验数据，他们计算了流动阻力系数 f，发现在高雷诺数下，流动阻力系数 f 只有微小变化，这一结论与 Kauder 关联式（5-59）的计算结果差距较大。他们认为由于波纹管的结构区别，Kauder 的经验公式并不适用其试验数据。最后，Weisend 等人给出了适用其试验波纹管结构的低温介质流动阻力系数关联式（5-60）。并且计算了在试验试样的粗糙率和波长/波高比范围内，Kauder 的关联式与雷诺数的关系为 $f=\mathrm{Re}^{0.14\pm0.02}$，雷诺数范围 $\mathrm{Re}>10^5$。

$$f = \mathrm{Re}^{0.1\pm0.02} \tag{5-60}$$

适用范围 $7.7\times10^4 < \mathrm{Re} < 1.5\times10^5$。

1996 年，佛罗里达大学的 D. M. Bernhard[10]等人对工业上常用的两种波纹管进行了试验，波纹管具体参数见表 5-5，工质为水。

表 5-5　D. M. Bernhard 试验波纹管参数

内径/mm	外径/mm	波高/mm	波距/mm	流量/(m^3/s)
38	44	3	6.3	3.15×10^{-4} ～1.26×10^{-2}
62	68	3	7.6	3.15×10^{-4} ～1.58×10^{-2}

根据试验数据提出了流动阻力系数的经验关联式（5-61），试验工况为 d=38mm，$3800 < \mathrm{Re} < 1.5\times10^5$；$d$=62mm，$2300 < \mathrm{Re} < 2.9\times10^4$，如图 5-26 所示。

$$f = \ln(1.05534 + 0.72094\times10^{-7}\mathrm{Re} + 0.75129\times10^{-13}\mathrm{Re}) \tag{5-61}$$

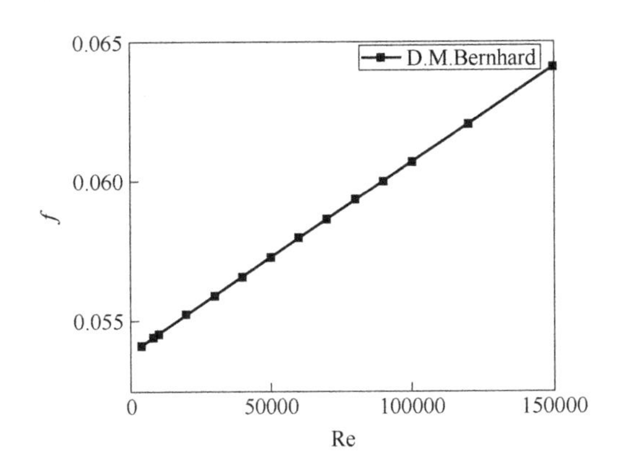

图 5-26　D.M.Bernhard 试验关联式

2001 年，日本 Electrotech Lab 的 S.Fuchino[11]等人对内部插有尼龙管子的 10m 长波纹管试样进行了液氮流动压降试验研究，模型参数见表 5-6。

表 5-6　S. Fuchino 试验模型参数

位置	表面	内径/mm	外径/mm	波距/mm	长度/m	材料
内芯	光滑	8	10		10	尼龙
外管	波纹	25.4	31.4	3.3	10	不锈钢

该试验装置用于模拟三相高温超导（HTS）电缆管道内的真实流动情况。他们将试验得到的 f-Re 关系曲线与 Blasuis[12]光管湍流关联式（5-62）、Koo[13]光滑管湍流关联式（5-63）、F.D.Yeaple[14]波纹管关联式（5-64）和 JSME[15]的管壳式换

热器流动阻力系数关联式（5-65）进行对比，最后拟合出适用于自身试验波纹管的阻力系数关联式（5-66）。

$$f = 0.3164\mathrm{Re}^{-0.25} \tag{5-62}$$

$$f = 0.0014 + 0.125\mathrm{Re}^{-0.32} \tag{5-63}$$

$$f = \frac{d}{4s}\left[1 - \left(\frac{d}{d + 0.438s}\right)^2\right]^2 \tag{5-64}$$

$$f = 0.451\mathrm{Re}^{-0.2} \tag{5-65}$$

$$f = 0.096\mathrm{Re}^{-0.2} \tag{5-66}$$

适用范围$5\times10^3 < \mathrm{Re} < 2\times10^4$，如图 5-27 所示。

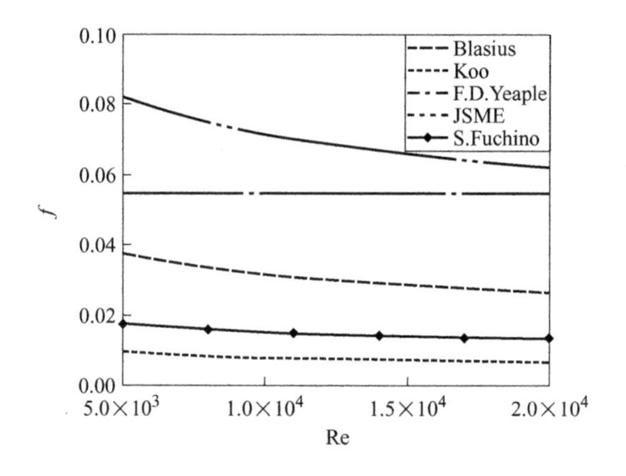

图 5-27　S. Fuchino 试验关联式

2004 年，韩国机械与材料研究所的 Deukyong Koh[16]等人对 HTS 电缆冷却用波纹管进行了试验，测量了液氮过冷器进出口温、电缆管道内温升和压降，分析了冷却系统的性能。还给出了用于计算文献中 HTS 电缆试验所用的空心波纹管流动阻力系数f的关联式（5-67），波纹管内径为 168mm，波高为 15.9mm，波距为 12.7mm。

$$f = 2.596\left(\frac{e}{d_\epsilon}\right)^{1.08}\left(\frac{p}{d_\epsilon}\right)^{-0.57} \tag{5-67}$$

式中　e——波纹管波高，单位为 m；

p——波纹管波距，单位为 m；

d_ϵ——波纹管平均直径，单位为 m。

适用范围为$10^4 < \mathrm{Re} < 4\times10^4$，如图 5-28 所示。

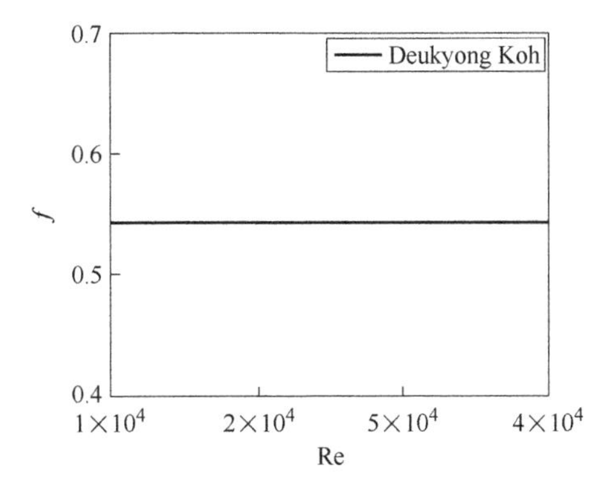

图 5-28　Deukyong Koh 试验关联式

2006 年，西安交通大学曾敏[17]以空气介质对表 5-7 中三种尺寸的波纹管内层流流动和传热进行了试验研究和数值模拟，得出关联式（5-68），适用范围为 $10^4 < Re < 10^6$，如图 5-29 所示。他们还对层流状态下的波纹管换热情况进行了研究，发现层流时（尤其是 $Re < 600$ 时），直管的 Nu 数大于波纹管。低雷诺数下使用波纹管换热效率低下，经济性较差。

表 5-7　曾敏波纹管结构参数

波纹管编号	最小直径/mm	最大直径/mm	波距/mm
1	19	22	22
2	25	28	28
3	32	37	34

$$f = 0.48771 Re^{-0.09409} \tag{5-68}$$

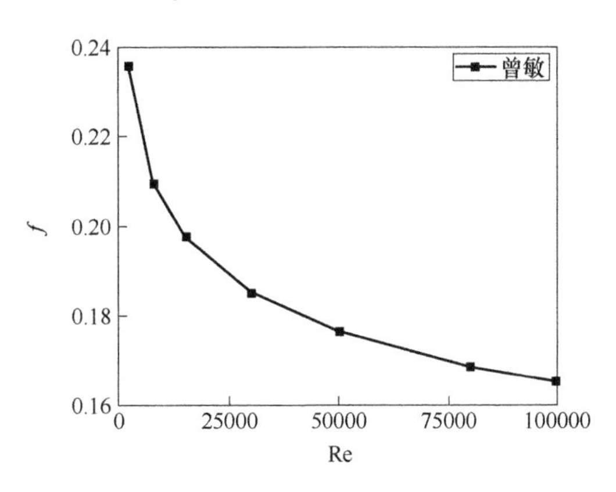

图 5-29　曾敏关联式结果

2007 年，上海交通大学孙凤玉[18]等人对表 5-8 中五种不同尺寸的波纹管进行了仿真计算和试验研究，仿真计算采用 *k*-*ω* standard 湍流模型，与试验结果对比误差在 10%以内。文献讨论了湍流强度对流动阻力的影响，并且得出波长/波高比越大，流动阻力系数越小的结论。图 5-30 所示为文献中的仿真和试验结果。

表 5-8 孙凤玉文献波纹管尺寸

Case	内径/mm	外径/mm	波距/mm	波高/mm	波距/波高
Case1	12.7	19.6	3.32	3.45	0.9623
Case2	12.7	19.6	3.46	3.45	1.0029
Case3	6.28	9.32	2	1.52	1.3158
Case4	7.56	11.06	2.5	1.75	1.4286
Case5	10.9	15.26	2.54	2.18	1.1651

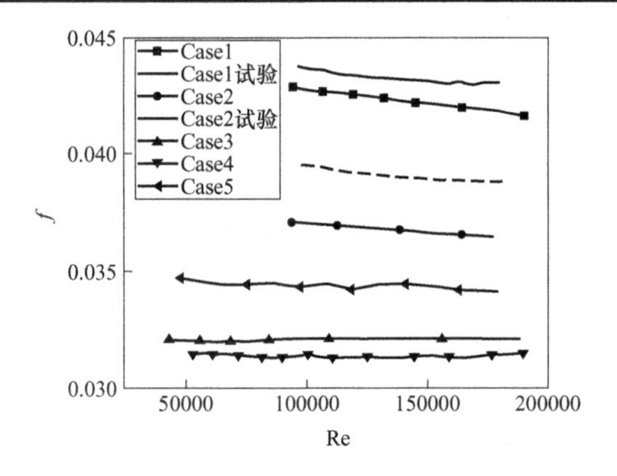

图 5-30 孙凤玉仿真和试验结果

2009 年，西安交通大学吴峰[19]采用三维层流及低雷诺数湍流模型对表 5-9 中的波纹管内流动与传热性能进行了数值模拟，并得到关联式（5-69），适用范围 $100 < \mathrm{Re} < 2.1 \times 10^4$，如图 5-31 所示。

表 5-9 吴峰文献波纹管尺寸

最小直径/mm	最大直径/mm	波距/mm
19	22	22

$$f = 0.0375 + 0.287e^{-\frac{\mathrm{Re}}{648.6}} \tag{5-69}$$

2013 年，波兹南理工大学的 C.O.Popiel[20]等人测试了四种内径从 9.1～26.7mm 的波纹管（具体参数见表 5-10），内水为工质的流动阻力情况，波纹管的波高/内径比从 0.15～0.1。

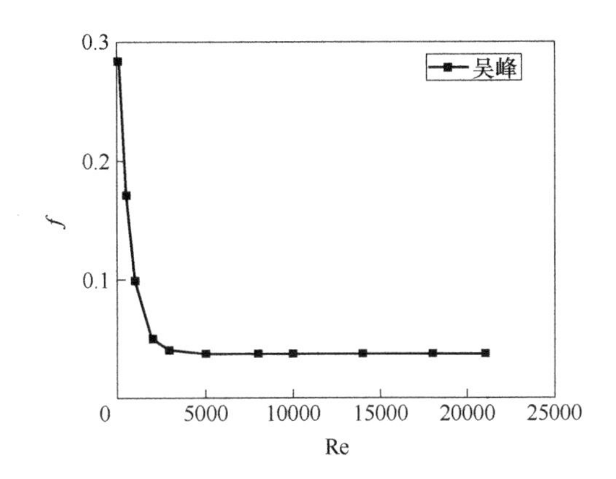

图 5-31　吴峰关联式结果

表 5-10　C.O.Popiel 波纹管结构参数

内径/mm	外径/mm	波高/mm	波距/mm	壁厚/mm	长度/m
9.1	12.3	1.35	4.2	0.25	0.925
13	16.8	1.60	5.12	0.3	1.3275
19.7	25	2.35	6.46	0.3	1.3255
26.7	32.8	2.75	7.2	0.3	2.677

Popiel 将其试验数据与 Colebrook-White 粗糙表面湍流流动阻力系数经验公式（5-70）和 Haaland 粗糙表面湍流流动阻力系数经验公式（5-71），以及 D.M.Bernhard 的经验公式（5-61）进行比较。试验雷诺数范围为 2000～30000。

$$\frac{1}{\sqrt{f_2}}=-2\log\left(\frac{\varepsilon}{3.7D_\text{h}}+\frac{2.51}{\text{Re}\sqrt{f_2}}\right) \tag{5-70}$$

$$\frac{1}{\sqrt{f}}=-1.8\log\left[\frac{6.9}{\text{Re}}+\left(\frac{\varepsilon}{3.7D_\text{h}}\right)^{1.11}\right] \tag{5-71}$$

式中　ε——表面粗糙度；

D_h——水力直径。

取 $\frac{\varepsilon}{3.7D_\text{h}}=0.0824$，试验值大于式（5-61）计算值，小于式（5-70）和式（5-71）的计算值。

同年，北京交通大学李云贤[21]等人对超导电缆波纹管内过冷液氮流动阻力特性进行了仿真计算和试验研究。仿真计算了表 5-11 中含有直径 57mm 内芯的波纹管，对波纹管的波距和波高进行了变化，并与 S.Fuchino 关联式（5-66）进行对比得出结论：仅波距变化时，波距越长压降越小；仅波高变化时，波高越大压降越大。且说明在波纹管通径、波高、波距变化时，S.Fuchino 关联式不再适用。

表 5-11　李云贤波纹管参数

Case	内径/mm	外径/mm	波距/mm	波高/mm	内芯直径/mm
Case1	67	117	20	20	57
Case2	87	107	20	10	57
Case3	77	127	20	25	57
Case4	67	117	10	20	57
Case5	67	117	30	20	57

可以看出，现阶段对波纹管内流动的研究所得到的规律并不统一。有的认为阻力系数随着雷诺数增大而增大，但大部分认为随着雷诺数的增大，阻力系数减小。其次，对于波纹管结构参数对阻力系数的影响，不同文献之间也存在差异。

目前，研究人员在超导电缆系统设计阶段估算液氮在绝热管内的沿程压力损失时，通常采用 Colebrook 公式进行估算，或者利用仿真进行估算。Demko[22, 23]等人建议对于螺旋波纹管的摩擦系数，可按其为光滑管的 4 倍来进行估算。在 CASER II 项目中，超导电缆绝热管内管采用了光滑直管，因此 Ivanov 和 Watanabe[24]等人利用以下公式来对管流的摩擦系数进行估算：

$$f=\frac{f_1D_1+f_2D_2}{D_1+D_2} \tag{5-72}$$

式中　D_1，D_2——绝热管内管内径和超导电缆外径。

f_1 利用光滑管公式计算，即

$$f_1=\frac{0.316}{\mathrm{Re}^{0.25}} \tag{5-73}$$

f_2 则利用完全湍流管 Colebrook 公式计算，即

$$\frac{1}{\sqrt{f_2}}=-2\log\left(\frac{\varepsilon}{3.7}+\frac{2.51}{\mathrm{Re}\sqrt{f_2}}\right) \tag{5-74}$$

在 AmpaCiry 项目中，E.Shabagin[25]等人基于本章参考文献[26]中的结论，当波深与波距之比小于 0.2 时，波纹管可看作光滑管，且水力直径 D_h 等于波纹管内径。因此，其利用以下公式来对 f 进行估算：

$$\frac{1}{\sqrt{f}}=2\log\left(\frac{\mathrm{Re}\sqrt{f}}{2.51}\right) \tag{5-75}$$

此外，对于带内芯波纹管内液氮的流动特性，同样也有不少学者在进行研究。

如闫畅迪[27]等人搭建了试验台，对不同结构波纹管以及含内芯波纹管进行试验研究，并根据试验结果给出了空心波纹管摩擦系数 f 的关联式为

$$f = 0.025 + 595\mathrm{Re}^{-0.92} \tag{5-76}$$

适用范围为$3000 < \mathrm{Re} < 50000$。而含内芯波纹管的摩擦系数 f 的关联式为

$$f = 0.04235 + 0.33517\mathrm{Re}^{-\frac{\mathrm{Re}}{5750}} \tag{5-77}$$

适用范围为$1400 < \mathrm{Re} < 50000$。

喻志广[28]等人通过数值仿真来对含内芯的螺旋波纹管的液氮流动特性进行研究。其结果表明，管内摩擦系数的变化规律受内芯的粗细、结构影响。此外，内芯的布置方式对压降有明显影响，当内芯为螺旋缠绕时，摩擦系数比平行放置时平均提高 15.2%。随着雷诺数的增加，波纹管中的摩擦系数的变化趋势均先增大，后趋于稳定。其研究还表明，多根内芯螺旋缠绕的节距和尺寸会影响管内摩擦系数，当节距降低或内芯尺寸增大时，摩擦系数明显增加。

其实，针对摩擦系数 f 的估计，可在相同管道进行水试验，通过测量水流过管道时的沿程压降，利用相似律来估计流质为液氮时的沿程压降，这也是一种可行的办法。由于不同设计人员在估算摩擦系数 f 时均采用不同的方法，因此在超导电缆结构设计时要根据实际情况和经验来估算或选取摩擦系数。在得到所需的流量范围及扬程范围后，即可根据这两个关键参数对液氮泵进行选型。

5.3.2　液氮泵类型

液氮泵按工作原理可分为往复式和叶片式两大类。往复式液氮泵常用于压力高、流量小的系统。往复式低温泵由泵体和原动机两大部分组成，其中泵体又可以分成两大部分，即液力端和传动端。液力端（又可称泵头）的作用就是在泵体内压缩低温液体，将机械能转化为液体压力能，使排出的液体压力升高。传动端的作用就是将原动机的动力通过减速机构输入，并通过连杆机构将旋转运动转换为往复运动。

往复式液氮泵工作过程示意图如图 5-32 所示。其工作原理大致为当活塞（或柱塞）从左向右移动时，泵缸内部的容积增大，压力随之降低，进入管路的液体压力大于泵缸中的压力时，液体在压差作用下，打开吸入阀而进入泵缸内。在传动箱的曲柄转过 180°后，活塞向左移动。由于低温液体基本是不可压缩的，因此低温液体立即被活塞压缩会使得压力迅速升高，同时从密封部分（从活塞队活塞环或柱塞与泵缸的间隙中）泄露的低温液体量也相应增加，会使泵缸中的压力升高的速度变慢，但压力还是一直在升高。直到泵缸中的液体压力大到足够打开排出阀时，低温液体经过排出阀向排液管道输出。当活塞被曲柄拉动又向右移动时，

重复以上过程。往复式低温泵前半个周期是吸入低温液体，后半个周期是排出低温液体。排液是间断式的，不是连续的。液力端主要包括排出阀、吸入阀（或吸液窗口）、泵缸和缸套、活塞（或柱塞）、密封器、各种连接管及补偿管。这部分零件都会接触到低温液体，一般采用铜、不锈钢和聚四氟乙烯等低温材料，并注意应去除油脂，防水及防止异物进入[29]。

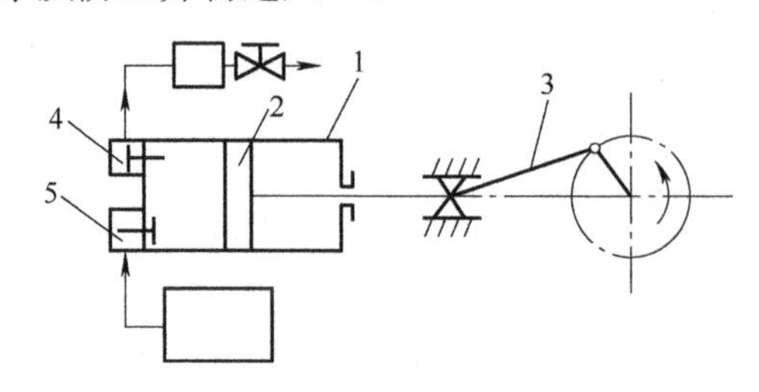

图 5-32　往复式液氮泵工作过程示意图

1—气缸　2—活塞　3—曲柄连杆机构　4—排出阀　5—吸气阀

离心式液氮泵是叶片式中最常见的一种，它适用于低扬程、大流量的场合。离心式液氮泵是利用叶轮旋转产生的离心力使液体的压力升高而达到输送的目的。泵工作时，液体一边随着叶轮一起旋转，同时又从转动着的叶轮里向外流。常用的离心式液氮泵分长轴型和短轴型两种，如图 5-33 所示。长轴型液氮泵的室温电机和低温叶轮通过薄壁长轴连接在一起，轴的材料为高强度、低热导率的不锈钢，具有漏热小的特点。短轴型液氮泵的轴比较短，主要通过叶轮和电机之间的防辐射屏来减少辐射漏热和对流漏热。有的短轴型液氮泵采用复合材料来制作转动轴，利用复合材料的低热导率来减少传导漏热。由于轴较短，所以短轴型液氮泵不需要安装低温轴承，转速比长轴型更快，连续运行时间更长[1]。

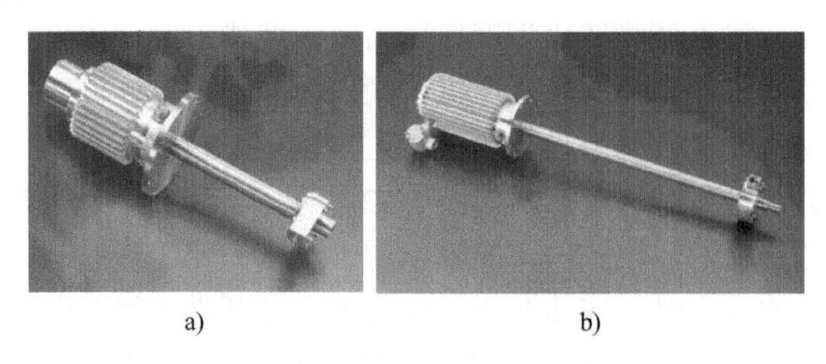

a)　　b)

图 5-33　Barber-Nichols 离心式液氮泵

a）BNCP-20-000 型液氮泵　b）BNCP-30-000 型液氮泵

此外，泵还有柱塞式、蠕动式、潜液式等结构。柱塞式液体泵是通过柱塞在轴向往复运动来改变泵腔的容积，从而实现液体的吸入和排出。其通常由柱塞、柱塞杆、泵体、进出口阀、液压发动机等部件组成。柱塞式液体泵具有额定压力高、结构紧凑、效率高和流量调节方便等优点，被广泛应用于高压、大流量和流量需要调节的场合，诸如液压机、工程机械和船舶中。柱塞式液体泵作为往复泵的一种，属于体积泵，其柱塞靠泵轴的偏心转动驱动，往复运动，其吸入和排出阀都是单向阀。当柱塞外拉时，工作室内压力降低，出口阀关闭，低于进口压力时，进口阀打开，液体进入；当柱塞内推时，工作室内压力升高，进口阀关闭，高于出口压力时，出口阀打开，液体排出。当传动轴带动缸体旋转时，斜盘将柱塞从缸体中拉出或推回，完成吸、排油过程。柱塞与缸孔组成的工作容腔中的油液通过配油盘分别与泵的吸、排油腔相通。变量机构用来改变斜盘的倾角，通过调节斜盘的倾角可改变泵的排量，如图 5-34 所示。

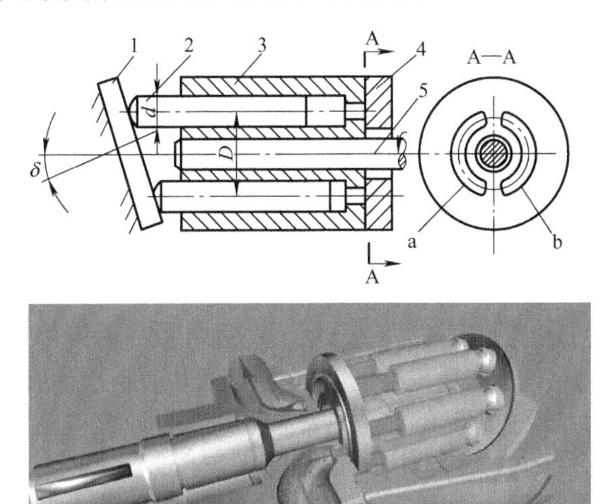

图 5-34　柱塞式液体泵工作过程示意图

1—斜盘　2—柱塞　3—缸体　4—配油盘　5—传动轴

蠕动式液体泵是一种利用压扩张软管来输送流体的装置。蠕动式液体泵的结构由圆形内腔泵壳、辊轮、弹性软管三部分组成，弹性软管安装在泵壳内，如图 5-35 所示。软管受辊轮挤压形成闭合截止点，当辊轮转动时，闭合点跟随滚子移动。弹性软管在滚子离开后会恢复到自然状态，软管内就会形成真空，从而吸入流体，并被下一个滚子挤出。蠕动泵管工作中处于一种蠕动的状态，因此叫蠕动泵。蠕动泵软管被辊轮挤压闭合完全截止，流体不会回流，因此蠕动式液体泵是一种正排量泵或正位移泵和容积泵（转速和流量成正比）。蠕动式液体泵的流体只经过蠕动泵软管，没有阀门和密封件，不会接触泵的任何其他部件。液体在泵管内蠕动挤出，因此不会对输送的液体产生剪切，不会破坏剪切敏感的流体。

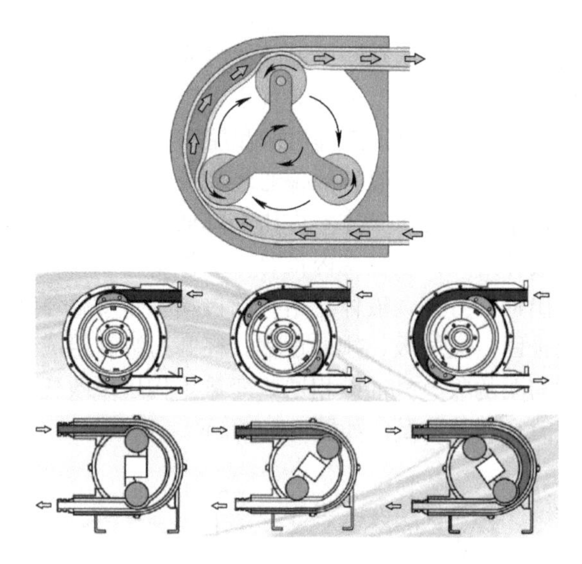

图 5-35　蠕动式液体泵工作过程示意图

潜液式低温液体泵是一种在低温环境下使用的高速离心式液体泵，它的叶轮工作在液面以下。当电动机带动叶轮旋转时，叶轮对低温介质做功，介质从叶轮中获得了压力能和速度能。当介质流经导流器时，部分速度能将转变为静压力能。介质自叶轮抛出时，叶轮中心成为低压区，与吸入液面的压力形成压力差，于是液体不断被吸入，并以一定的压力排出。在泵的进口管道上通常会设置有过滤器，用于过滤液体中的杂质和固体颗粒。出口管道通常会设置有密封装置，防止液体泄漏。潜液式低温液体泵大致结构如图 5-36 所示。

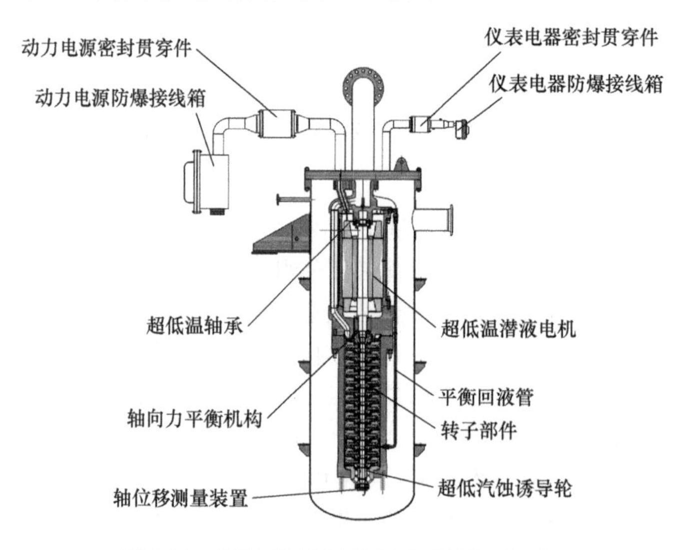

图 5-36　潜液式低温液体泵大致结构示意图

目前，国内外大型超导电缆工程以及超导电缆测试试验项目都是采用美国 Barber-Nichols 公司的液氮泵产品，其液氮泵低温下性能稳定、安全可靠、设计漏热小、运行维护周期长、安装简单，可实现变频控制调节。随着国内技术的发展，也有不少公司推出了相关液氮泵产品，在产品性能、漏热处理、安装使用形式等方面各有特色，可根据实际情况进行选择。

5.4 冷箱与过冷换热器

目前，大部分超导电缆工程均采用了闭环受迫式的液氮循环方式。因此，在封闭循环管路中，需要一个装置让回流液氮和制冷源进行换热。这个换热装置在制冷系统中称为冷箱。冷箱作为高温超导电缆制冷系统中的关键、重要设备，冷却高温超导电缆的过冷液氮在这里产生。一般情况下，主用冷源和备用冷源都会接入至冷箱，使得冷箱作为制冷系统冷量的输出口，为整个系统提供冷量。冷箱一般采用杜瓦结构，主要由冷箱杜瓦、安装大法兰、绝热和防辐射板、盘管式过冷换热器、缓冲罐、补液阀、进出液阀、进液氮管、出液氮管，以及压力、温度、液面的测量装置，控制阀门，仪表等组成，其结构简图如图 5-37 所示。

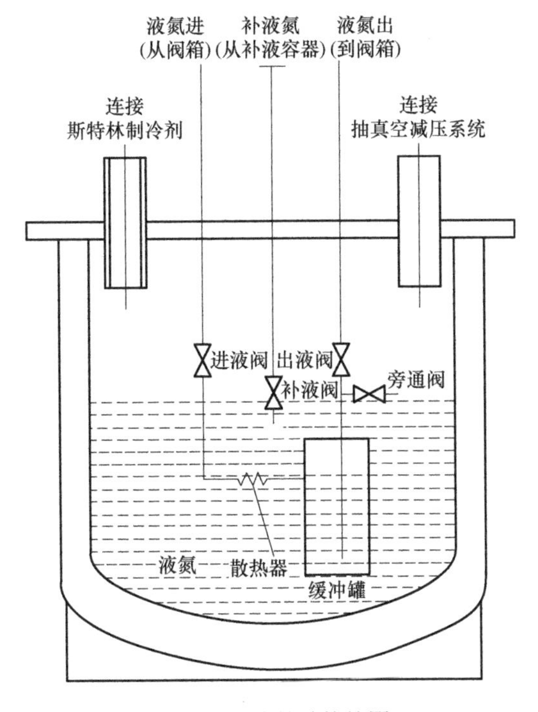

图 5-37 冷箱结构简图

在冷箱内部，过冷换热器与超导电缆液氮循环线路连接，形成一个封闭循环回路。由于超导电缆系统一般维持着一定的压力运行，因此作为循环回路的一部分，过冷换热器内部为流动的高压过冷循环液氮，其浸泡在饱和液氮中，管道内外的液氮通过过冷换热器交换冷量。故过冷换热器既要承受一定的压力，又要有良好的换热性能。过冷换热器一般选用传热性能良好的紫铜管制作而成，通过将紫铜管做成绕管式换热器，可延长高压高温液氮在过冷液氮中的换热过程，实现较好的换热效果。过冷换热器换热盘管的长度可大致按下列方法计算。

假设盘管内液氮的热量完全被饱和冷却液氮吸收，则可得到

$$c_p\dot{m}(T_f''-T_f')=\frac{\Delta T_m}{R} \tag{5-78}$$

式中 $\dot{m}$——盘管内液氮质量流量；

T_f''——盘管入口温度；

T_f'——盘管出口温度；

R——换热器等效热阻；

ΔT_m——盘管内外流体的平均换热温差。

对于 ΔT_m 可计算如下：

$$\Delta T_m=\frac{T_f''-T_f'}{\ln\left(\dfrac{T_f''-T_\infty}{T_f'-T_\infty}\right)} \tag{5-79}$$

式中 T_∞——饱和冷却液氮的温度。

而对于换热器等效热阻 R，则可根据以下公式计算：

$$R=\frac{1}{h_1\pi dL}+\frac{\ln\left(\dfrac{D}{d}\right)}{2\pi k_{Cu}DL}+\frac{1}{h_2\pi DL} \tag{5-80}$$

式中 h_1——管内湍流强制对流换热系数；

h_2——池内核态沸腾换热系数；

k_{Cu}——紫铜热导率；

d——盘管内径；

D——盘管外径；

L——所需求取的盘管长度。

其中，管内湍流强制对流换热系数 h_1 可用以下公式计算：

$$h_1=\frac{\mathrm{Nu}\cdot k_{LN2}}{d} \tag{5-81}$$

式中　Nu——努塞尔数；

k_{LN2}——液氮热导率。

池内核态沸腾换热系数 h_2 可用以下公式计算：

$$h_2 = \frac{q}{\Delta t} \tag{5-82}$$

式中　q——沸腾热流密度，q 可根据下面 Rohsenow 公式计算，即

$$q = \mu_{\mathrm{l}} h_{\mathrm{fg}} \left[\frac{g(\rho_{\mathrm{l}} - \rho_{\mathrm{g}})}{\sigma}\right]^{0.5} \left[\frac{c_{\mathrm{pl}} \Delta t}{h_{\mathrm{fg}} \mathrm{Pr}^{s} c_{\mathrm{wl}}}\right]^{3} \tag{5-83}$$

式中　Δt——壁面过热度；

μ_{l}——饱和液体动力黏度；

h_{fg}——饱和压力下汽化潜热；

Pr——普朗特数；

g——重力加速度；

ρ_{l}——饱和液体密度；

ρ_{g}——饱和气体密度；

σ——气液界面表面张力；

c_{pl}——饱和液体比定压热容；

c_{wl}——经验常数；

s——经验指数。

努塞尔数 Nu 的计算公式如下：

$$\mathrm{Nu} = 0.023\mathrm{Re}^{0.8}\mathrm{Pr}^{0.3} \tag{5-84}$$

式中　Re——雷诺数，Re 的计算公式为

$$\mathrm{Re} = \frac{\rho v D_{\mathrm{h}}}{\mu} \tag{5-85}$$

式中　ρ——流体密度；

v——流体流速；

D_{h}——流体流道的当量直径；

μ——流体动力黏度。

根据上述公式，即可求得过冷换热器换热盘管的长度。

系统正常工作情况下，冷源所提供的冷量将冷箱中浸泡着过冷换热器的液氮冷却至一定温度，该温度一般应小于超导电缆系统回流液氮的温度。此外，由于电缆系统的进口温度一般应小于 77K，这就表明冷箱中的饱和液氮温度应小于

77K。在饱和状态下，当饱和液氮液面的饱和蒸汽压小于1atm时，饱和液氮的沸点将小于77K。因此，冷箱一般都处于负压状态，即冷箱杜瓦内部的压力小于1atm。经过超导电缆系统后回流的高压高温液氮通过过冷换热器，与冷量中的过冷液氮进行充分换热，将从超导电缆系统中吸收的热量传至冷箱中的饱和液氮，将自身温度降至要求温度。冷箱中的饱和液氮将热量传给冷源，并由冷源带走，完成整个冷量的传递。

除了来自于电缆系统的热量以外，冷箱自身的漏热也会传递至饱和液氮，再传递至冷源带走。因此，为了提高制冷效率，需要确保冷箱的漏热尽可能小。因此，在冷箱制作时，通常采用双层结构，并对夹层抽高真空，减少热对流。此外，在冷箱内层外部包裹多层超级绝热以减少热传导和热辐射，尽可能地减少冷量损耗。

5.5 泵箱

液氮泵作为系统液氮循环推进部件，回温液氮最终通过回流管进入液氮泵增压，使其克服系统阻力，保持液氮循环正常流动。为确保液氮泵运行所需要的环境，通常将其安装在泵箱上。

泵箱一般采用杜瓦结构，主要由液氮泵、进液氮管、出液氮管、控压容器、液氮补充管、自动补液阀、进液阀、出液阀、安装大法兰、泵箱杜瓦、绝热和防辐射板，以及温度计、压力表、液面计、自动放气阀和安全阀等装置组成，能够自动监控控压容器的温度和压力，并由液面计控制控压容器内液面高低。当压力超出预定值时，放气阀和安全阀开启，泄掉多余压力。当液氮液面降低到设定值时（由液面计监控），液氮储槽会自动向控压容器补充液氮。液氮泵垂直安装在泵箱的上部大法兰上。液氮泵进液口通过管道与回流液氮相连，其结构图简图如图5-38所示。此外，泵箱中应当保持一定的压力，要远高于回流液氮的饱和蒸气压，才能确保回流液氮过冷而无气泡产生。

泵箱采用箱式设计具有一定的优势。一方面，泵箱作为系统的一部分，其可作为外界为系统补充液氮的接口。在泵箱上液氮泵的进口处预留一个接口，通过该接口与液氮罐连接，液氮从液氮罐经过泵箱进入系统，起到为系统补充液氮的作用。此外，该外接液氮罐除了作为系统液氮的补给源之外，还可以作为整个超导电缆系统的压力参考点。由于该液氮罐位于液氮泵的进口，在工况稳定的情况下，液氮泵的流速及扬程是一定的。因此，当该液氮泵的压力升高时，液氮泵的进口和出口压力也随之升高，从而使得整个系统的压力增加，反之亦然。另一方面，泵箱作为低温杜瓦，其可减少系统的漏热以及液氮的消耗。将液氮泵整合至泵箱上，不仅为液氮泵的运行提供了一个相对稳定的环境，使得液氮泵的可运行时间增长，同时，也便于对液氮泵进行维护及更换。

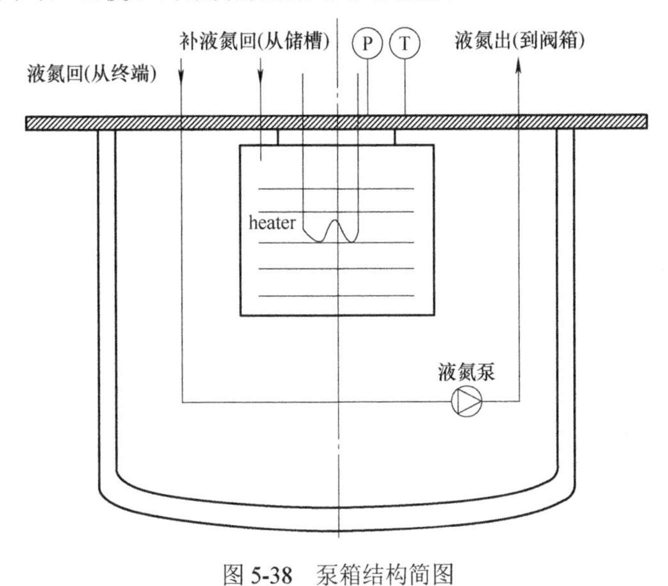

图 5-38　泵箱结构简图

5.6　辅助系统

制冷系统除了制冷机和液氮泵以外，为了维持整个制冷系统中制冷机、液氮泵以及阀门正常运行，还需要一定的辅助系统。下面将对辅助系统中比较关键的部分进行简单介绍。

5.6.1　液氮储槽

液氮储槽的主要作用是向超导电缆系统补充液氮。正常运行时，系统会由于负荷的变化（如电网负荷变化等）出现压力波动，而超导电缆系统一般会存在一个安全运行压力上限。当系统压力超过设定的压力上限时，系统阀门就会开启排气，以降低系统压力。久而久之，系统内部的液氮会慢慢减少。因此，需要定时补充液氮。为此，需要一个容器储存一定的液氮，以备系统需要补液时向系统内补充液氮。系统设计时，可根据相关设计参数选择合适大小的液氮储罐。

图 5-39　液氮储罐

液氮储罐如图 5-39 所示，其主要结构分为内外胆和夹层抽真空。内胆材料为耐低温的优质不锈钢，外胆材料通常为碳钢。绝热方式主要有真空粉末绝热和真空多层绝热两种。它能有效地阻止外部热量传入内胆中的液氮内，保持液氮的低蒸发率。对于大型储槽（>5m^3）一般采用真空粉末绝热。液氮贮槽通常备有进出液阀、放气阀、安全阀、爆破阀、压力表、液面计等装置。

5.6.2 冷却水供应系统

由于制冷系统中制冷机的压缩机、液氮泵等多个部件都需要冷却水，因此需要为系统配备专用的冷却水系统。水冷系统可采用不同结构，如只用冷水机组、只用冷却塔或冷却塔与冷水机组串并联结合的方式。不同的水冷系统各有优点和不足，如冷却塔与冷水机组串并联结合，其优点在于可分别独立进行检修，且当冬季温度较低时可只开启冷却塔；当夏季温度较高时可只开启冷水机组。循环动力为水泵，其缺点在于冷水系统比较复杂，且冷却塔和冷水机组之间的控制需要能够很好地切换，不然控制容易出现冲突。

5.6.3 真空绝热管路

泵箱、冷箱、超导电缆恒温器通过真空绝热的液氮输送管连接，成为闭环系统，液氮在其中循环。在制冷系统起动和运行时，液氮储槽通过真空绝热液氮补充管自动向相分离器加注和补充液氮。抽真空减压管路也采用真空绝热管路，真空绝热液氮管的主要作用如下：①桥的作用，将系统连为一体，液氮在其中循环；②保温作用，避免液氮的气化，减少系统冷损。

真空绝热液氮管主要结构分为内、外管，内、外管材料为耐低温的优质不锈钢。以聚四氟乙烯材料作为支承，采用真空多层绝热方式，有效地阻止外部热量传入内管中的液氮内，结构示意图如图 5-40 所示。

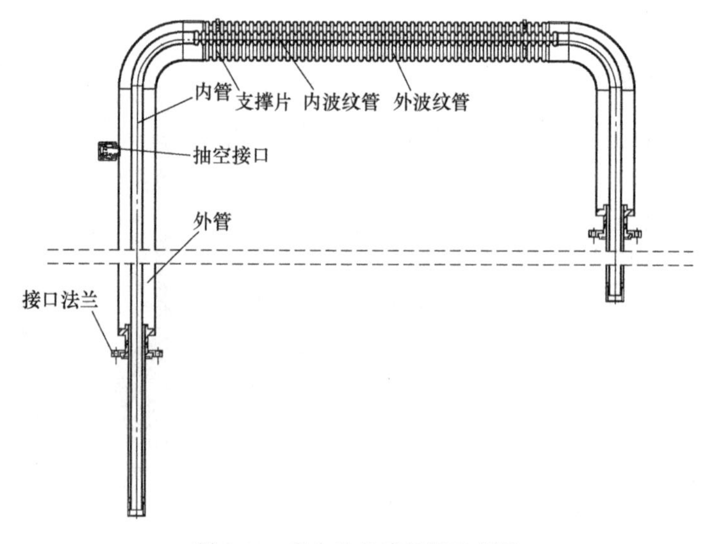

图 5-40　真空绝热液氮管示意图

5.6.4　阀门及测量仪表

1. 低温阀门

整个循环系统都需要阀门来控制流体的通断，同时循环系统上还设置有旁通阀、补液阀、流量调节阀等。为了确保整个系统的可靠性，低温阀可选用冷箱用低温气动阀，冷箱阀气动执行机构均在室温端，阀体在冷箱内部的低温处，减小了系统的漏热，如图 5-41 所示。

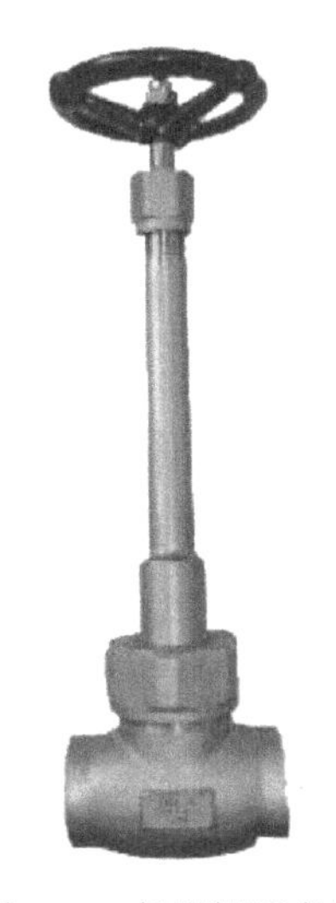

图 5-41　低温阀示意图

2. 流量计

流量作为标志液氮泵是否正常工作的关键参数，同时也是制冷系统制冷量计算的关键参数，因此需要对液氮流量进行测量。流量的测量方法较多，因此流量计也出现相应的各种形式。按原理划分，流量计有节流式、涡流式、容积式、电磁式、涡街流量计等多种。但由于结构，原理不同，它们各有一定的使用场合。

节流式流量计是在管道中放入一定的节流元件，如孔板、喷嘴、靶、转子等，使流体流过这些阻挡体时，流动状态发生变化。根据流体对节流元件的推力或在节流元件前后形成的压差等进行流量大小的测量。节流式流量计由于无运转部件，因而保证了装置的可靠性，及长寿命。此外，节流式流量计耐气蚀能力强，无论是气相还是液相都能测量。且结构简单，易做成全焊接结构，杜绝了低温液体的泄漏。在外加真空保温措施的情况下，能使低温流量计的热损耗减至最小。

涡轮式流量计的主要部件是涡轮流量变送器，它是以动量矩为原理的速度式仪表。壳体上装有永磁体线圈，当流体流过变送器时，推动涡轮旋转周期性切割磁力线，产生周期性电动势信号，信号频率与涡轮转速成正比，而涡轮转速在测量范围内又与流量大小成正比，因此，通过测量电动势信号频率高低，即可决定流体流量大小。涡轮流量计可用于测量无腐蚀性、无润滑作用的液体，如水、酒精、氨等液体的流量，也可用于测量单相低温液体，如液氮、液氧等液体的流量。

容积式流量计以椭圆齿轮流量计为代表，在金属壳内有一对椭圆形齿轮，初始两轮垂直放置，当流体通过时，在输入压力作用下，产生力矩，驱动齿轮转动，两轮交替将各自半月形容积内的液体排至出口。这样连续转动，椭圆齿轮每转一周，向出口排出四个半月形容积的液体。测量椭圆齿轮的转速便可知液体体积流量。

电磁式流量计以电磁感应定律为基础，在管道两侧安放磁体，以流动的液体当作切割磁力线的导体，由产生的感应电动势测知管道内液体的流速和流量。涡街流量计在管道内垂直于流体流动方向插入一非流线型物体时，在阻挡物的下游产生旋涡。在有些情况下，流体会产生有规则的振荡运动，在阻挡物的上下两侧形成两排内旋、交替的旋涡列，研究表明，旋涡产生的频率与流体流速、旋涡发生体形状有关，而流量又与旋涡频率成正比。所以，检测旋涡频率便可测得流量。

由于整个制冷系统循环工质为液氮，即低温工质。根据各流量计的适用范围和工程经验，目前，工程上用于测量低温液体流量的流量计主要有节流式和涡轮流量计两种。

5.6.5 驱动气源

由于系统中所用低温阀和其他阀采用气动阀，因此阀门动作需要提供外部驱动气源，气动阀的工作压力一般在 0.6MPa 左右。在驱动气源的设计上，一般采用空压机作为主要气源。但是由于制冷系统一般配有液氮储罐，液氮储罐通常也保持着一定的压力，因此可选择储槽气源和空压机双供气方式。

为了节省电能和延长设备的使用时间，驱动气源可用主用储槽气体，空压机作为后备气源。在设置空压机的起动压力时，在气动阀的合理供气压力范围内，可设置相对较低的压力，如只有当缓冲气罐压力低于 0.5MPa 时，空压机才会起动供气。

参考文献

[1] 信赢. 超导电缆[M]. 北京: 中国电力出版社, 2013.

[2] 王银顺. 超导电力技术基础[M]. 北京: 科学出版社, 2011.

[3] 达道安. 真空设计手册[M]. 北京: 国防工业出版社, 2004.

[4] 陈国邦, 汤珂. 小型低温制冷机原理[M]. 北京: 科学出版社, 2010.

[5] GHOSH S, MUKHERJEE P, SARANGI S. Development of bearings for a small high speed cryogenic turboexpander[J]. Industrial Lubrication and Tribology, 2012,64(1): 3-10.

[6] FINNEMORE E J, FRANZINI J B. 流体力学及其工程应用: 英文版[M]. 北京: 机械工业出版社, 2013.

[7] HAWTHRONE R C, VON HELMS H C. Flow in corrugated hose [J]. Prod Eng, 1963, 34: 98-100.

[8] KAUDER K. Dissipation inkompressibler Medien in Rohrleitungen [J]. Sonderdruck aus HLH, VDI-Verlag, Dusseldorf, FRG, 1974, 7: 226-232.

[9] WEISEND II J G, VAN SCIVER S W. Pressure drop from flow of cryogens in corrugated bellows [J]. Cryogenics, 1990, 30: 935-941.

[10] BERNHARD D M, HSIEH C K. Pressure drop in corrugated pipes[J].Journal of Fluids Engineering, 1996, 118: 409-10.

[11] FUCHINO S, TAMADA N, ISHII I, et al. Hydraulic characteristics in superconducting power

transmission cables[J]. Physica C: Superconductivty 2001, 354(1/4): 125-128.

[12] BLASIUS P R H. Das Aehnlichkeitsgesetz bei Reibungsvorgängen in Flüssigkeiten[J]. Mitteilungen über Forschungsarbeiten auf dem Gebiete des Ingenieurwesens, 1913,131: 1-41.

[13] DREW T B, KOO E C, MC ADAMS W H. The friction factor for dean round pipe[J]. Trans AIChE, 1932, 28: 56-72.

[14] YEAPLE F D, et al. Hydraulic and pneumatic power and control[M]. New York: McGraw-Hill, 1966.

[15] KOH D, YEOM H, HONG Y,et al Performance tests of high temperature superconducting power cable cooling system[J]. IEEE Transactions on Applied Superconductivity, 2004, 14(2): 1746-1749.

[16] 曾敏, 石磊, 陶文铨. 波纹管管内层流流动和换热规律的实验研究及数值模拟[J]. 工程热物理学报, 2006,27(1): 143-144.

[17] 孙凤玉, 张鹏, 王如竹, 等. 高温超导电缆用波纹管内液氮流动特性的数值研究[J]. 低温与超导, 2007, 35(5): 376-380.

[18] 吴峰, 曾敏. 波纹管内流动与传热规律的数值计算[J]. 动力工程，2009(2): 169-173.

[19] POPIEL C O, KOZAK M, MAECKA J,et al. Friction Factor for Transient Flow in Transverse Corrugated Pipes[J]. Journal of Fluids Engineering, 2013, 135(7): 074501.

[20] 李云贤, 李振明, 方进, 等. 超导电缆波纹管内过冷液氮流动阻力特性研究[J]. 低温工程, 2013,197(4): 29-32.

[21] DEMKO J A, LUE J W, GOUGE M J, et al. Practical AC loss and thermal considerations for HTS power transmission cable systems[J]. Applied Superconductivity IEEE Transactions on, 2001, 11(1): 1789-1792.

[22] FISHER P W, COLE M J, DEMKO J A, et al. Design, analysis, and fabrication of a tri-axial cable system[J].IEEE Trans. Appl. Supercond, 2003, 13(2): 1938-1941.

[23] IVANOV Y V, WATANABE H, HAMABE M,et al. Circulation pump power for 200m cable experiment[J]. Physica C Superconductivity, 2011, 471(21/22): 1308-1312.

[24] SHABAGIN E, HEIDT C, STRAU S, et al. Modelling of 3D temperature profiles and pressure drop in concentric three-phase HTS power cables[J]. Cryogenics, 2016, 81: 24-32.

[25] KAUDER K. Stromungs- und Widerstandsverhalten in gewellten Rohren[D]. Hannover: Universität Hannover, 1971.

[26] 闫畅迪, 黄永华, 喻志广, 等. 带芯波纹管内液氮流动压降特性的实验研究[J].制冷技术, 2016, 36(3): 1-5.

[27] 喻志广, 左忠琪, 黄永华. 插入芯体的螺旋型波纹管液氮流动特性仿真研究[J].低温与超导, 2019, 47(12): 6-9,24.

[28] 贺永德. 现代煤化工技术手册[M]. 北京: 化学工业出版社, 2011.

第6章　超导电缆监控系统

6.1　监控系统功能定义

高温超导电力电缆（以下简称超导电缆）的监控系统是超导电缆系统的重要组成部分，特指针对超导电缆本体、低温制冷设备、压力容器、真空管道等组件的运行监测、控制、报警等一系列设备集合，属于超导电缆特有的附属设备。广义的超导电缆监控系统还应包括电网区内、区外电气参数监控设备和继电保护设备，属于常规电缆配套设备，需要进行专业化改造才可适用于超导电缆系统。

6.1.1　超导电缆监控系统定义的演变

超导电缆应用与示范最早出现在 20 世纪 90 年代，以美、日等为代表，相继建成投运了多条超导电缆线路。受条件限制无法对国外技术进行详细查证，故本章将主要以国内的超导电缆发展特征为论述对象。

1. 早期超导电缆与监控系统研究

我国高温超导电缆工程应用的研究工作从 2003 年开始，最有代表性的是云电英纳 30m 室温绝缘（WD）超导电缆工程及相关附属研究。从该时间开始，最早的超导电缆监控技术出现在 863 计划“三相交流高温超导电缆的研制及并网运行试验”的 4m/2000A 高温超导电缆冷却系统中，采用了变送器的方式作为压力、温度、流量、液氮液位等物理量的测控技术[1,2]，实现了各类低温信号在常温下映射，在温度测量方面，直接采用 Pt100 铂电阻传感器，并对测量仪表进行 52K 以上的温度标定。

2003 年 8 月，中国科学院电工研究所和甘肃长通电缆科技股份公司共同完成 10m/1.5kA/10.5kV 三相高温超导电缆，宁政等人开发的监测系统是检索查询最早出现的完整超导电缆监测系统的研究，包含了各类低温传感器原理、测量位置的选择和实现方案，采用分布式硬件采集结构和基于计算机组态软件 LabVIEW 的监测平台设计，其中 Pt100 铂电阻的测温方案采用电阻值测量法（约 6mΩ 准确度）和阻值-温度表差值计算来换算温度，并深入开发了 Pt100 铂电阻在 14～110Ω 阻值变化区间的高电压隔离温度测量装置[3]，但该研究未提及 77K 以下液氮温度的测量或阻值-温度的标定方法，仅涵盖监测部分，未提及控制技术。

同期，由中国科学院理化技术研究所范宇峰等人开发的基于抽空减压制冷的液氮循环冷却系统的监控系统设计继续采用工控计算机加板卡作为硬件平台，配套组态软件 MCGS 开发构建。其中，温度传感器为标定后的 Pt100 铂电阻温度计（分度温区 53～300K，准确度为 0.1K），该分度表提供了 1mA 恒流源串联电阻的电压值，可供后续采集标定；此外，该系统中实现了对真空泵的电动阀开度控制（温度控制）和补液阀控制[4, 5]。

超导电缆监控技术在监测与保护系统（继电保护）中的应用也较为广泛，本章参考文献（以下简称文献）[6]侧重论述监测与保护的上层管理软件，采用基于 Windows NT 平台的 Visual C 软件开发，在非电气量数据传输方面，该文献首次采用通信规约的方式实现信息数据共享。文献[7]提及采用隔离放大器隔离测量压力、温度、流量等信号至保护系统。文献[8-10]进一步明确了就地转换 4～20m A 电流信号被采集的方式实现非电气量信号的共享传输。文献[7]也是首次使用双 CPU 并行工作模式提高保护系统可靠性的硬件设计方案。

文献[11, 12]除了继续采用变送器转换成 4～20mA 电流信号和计算机采集卡对接，还包括了补液和制冷机的自动控制，以及自动控制和手动控制的控制模式，初步将监控系统作用范围扩展到冷却系统中各组件的控制应用。

至此，围绕室温绝缘超导电缆工程的主要研究告一段落，其超导电缆监控系统功能范围和功能框架基本搭建完毕，包含从最基本的非电气量的测量方式和信号转换，到硬件采集平台和软件设计，以及继电保护集成和上层管理。这个阶段监控系统的特点有从属于超导电缆继电保护系统，硬件基于计算机平台，上位机采用通用软件开发，其中冷却系统或液氮循环系统的控制单元为独立运行，通过信号变送、隔离采集、通信规约等方式实现数据上传和共享。

在后续的研究中，该项目相关团队以 IEC 61970 标准的 CIM 模型为参考，实现了基于 XML 数据交换格式的超导电力运行监测数据集成和共享[13]，将超导电缆纳入变电站管理平台运作，形成了丰富的运行数据积累，并认为冷却系统可靠性是超导电缆可靠性的一个主要因素[14]。

2. 冷绝缘超导电缆研究阶段的监控系统

从 2003 年开始，上海电缆研究所有限公司跟随世界超导电缆技术发展的脚步，开启低温绝缘（CD）高温超导电缆的研发，并在后续数年间取得一系列标志性的成就。在 2012 年，中国电科院也启动了“110kV 冷绝缘超导电缆关键技术研究”等项目，国内同行将目标转向低温绝缘超导电缆方向。

2003—2012 年阶段，主要从事超导电缆系统开发、性能研究、试验模型建立、监测技术、保护技术等研究工作，未涉及工程应用，这一阶段的监控系统从功能上分为三类，即超导电缆继电保护系统监控、冷却系统控制、数据管理平台。

2010 年国内首条冷绝缘超导电缆系统在上海电缆研究所有限公司实验室建成，主要构成为 30m/35kV/2000A 单芯超导电缆、冷却系统、监测平台。冷却系统由 PLC 和 WinCC 软件构成的 SCADA㊀系统进行控制，主要执行部件为三套 AL300 型 GM 制冷机和一套 BNCP-30 长轴液氮泵，监测平台以工业计算机和分布式采集板卡为主[18]，受电缆终端等装配工艺的限制，监测平台与冷却系统 PLC 电控柜共享传感器变送信号，暂未添加控制功能。

2012 年，上海电缆研究所有限公司开始从事宝钢超导电缆示范工程的研究和建设工作，以原有实验室超导电缆为基础开展一系列电性能检测和长期运行试验，监测平台扩展了远程监测、远程断电等功能用来保障试验设备安全，并尝试了通过 OPC 协议从 PLC 读取更多运行数据、开关制冷机、设置液氮泵频率以及故障复位等。

这一阶段的研究，借鉴了计算机应用平台的技术特点，采用分布式模块卡实现数据采集和控制，冷却系统控制采用的是 PLC 构成的独立 SCADA 系统，并在后续工程中起到更重要的作用。

3. 冷绝缘超导电缆示范应用阶段的监控系统

2013 年 12 月，由上海电缆研究所有限公司牵头建设的上海宝钢 50m/35kV/2000A 单芯超导电缆示范工程投运，冷却设备的控制与数据采集系统采用双机冗余配置来增强 PLC 的可靠性，远程监测系统延续了此前的技术特征，主要通过 OPC 协议与 PLC 进行数据通信，并集成了三相电缆芯和屏蔽线的电流监测设备等[17]。本次工程建设及后续运维实践共有三个特点：

1）PLC 系统构成了监控系统的主体部分，控制功能仍然以冷却系统自身控制为主，监测系统未作过多干预。

2）在同类工程中首次采用 PLC 获取制冷机控制器的状态参数，使制冷机的运维效率得到进一步提升[20]。

3）提出并实践了自动运行、远程监测、现场巡检相结合的运维模式[21]，为后续工程提供了宝贵的参考经验。

其他多家研究机构也取得了显著的成绩，值得借鉴：

2012 年 9 月，中国科学院电工研究所研制的 360m/10kA 高温超导直流电缆在河南中孚实业股份有限公司的电解铝车间投运，该工程中制冷设备同样由 PLC 控制，温度测量采用 Keithley 数字电压表测量 Pt100 传感器实现，标定后准确度达 0.1K[19]。

2013 年，北京交通大学电气工程学院及中国电力科学研究院合作，搭建了基

㊀ SCADA（Supervisory of Control and Data Acquisition）系统是以计算机为平台，利用软件实现控制与数据采集的系统，通过文献查询最早于 20 世纪 80 年代在国内出现[26, 27]，从 20 世纪 90 年代开始，则是 Windows 平台与 PLC 或 DCS 配套使用[28, 30]。

于LabVIEW的高温超导电缆测试平台，主要采用了NI公司的PXI系统和程控仪表，实现了数据采集，其中的温度测量采用了Pt100传感器，经Lakeshore公司231P变送器转换为0～10V信号的方式来获得[15, 16]。

2016年，富通集团在天津滨海新区建成的百米级35kV/1kA三相超导电缆投运，其监控系统采用多套独立PLC控制单元组网构成，并采用VPN技术与总控室互连[22]。

2021年，富通集团旗下超导技术应用有限公司，搭建10 m超导电缆冷却系统测试平台，对制冷机的控温流程做了详尽论述[23]，与同类应用的超导电缆工程原理基本一致。

这一阶段监控系统的特点，PLC系统成为控制与监测的主要构成部分㊀，作用范围涵盖了从冷却系统到电缆本体的全部要素，并成功应用于多个超导电缆工程，远程监控㊁的作用在超导电缆系统运维中得到体现。另一方面，超导电缆继电保护的技术研究持续进行，总的保护策略与2004年投运的云电普吉超导电缆工程基本一致，除了对电压电流进行反时限判断，还对电缆进出口温度、压力、流量进行分级超限诊断，以及冷却系统总体正常等诊断[25]。

4. 现阶段商业化应用中的超导电缆监控系统

在超导电缆研究机构及生产厂商的努力下，于2021年成功投运了两条商业化应用的超导电缆示范线路，一条是南方电网深圳供电局牵头组建的400m/10kV三相同轴超导电缆，一条是国家电网上海市电力公司和上海电缆研究所有限公司共同牵头组建的1.2km/35kV三相超导电缆。作者组织实施了1.2km超导电缆的监控系统设计建造，并参与了《35kV及以下交流超导电力电缆线路设计规程》标准的编写工作，与国内顶级超导电缆技术专家共同讨论了其中超导电缆监控系统部分的编制，通过学习和总结前人经验，从超导电缆工程的角度，将超导电缆监控系统的功能定义、选型设计、施工总结进行了全面梳理，有望为超导电缆产业化发展提供应有助力。

在最近国内几个超导电缆工程中，监控系统的功能结构特点如下：

1）监控系统与冷却系统完全融合且独立运行，采用PLC构成的分布式监控网络（DCS和计算机板卡的功能等同）。

2）监测范围进一步扩大，除了满足冷却系统运行监测外，还应包含超导电缆本体非电气量监测、运行环境监测等。

3）与上级变电站测控单元以及继电保护系统之间可采用通信规约的方式，或硬接点及隔离变送的方式互连，实现数据共享、报警发布和调度参考等功能。

㊀ PLC和DSC都可应用于监控系统构建，具体可根据项目规模特点和实施条件来决定[29]。

㊁ 远程监测和控制最早应用于20世纪80年代，在电力系统中称为遥测、遥信和远动，最早出现在20世纪50年代，并在现有的电力系统相关标准中继续使用。

4）监控系统开通信号远传和远程监控功能至运维单位，实现智能化运维。

6.1.2 监控系统基本原理

监控系统包含监测和控制两个功能，通过以下两个示例说明。

示例 1 如图 6-1 所示，用导线将电池、开关和灯泡连接起来，就组成了一个最简单的控制电路。通过操作员的眼睛观察和头脑判断，便形成了一个最原始的监视回路。控制电路和监视回路组合在一起就构成一套闭环的监控系统。这里，电池和灯泡是目标设备，开关和操作员双手构成执行机构，操作员的眼睛和头脑构成监视设备，头脑的思维判断就相当于控制程序。

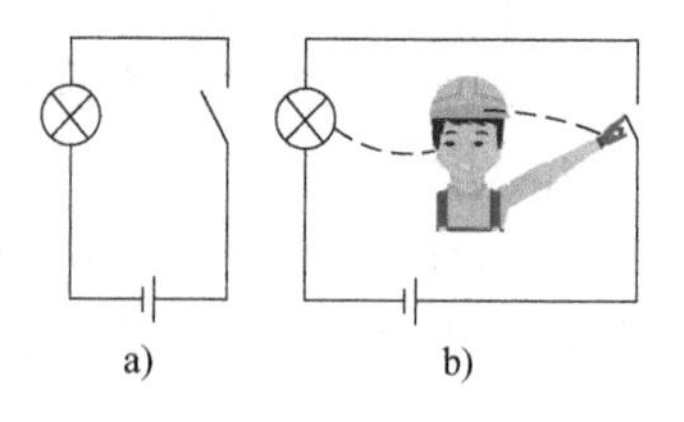

图 6-1　简单控制原理

示例 2，将示例 1 中的灯泡替换为制冷机、液氮泵、控压容器等制冷循环设备，采用输出模块、继电器组等组成执行机构，传感器组、采集模块、工业控制器等组成监视系统，各类逻辑判断、控制指令等组成控制程序，这些部件共同组成了监控系统的基本框架，如图 6-2 所示。真正的监控系统更加复杂，其传感器类型包含低温温度、压力、流量、真空度等，执行机构包含继电器、接触器、电磁阀，除了实体传感器和执行器，也包含由数字通信协议构成的现场总线通信模块，直接对子系统或成套设备中读取状态信息并发送动作指令，在构建监控系统中应逐一实现这些功能。

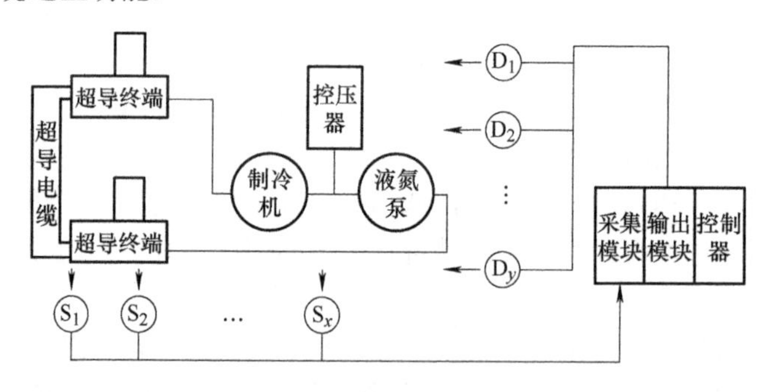

图 6-2　监控系统框架

6.1.3 监控系统功能框架

监控系统是超导电缆安全运行的主要条件之一，其功能可概括为超导电缆系统的运行数据实时监测、制冷循环控制、故障识别与报警、远传与远动控制、与继电保护系统和电网调度系统的联动控制。

超导电缆系统的运行数据包含温度、压力、流量、真空度、设备状态、系统参数、操作记录等。这些参数分布在超导电缆系统的各个组成设备及部件中，部分参数分布的距离跨度较大且十分重要，需要重点对待。

超导电缆系统的运行数据需要实时监测，借助计算机、自动化仪表、工业控制器等设备，对超导电缆系统各组成部件运行数据进行实时采集和传输，统一归档至主控服务器中，建议设置备用服务器以增强可靠性。

超导电缆系统的制冷循环控制通过调节制冷机、液氮泵、控压容器等设备的运行参数，满足超导电缆正常运行所需的温度和压力要求。全面的状态调节还应包括超导电缆的负荷调度、线路切换、继电保护控制等。

超导电缆系统的故障识别与报警是在运行数据实时监测基础上，分析计算关键设备运行数据的工作状况，识别异常数据和异常事件，异常数据和故障识别结果应及时发送至运维人员和调度人员。

远传与远动控制是通过监控系统实时监测电缆的运行状态，并将数据传输到远程监控中心，从而实现远程监控和管理，并远程控制和调节电缆的参数，保护电缆并诊断故障，提高超导电缆运行效率和可靠性。

超导电缆监控系统与继电保护系统联动控制，一般情况下，两个系统独立运行，继电保护系统对超导电缆监控系统有更高的调度权。当超导电缆系统发生无法恢复的故障后，应及时向继电保护系统发送故障报警，根据故障等级进行负荷切换、备自投保护和直接跳闸保护。当发生超导电缆系统区域外的短路故障或超导电缆本体绝缘击穿事故时，继电保护系统会根据继电保护策略来控制保护区域内外的电力设施和超导电缆系统，避免事故进一步扩大。

超导电缆监控系统与电网调度系统联动控制，监控系统应根据电网的周期负荷和短时负荷的特点进行调节控制，平衡因负荷变化引起的温度及压力的升降，以期实现超导电缆本体参数稳定。

6.1.4 监控系统完备程度

在理想的监控系统中，应该实现不停机的全自动运行，无需人工参与，能够自动完成超导电缆系统的运行数据实时监测、状态调节、故障识别与报警、与继电保护系统联动控制等功能。该系统应根据实际工况执行最优控制策略，使系统损耗最小、温度压力等参数波动最小、预留足够的安全裕度、及时提示设备维护、准确判断故障设备、利用良好设备维持系统运行等。

图 6-3 展示了监控系统完备程度和操作等级的对应关系。从故障停机维护到 100%全自动运行大致分为十个操作等级，操作越方便代表监控系统的完备程度越高。为了实现最基本的控制能力，监控系统应具备手动按钮操作每个制冷设备的能力，否则将只能依靠人工对每个设备进行手动开关控制，这意味着控制系统接近彻底失效。监控系统具备全自动运行的基础条件，应实现开环自动运行，即在负载恒定和制环设备均正常的条件下，具备连续运行和远程操作的能力。

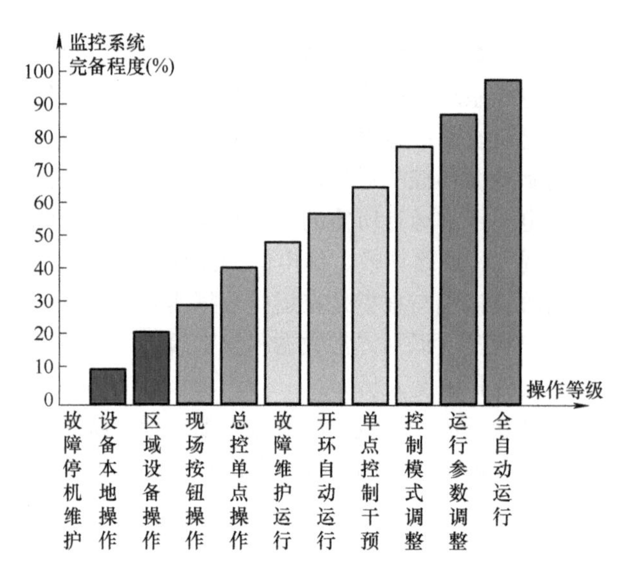

图 6-3　监控系统完备程度和操作等级关系图

然而，目前 100%全自动运行在超导电缆领域还无法完全实现，仍然需要运行参数调整、控制模式调整乃至单点控制干预等人工操作。其主要原因之一是超导电缆系统的数据化模型仍然空缺，仅凭已有的计算机算法无法适应复杂的电网运行工况。因此，在监控系统的开发过程中，建立超导电缆系统的数据化模型也是至关重要的。

6.2 监控系统开发

6.2.1 实验室超导电缆监控系统开发

1. 传感器测量位置的选择

需要通过高温超导电缆的监测系统测量的相关参数包括高温超导电缆本体沿长度方向上的温度、低温容器内的液氮压力、电缆的通电电流、超导体通电后的电压等。通过在不同条件下对这四个主要参数的测量，在预冷和性能试验时，监测系统可以实时监测高温超导电缆超导体上的温度和循环冷却液氮的压力，完成高温超导电缆的特性试验、高温超导电缆导体的接头电阻测量、高温超导电缆交流长时间通电运行试验、高温超导电缆的交流损耗测量等多项试验内容。同时还要综合考虑三相高温超导电缆系统结构的特殊性、各参数测量传感元件放置的可行性、总体造价的经济性以及监测系统需要达到的监测目的。

2. 传感器选型

（1）电流　在超导电缆的技术研究中，电流特性是关键性指标，所用到的传感器分为直流和交流两类。直流传感器作用较单一，主要用来测量电缆的临界电流，此外仅仅能在直流超导电缆系统中用于电流负荷监测；交流传感器用途较多，主要用于监测电缆中的电流负荷、短路电流、电流波形分析和温度变化计算等。其中短路电流的监测至关重要，因为超导电缆对短路电流的反应非常敏感，容易导致发热等问题。通过使用电流传感器，可以及时发现电缆中的异常情况并采取相应的措施进行解决，从而确保电缆的正常运行。

电流传感器的主要原理包括霍尔效应、磁电感应等。霍尔效应是指当电流通过一个导体时，会在垂直于电流的方向上产生一个横向电压，根据这个电压的大小可以推算出通过导体的电流大小。磁电感应则是利用变压器一次侧和二次侧电磁感应原理，通过测量二次电压的变化来测量电流。这两种原理都存在测量准确度高、稳定性好等优点，但也存在一定的限制，如受磁场干扰较大、容易受温度影响等。

电流互感器和罗氏线圈是两种常见的电流传感器。电流互感器基于变压器原理，将一次侧的大电流转化为二次侧的小电流进行测量，具有测量范围广、线性度好等优点，互感器存在铁磁谐振和磁饱和问题，且体积较大，不利于安装和集成。罗氏线圈则是通过测量环绕在导体周围的磁场来测量电流，具有测量准确度高、响应速度快等优点，同时应注意罗氏线圈对导体的形状和位置要求较高，且容易受温度和外界磁场干扰。

罗氏线圈可以直接套在被测量的导体上来测量交流电流，搭配积分器可以帮助罗氏线圈实现信号的积分功能，并且增强罗氏线圈的灵敏度和稳定性。在罗氏线圈使用积分器时，首先需要将罗氏线圈与积分器进行连接，保证信号传输的稳定性。然后将罗氏线圈套在被测量的导体上，根据需要进行参数设置，包括测量量程、准确度等。使用积分器的主要优势在于它可以帮助罗氏线圈实现对输入信号的积分功能，这样就可以获得所需的输出信号，并且可以进一步处理这些信号，例如进行数据分析和处理、存储等操作。另外，积分器还可以抑制噪声和干扰信号，从而保证系统的稳定性和可靠性。

电流传感器的应用通常借助电力系统和继电保护系统在二次侧实现，重点适用于电缆负荷调控和短路电流监测，在实验室系统中通常集成在电流激励等试验设备上。如果在超导电缆监控系统中实现采集电流的功能，则应更多地关注负荷预警和超导电缆本体失超检测，尤其是局部失超。对于超导电缆，虽然局部失超的可能性较小，但当发生局部失超且失超区域大于最小传播区时，失超区域会传播扩大，最终影响超导电缆的正常性能。失超可通过非电量参数监测进行识别，但缺点是响应速度慢[7, 10, 31]。

通过电气量来检测局部失超可以有效提升检测速度，文献[32]仿真论证了在失超过程中，超导层和屏蔽层电流波形差异性的电气量特征，并对比了传统的相位差法、电流比值法，提出基于H距离的电流波形差异的超导电缆失超检测方法。文献[33, 35]则分别对幅值差值检测和相位差值变化率检测等方法进行了详细论证。以上研究充分说明了超导电缆监控系统采集电流值是有必要的，由于需要对电缆芯超导层和屏蔽层电流波形进行详细分析，因此推荐采用罗氏线圈对电流波形进行高速采集和分析，为相关检测设备提供计算依据。

（2）温度　超导电缆的应用目标是商业化电力输送，在温度测量方面应考虑性价比较高的传感器。目前适用于液氮温区的温度传感器有多种类型，使用较多的是用铂电阻进行温度测量[36]，如 Pt100、Pt1000 等，铂电阻可分为绕线型和薄膜型两类[37]，性能各有优缺点，如图 6-4 所示。

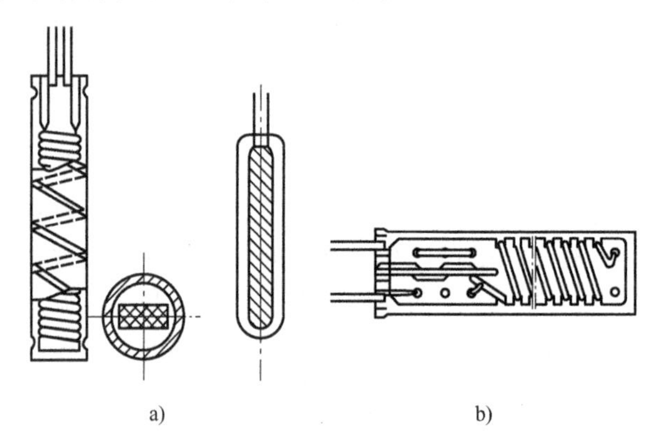

图 6-4　两类铂电阻传感器原理

a）绕线型 Pt100　b）薄膜型

文献[38]介绍了两类 Pt100 铂电阻的构造原理，并对液氮温区温度传感器做了对比研究，还开展了低温下的重复性、互换性试验，得出的结论是普通的薄膜型 Pt100 在 100K 以下温区，其重复性、互换性不理想，不能直接用来进行低温下的测量，推荐采用中国科学院理化技术研究所标定后的绕线式 Pt100。文献[3]的研究也表明绕线型铂电阻的抗干扰性强，适合在低温下使用。此外，通过对 Lakeshore 和 OMEGA 两家公司产品的查询，适用于液氮温区测量的 Pt100 产品只查询到了绕线式型号。

但文献[38]对比试验的样品数量有限，并不能完全否定薄膜型 Pt100 在液氮温区的使用。同时在多个超导电缆工程中，冷却装置采用的传感器恰恰是薄膜型 Pt100 或 Pt1000，精度为 1/3B 级，需自行校准或委托校准，实际运行效果良好。文献[39]则验证了改良后的薄膜型铂电阻在 30K 以上的温区也具有较高的准确度和重复性，加之该类传感器体积小、易安装等优点，采用制作准确度较高的薄膜型铂电阻也可满足超导电缆系统温度监测的需求。

基于上述研究可以得出结论，对于测试准确度较高的监控点，推荐采用第三方标定后的温度传感器和测试仪表，也可直接采用知名的低温领域测试产品，如图 6-5 和图 6-6 所示。对于大多数测试点，可采用工艺较好的铂电阻传感器，根据测量目标外形选择不同封装类型，经校准后再投入使用。

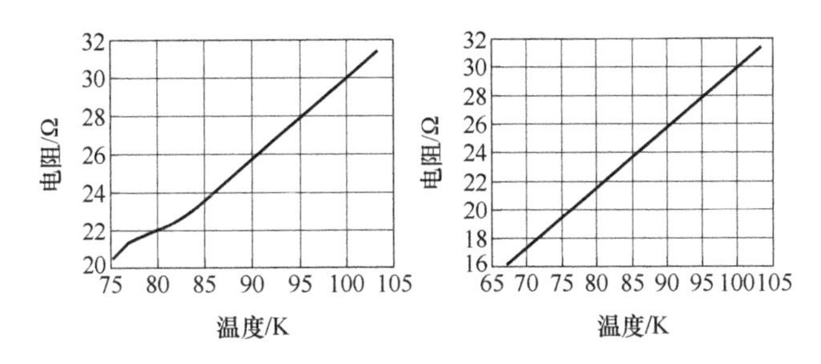

图 6-5　普通薄膜型铂电阻和标定后铂电阻的对比

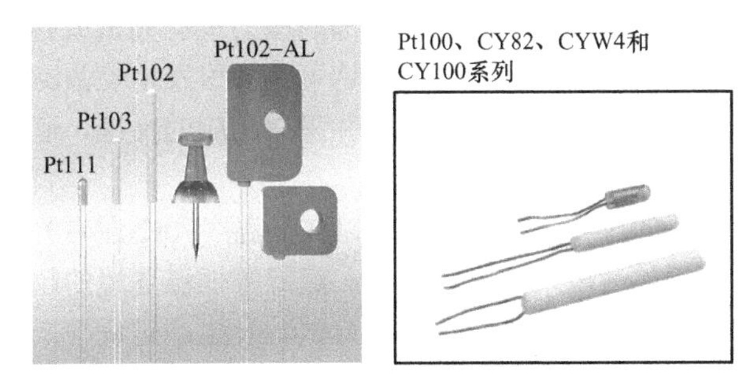

图 6-6　低温传感器产品示例

（3）压力　同温度传感器一样，压力传感器起着至关重要的作用。超导电缆需要在低温环境中运行，以保持其超导状态。然而，由于环境因素和电缆内部的各种物理效应，电缆内部的压力可能会发生变化。因此，为了确保电缆的安全和稳定运行，需要使用压力传感器对电缆内部进行实时监测和调控，其原理如图 6-7 所示。压力传感器在超导电缆中的作用主要有以下几个方面：

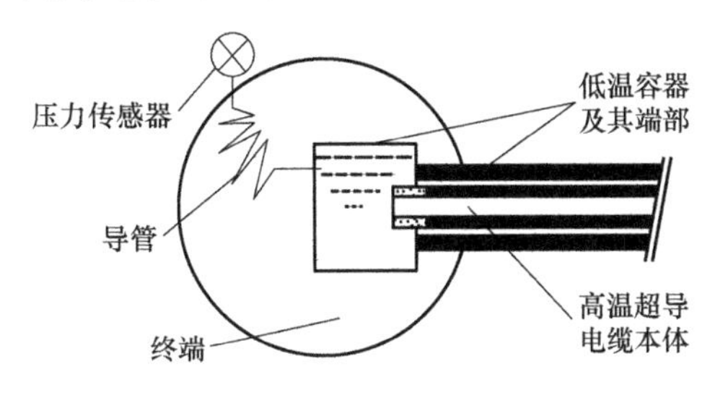

图 6-7　压力传感器测量原理

1）监测电缆内部压力。超导电缆需要在低温环境下运行，而低温环境可能会导致电缆内部压力下降或升高。因此，通过压力传感器对电缆内部进行实时监测，可以及时发现压力异常，并采取相应的调控措施，确保电缆内部的压力处于安全范围内。

2）监测电缆密封性。超导电缆的密封性对电缆的运行和安全性至关重要。如果电缆密封不良，则会导致低温液体泄漏，影响电缆的冷却效果和稳定性。因此，通过压力传感器监测电缆内部的压力变化，可以判断电缆的密封性能是否良好，并及时发现密封不良的部位。

3）调控电缆冷却系统。超导电缆需要依靠冷却系统来保持低温状态。如果冷却系统出现问题，则可能会导致电缆温度升高，影响电缆的性能和稳定性。通过压力传感器监测电缆内部的压力变化，可以判断冷却系统的运行状态是否正常，并及时采取相应的调控措施。

4）预警电缆潜在故障。通过对电缆内部压力的监测和分析，可以及时发现电缆潜在的故障和问题。例如，如果电缆内部的压力波动频繁或异常升高，则可能是电缆内部的热效应或流体效应导致的，这可能会引发电缆故障。通过压力传感器的监测和预警，可以及时发现这些问题并采取相应的措施，避免故障的发生或降低故障的影响。

要直接测量液氮的压力，需要选择可以在低温（70K 左右）环境下稳定工作的压力传感元件，例如适用于液氢、液氮、液氧等低温环境的超低温薄膜压力传感器，仅在航空、航天、石化等行业的低温试验及生产过程中低温介质的压力测量，有较为苛刻的使用要求[40, 41]。在低温下，由于各种材料的热胀冷缩性质的差异，以及对内部结构和制造工艺的特殊要求，因此目前只有常温和高温下压力传感器的特性数据，很少有生产厂家制作用于低温下使用的压力传感器。在低温测试中，压力的测量可以用导管将被测低温液体引出，复热至常温后进行测量。如图 6-7 所示，在需要测量压力的低温容器中引出一段导管，使液氮在导管中气化，达到压力传感器可以测量的温度（−40℃以上），通过测量导管内氮气的压力来间接得出低温容器端部内液氮的压力，这样，就可以选择常温下的通用压力传感器进行测量[3]。

在压力测量中，测量结果有绝对压力、表压力、负压力（真空度）之分。所谓绝对压力是指被测介质作用在容器单位面积上的全部压力，用符号 P_j 表示。地面上的空气产生的平均压力称为大气压力，用符号 P_q 表示。绝对压力与大气压力之差称为表压力，用符号 P_b 表示。当绝对压力值小于大气压力值时，表压力为负值（即负压力），负压力值的绝对值，称为真空度，用符号 P_z 表示。

压力测量原理可分为液柱式、弹性式、压阻式、电位式、电容式、电感式、应变式和振频式等。陶瓷压力传感变送器是一种基于陶瓷材料的压力传感器，具有高灵敏度、高稳定性、耐高温等特点。陶瓷材料具有优异的绝缘性能、化学稳定性、耐高温和机械强度等优点，因此被广泛应用于压力传感器的制造。陶瓷压力传感变送器通常由陶瓷膜片、厚膜电阻和惠斯通电桥等组成。在陶瓷压力传感变送器中，陶瓷膜片是核心部件，它采用高温烧结的陶瓷材料制成，具有高稳定性、高灵敏度和耐高温等特点。在压力作用下，陶瓷膜片会产生微小的形变，从而引起厚膜电阻的变化。厚膜电阻印刷在陶瓷膜片的背面，连接成一个惠斯通电桥（闭桥）。由于压敏电阻的压阻效应，陶瓷膜片的变化会引起电桥输出的电压信号变化。陶瓷压力传感变送器的信号输出与被测压力量程的不同而标定为不同的数值，例如 2.0、3.0、3.3mV/V 等。陶瓷压力传感变送器可以承受较高的温度和压力，因此被广泛应用于石油、化工、电力等领域中的压力测量和控制系统中。同时，由于其准确度高、稳定性好、响应速度快等特点，因此陶瓷压力传感变送器也适用于一些高准确度和高灵敏度的应用场景，如医疗、航空等领域。

对高温超导电缆低温容器端部内液氮压力的监测主要用于了解冷却液氮循环速度的相对大小，反应液氮在各相电缆容器内的流动状态，确保液氮在高温超导电缆系统内正常地循环工作。因此选用表压力数值作为测量结果，同时选择陶瓷压力传感变送器作为压力测量的传感元件。

高温超导电缆低温系统设计产生的液氮压力在 10atm（1atm=101.325kPa）以内，再取 0.6 倍裕量，推荐选择量程为 0～1.6MPa 的陶瓷压力传感变送器，在量程范围内应保证陶瓷压力传感变送器有良好的线性度，其技术参数可参考表 6-1。

表 6-1　常见陶瓷压力传感变送器参数

工作电压	DC 24V	输出信号	DC 4～20mA
测量范围	0～1.6MPa	接线方式	二线制
精度	0.2%	稳定性	0.1%/年
使用环境温度	-30～80℃	使用介质温度	-40～120℃

（4）流量　流量计是测量流体流量的一种仪器，其原理基于流体的物理特性。当流体流经管道时，管道内部的压力会发生变化，这种压力变化与流体的流量有关。流量计通过测量管道内的压力变化，可以计算出流体的流量。在超导电缆系统中，流量计主要用于监测液氮的流量。液氮在超导电缆系统中起着制冷剂的作用，液氮流量的大小直接影响到超导电缆系统的制冷效果。流量计可以实时监测液氮流量，从而确保系统制冷效果的稳定。在冷却液氮的循环中，液氮流量应该是最能直接反应液氮循环状态的，通过测量压力只能间接地反应液氮循环状态。因此，如果能够测量高温超导电缆各相低温容器中的液氮流量，那么对冷却液氮在各相低温容器中的分布控制和低温系统的正常运行会更有利[3]。流量计在超导电缆系统中具有以下作用：

1）制冷效果监测。通过流量计可以实时监测液氮的流量，从而判断超导电缆系统的制冷效果。如果液氮流量不足，则会导致电缆内部的温度无法降低，影响电缆的性能和寿命。

2）制冷剂控制。流量计可以提供液氮流量的实时数据，从而为制冷剂控制提供参考。制冷剂控制系统可以根据流量数据调整液氮的注入量，保证系统的制冷效果达到最佳。

3）故障排查。如果超导电缆系统出现故障，那么流量计可以提供液氮流量的实时数据，帮助排查故障原因。通过对流量数据的分析，可以判断液氮系统是否存在泄漏、堵塞等问题。

4）系统优化。通过流量计可以监测液氮流量，从而为超导电缆系统的优化提供参考。例如，可以根据实际运行情况调整液氮注入速度、温度等参数，以提高超导电缆系统的性能和稳定性。

低温流体的流量测量主要有节流流量计（文丘里流量计、孔板流量计和喷嘴流量计）、相关流量计、涡轮流量计、超声流量计及质量流量计等，见表 6-2。文丘里流量计的压力损失最小，而且，文丘里流量计可以应用的温区极广，几乎可以覆盖整个温区，同时其还具有结构简单、造价便宜的优点。所以，对绝大多数设备而言，文丘里流量计是最简单也是最可靠的一种流量测量装置[42, 43]。

表 6-2　几种低温流量计的参数比较[3]

流量计类型	影响参数			压力损失
	Re	磁场影响	密度影响	
文丘里流量计	$10^4 \sim 10^6$	否	是	＜20%
孔板流量计	$10^4 \sim 10^6$	否	是	≈35%
相关流量计	$10^3 \sim 10^6$	否	否	＜0.01MPa
科里奥利流量计	$10^3 \sim 10^6$	是	否	＜0.01MPa
涡街流量计	$10^3 \sim 10^5$	否	否	＜0.01MPa
超声流量计	$10^3 \sim 10^6$	否	是	＜0.01MPa
涡轮流量计	$10^3 \sim 10^6$	是	是	＜0.01MPa
V 形锥管流量计	$10^3 \sim 10^7$	否	是	≤35%

（5）液位　液位是低温系统中的重要参数，例如过冷箱、泵箱、液氮储罐等的液位测量，对于低温系统长期运行至关重要，应引起足够的重视，对于重要的工程，建议设置多套液位传感器作为备用测量方式。

目前市场上适用于低温液体液位测量的液位计有压差式液位计、超声波式液位计、电容式液位计、浮子式液位计、测温元件测定等。压差式液位计是利用液柱产生的静压随着液位高度的变化而变化的原理设计制作的，对于常温液位测量及控制，采用压差式液位计是相当方便和普及的，但对于深低温液体的测量往往因为深低温液体内压力波动较大及压差测量管内进入低温液体等原因，造成压差式液位计测定的液位与实际液体液位会产生较大的误差，一般应用在对液面测量准确度要求不高的测量中。电容式液位计利用电容器极板间电容值与所测介质介电常数之间的线性关系设计而成，其装置结构简单、稳定性好、灵敏度高，适用于液氩、液氧及液氮等低温液体液位的测量及控制，但其受磁场影响较大。浮子式液位计具有结构简单、动作可靠、准确和直观等特点，一般用于大型储槽液位的测量。用测温元件测定可以判断液位是否已达到规定液位点，通常采用铂热电阻将温度信号转化成电信号[44, 46]。

以上几种液位传感器各有优缺点，在超导电缆研究和工程使用中，可选择成熟度较高的差压液位计作为长期运行监控的液位测量方式；对于有特殊研究用途，以及对液位敏感的低温容器，则推荐电容式液位计或浮子式液位计等高准确度液位计；对于长期运行系统，推荐采用测温元件及测温阵列进行补充测量。

（6）电压　电压测量技术是一项极其成熟的测量技术。电压传感器是电压测量技术中的一种常用设备，它能够将电压信号转换为可测量的电信号，以便进行进一步的分析和处理。电压传感器通常由感应部分和转换部分组成。感应部分负责检测电压信号，而转换部分则将感应到的电压信号转换为可测量的电信号。不同类型的电压传感器可能具有不同的工作原理和转换方式，但它们的目标都是将电压信号转换为可测量的电信号。在选择电压传感器时，需要考虑传感器的准确度、线性度、响应时间、温度稳定性等参数。准确度决定了传感器测量电压的准确性，线性度则决定了传感器在不同电压下的响应特性。响应时间表示传感器对电压变化的反应速度，而温度稳定性则决定了传感器在不同温度下的性能表现。

对于超导电缆系统，电压信号一般来自超导终端电流引线和电缆导体，电压测量往往集成在电压相关的测试设备或测试系统中，例如电介质损耗、局部放电、耐压试验、雷电冲击试验等，如无特殊的研究用途，一般不推荐单独对施加在超导电缆系统上的电压信号进行测量。

对于超导电缆系统附属的控制柜、配电柜等，推荐采用集成度较高的电能表、电能分析仪等，对供电条件进行综合测量，并设置过载、欠电压、断相、谐波等报警，以更好地保障超导电缆稳定运行。

（7）真空度　超导电缆和低温系统的运作都高度依赖于真空环境。真空度测量技术用于精确测定这种环境中的气体压力，从而判断系统的密封性和超导状态。在理想状态下，真空意味着没有任何气体分子，但实际应用中，由于各种原因，总会存在一定数量的气体分子。真空度测量技术就是通过检测这些气体分子的数量来确定真空的程度。如果真空度不足，则会导致系统内部的热量增加，影响超导效果，从而影响整个系统的性能。因此，精确测量真空度是保证超导电缆和低温系统性能的关键。目前，测量真空度的方法主要有两种，即压强测量和质谱测量。压强测量是通过测量气体分子的平均自由程来推算气体压力，质谱测量则是通过测量气体分子的质量和数量来推算气体压力。

在实际应用中，根据不同的需求和条件，可以选择不同的测量方法，应考虑的因素如下：

1）准确度。超导电缆和低温系统的性能对真空度的要求极高，真空度测量技术的准确度至关重要，任何误差都可能导致系统的性能受到影响。

2）稳定性。超导电缆和低温系统的工作环境通常都非常恶劣（例如极低的温度或极高的压力），真空度测量技术必须具备足够的稳定性，能够应对各种环境变化。

3）实时性。真空度可能会在系统工作过程中发生变化，真空度测量技术必须具备实时测量的能力，以便及时发现并处理问题。

（8）磁场　在超导电缆的技术研究中，测量磁场是非常重要的一部分。测量磁场的方法包括核磁共振法、冲击检流计法、磁阻效应法、霍尔效应法、磁敏效应法[3]。

核磁共振法是一种基于原子核自旋的测量方法。在磁场中，原子核的自旋会产生磁矩。通过施加射频脉冲，可以激发原子核，使其产生共振信号。根据共振信号的频率和幅度，可以确定磁场的强度和方向。核磁共振法具有准确度高、分辨率高和灵敏度高等优点，适用于超导电缆中的弱磁测量。

冲击检流计法是一种基于电磁感应的测量方法。当导线中流过电流时，会在导线周围产生磁场。冲击检流计可以检测到磁场的变化，并将其转换为电压信号输出。通过测量电压信号的幅度和相位，可以确定磁场的强度和方向。冲击检流计法具有响应速度快、测量准确度高、稳定性好等优点，适用于超导电缆中的强磁测量。

磁阻传感器是一种磁阻效应法测量磁场的电子元件，其电阻值会随着磁场的变化而变化。通过测量电阻值的变化，可以确定磁场的强度和方向。磁阻效应法具有准确度和灵敏度高等优点，适用于超导电缆中的弱磁测量。

霍尔传感器是一种霍尔效应法测量磁场的电子元件，其输出电压会随着磁场的变化而变化。通过测量输出电压的变化，可以确定磁场的强度和方向。霍尔效应法具有准确度和灵敏度高等优点，适用于超导电缆中的弱磁测量。

磁敏电阻是一种磁敏效应法测量磁场的电子元件，其电阻值会随着磁场的变化而变化。通过测量电阻值的变化，可以确定磁场的强度和方向。磁敏效应法具有灵敏度高等优点，适用于超导电缆中的弱磁测量。

以上几种方法均可用于超导技术中测量磁场，每种方法都有其特点和适用范围，但由于超导电缆的结构制约，如果没有特殊研究性的测量需求，在实验室和工程中都不推荐使用。

3. 数据采集和控制

（1）计算机采集和控制　基于计算机技术的采集和控制系统应用时间较长，

相关的概念有计算机数据采集、计算机数据采集与控制、计算机测控系统、计算机监控系统[47,48]等。其技术特征是涵盖计算机技术、传感器技术、通信技术和自动化技术于一体的综合性应用技术，主要用于对各种物理量进行测量、数据采集、控制和监视，基本组成包括传感器、信号处理电路、数据采集卡、计算机以及控制软件等。

计算机硬件的通信端口较多，常见的有并行口、RS232 串口、USB 接口、以太网口等，也可通过计算机板卡进行串口扩展和功能扩展，例如支持 CAN 总线协议的板卡，可与远程 I/O 组成分布式采集和控制系统。

基于计算机硬件的采集和控制方案以技术门槛低、开发难度小、功能灵活等优点，在超导电缆相关技术研究中应用广泛，最早的超导电缆工程也是采用的该技术方案。缺点是稳定性和维护性较差，建议在实验室和研究测试中采用。

（2）虚拟仪器技术　虚拟仪器本质上是一个开放式的结构，用通用计算机、数字信号处理器或其他 CPU 来提供信息处理、存储与显示的功能，由各种总线接口板提供信号获取与控制，实现仪器的功能，硬件、开发软件和底层驱动程序规格统一。在虚拟仪器测试系统中，可以用灵活强大的计算机软件代替传统仪器的某些硬件，虚拟仪器测试系统可以通过修改软件的方法，很方便地改变其功能和规模，同时借助于先进的计算机网络技术，实现数据共享、网络化测量等。一般化虚拟仪器系统结构模型如图 6-8 所示，包含硬件系统和软件系统[49, 50]。

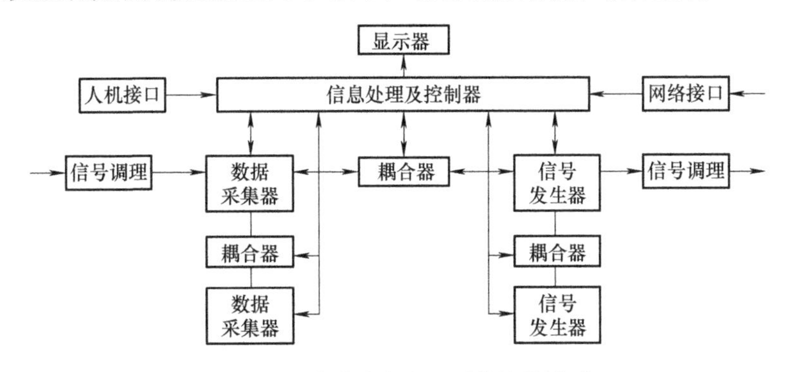

图 6-8　一般化虚拟仪器系统结构模型

虚拟仪器的硬件主要基于 PCI、PXI、VXI 总线，各自特点如下：

1）PCI 总线（外设互连总线）具有传输速度快（133MB/s）、支持 32 位处理器、支持 DMA、即插即用等优势，成为目前台式计算机的实时 I/0 总线标准，如今的 PC 均包含 PCI 插槽。

2）PXI 总线是 Compact PCI 总线在仪器领域的扩展（Compact PCl bus Extensions for Instrumentation），是 NI 公司（National Instruments Corp.）在 1997 公开发布的一种开放式工业规范，其最主要的电气规范由 PCI 总线发展而来，同时对电源、空气冷却装置，抗电磁干扰和恶劣环境的结构等做了规范，在底板上定义了多种仪器专用线，包括用于多板同步的触发总线和 10MHz 参考时钟、用于进行精确定时的星形触发总线以及用于相邻模块间高速通信的局部总线等。

3）VXI 总线（VME bus eXtensions for Instrumentation）被称为先进仪器总线，是 VME（Versa Module Eurocard）总线的仪器扩展总线，其总线制作在机箱底板上，计算机总线部分按 VME 总线标准设计，仪器专用总线在吸收 IEEE 488 成功经验的基础上，增加了 10MHz 时钟线、模拟和数字混合总线、星形总线等高速总线，以及 TCP/IP 网络协议功能[49]。

（3）嵌入式技术　嵌入式技术是一种专门用于执行独立功能的计算机系统，具备高度的集成性和稳定性。嵌入系统是以应用为中心，软硬件可裁减，适合应用系统对功能、可靠性、成本、体积、功耗等综合性严格要求的专用计算机系统。嵌入式系统主要由嵌入式处理器、相关支撑硬件、嵌入式操作系统及应用软件系统等组成，它是集软硬件于一体的可独立工作的器件[50]。

简单的嵌入系统由微控制器、传感器及嵌入式软件组成；广义的嵌入式系统是一个有特定功能或用途的计算机软硬件的集合体，嵌入式系统的硬件和软件都必须高效率地设计，处理器要根据用户的具体要求，对芯片配置进行裁减和添加，片上系统（SoC）是嵌入式系统发展的最高形式[52]。嵌入式系统中的软件一般都固化在只读存储器中，嵌入式系统的应用软件的生命周期也和嵌入式产品一样长[53]。嵌入式技术将各种传感器、控制器、执行器等设备有机地结合在一起，还具有工业化的标准接口和远程通信能力，兼具开放性、互连性、分散性特点[54]。

嵌入式系统在电力系统中多用于底层的数据采集、自动装置、仪表检测、集散控制（DCS）等各个领域，其中较为典型的是数据采集与监控（SCADA）微机保护、暂稳控制（自动装置）能量计费等方面[52]。通过嵌入式技术，可以实现监控系统涵盖的全部功能，在工艺和控制流程固化后，可以将监视和控制的功能、策略集成在嵌入式系统中，例如成套设备、变送器仪表等控制电路板。在有特殊监控功能需求下，采用具有定制化优点的嵌入式技术方案，也是一个性价比很高的选择。图 6-9 所示为一个嵌入式系统应用案例。

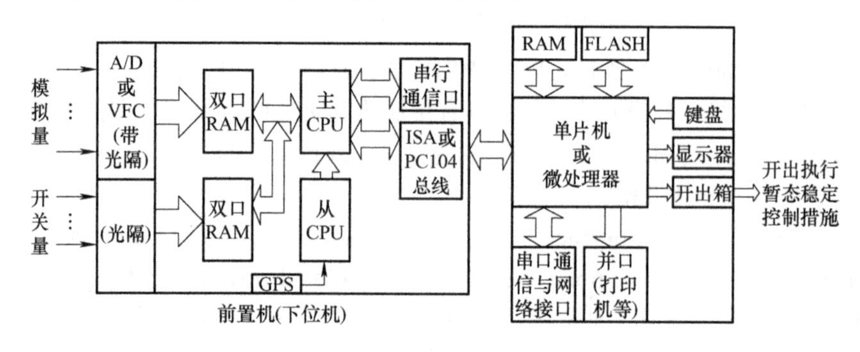

图 6-9　嵌入式系统应用案例

（4）DCS 和现场总线　集散控制系统（Distibuted Control System，DCS）也称为分布式控制系统，20 世纪 70 年代中期以后，随着大规模集成电路的问世，微处理器的诞生以及数字通信技术、阴极射线管（Cathode Ray Tube，CRT）显示技术的进一步发展而出现，20 世纪 80 年代后成为自动化控制技术领域的主导产品，也是目前自动化市场的主流产品。DCS 是以大型工业生产过程及其相互关系日益复杂的控制对象为前提，从生产过程综合自动化的角度出发，按照系统工程中分解与协调的原则研制开发出来的，以微处理机为核心，结合了控制技术、通信技术和 CRT 技术的控制系统。DCS 的特点包括分散控制和集中管理，标准化的通信网络，通用的软/硬件，完善的控制功能，较高的安全性[55]。

按照国际电工委员会（IEC）标准和现场总线基金会（FF）的定义，现场总线（Fieldbus）是连接智能现场设备和自动化系统的数字式、双向传输、多分支结构的通信网络，是用于制造自动化或过程自动化中的，实现智能化现场设备（智能变送器、执行器、控制器等）与高层设备（主机、网关、人机接口设备等）之间互连的，全数字、串行、双向的通信系统。现场总线控制系统（Fieldbus Control System，FCS）是在 20 世纪 80 年代中期出现的，目前对其研究正处于积极开展阶段，相关新产品不断面世，将成为 21 世纪工厂自动化的主流，如图 6-10 所示。系统具有良好的开放性、互操作性、互用性，现场设备的智能化与功能自治性，系统结构的高度分散性，以及对现场的适应性，节约了硬件数量与投资，安装费用低，维护简单方便，准确性和可靠性高[55]。现在存在的现场总线约有数十种，国际上比较流行的现场总线标准有 CAN 总线、LonWorks 总线、基金会现场总线、Profibus 总线、HART 总线等[56]。

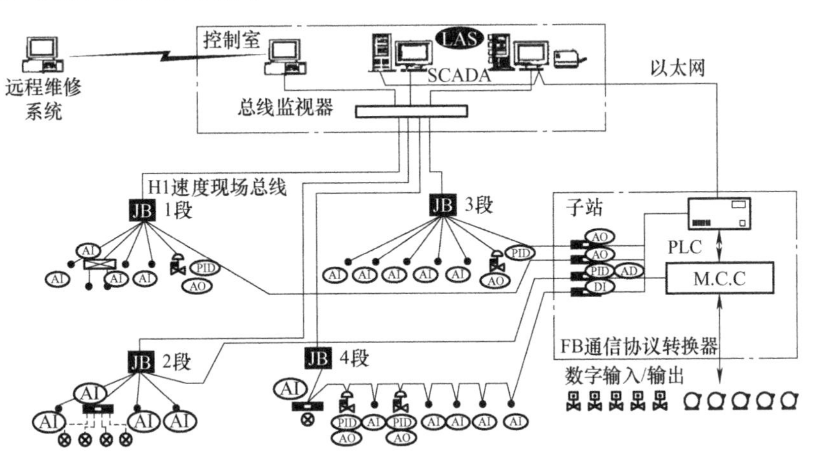

图 6-10　现场总线控制系统[57]

FCS 技术是迎合现代工业生产向大型、复杂、连续和综合化方向发展需求的产物，有发展和替代 DCS 技术的趋势。同时，DCS 技术也逐渐与现场总线技术相融合[57]，各 DCS 厂商（以 Honeywell、Emerson、Foxboro、横河、ABB 为代表）纷纷提升其 DCS 系统的技术水平，并不断丰富其内容[58]。

Modbus 是一款应用广泛的通信协议，是 Modicon 公司于 1979 年为使用 PLC 而发表的工业通信网络协议[59]，在大量应用中已被证明是一种可靠有效的工业控制系统通信协议，得到包括西门子、Honeywell、PML 等众多硬件厂商的支持[60]。Modbus 协议可使用 ASCII 和 RTU 两种传输模式，ASCII 模式比较适合高级编程语言的数据处理，对于 PLC 等面向底层数据格式的编程环境，则推荐采用 RTU 模式。

（5）PLC 系统　可编程序控制器（Programmable Logic Controller，PLC）是一种专为在工业环境应用而设计的数字运算电子系统，它将计算机技术、自动控制技术和通信技术融为一体，成为实现单机、车间、工厂自动化的核心设备，具有可靠性高、抗干扰能力强,组合灵活、编程简单、维修方便等诸多优点[61]。PLC 最初是为了取代传统的继电器接触器控制系统而开发的，它最适合在以开关量为主的系统中使用。由于计算机技术和通信技术的飞速发展，促使大型 PLC 的功能极大地增强，以至于它后来能完成 DCS 的功能[63]。

DCS 和 FCS 是一种控制系统，而 PLC 只是一种控制装置。DCS、FCS 和 PLC 是相互融合的关系，比如 PLC 在 FCS 中仍是主要角色，许多 PLC 都配置了总线模块和接口，使得 PLC 不仅是 FCS 主站的主要选择对象，也是从站的主要装置[63]。现阶段 PLC 品类涵盖功能非常丰富，可以搭建全部的小、中、大型规模控制系统，也可结合上位机软件和现场总线模块，完成分布式控制系统、远程监控系统，以及维护系统等功能。

4. 上位机软件

（1）软件开发监控软件　为了对现场设备实现可视化监控，可以采用各厂家提供的组态软件来实现 PC 对 PC 工业系统的监控管理，但这些组态软件成本较高、投资较大、灵活性差、造成浪费。在针对一些特殊要求时，用户可以自己开发监控软件，对节约投资、灵活应用具有重要的现实意义[64, 65]。

组态软件的框架包含实时系统、图形系统、外部程序系统、通信组件系统、历史数据库，结构框图如图 6-11 所示[66]。

常用软件如下：

1）Microsoft 公司的 Visual C++面向对象的应用软件开发环境，它最重要的特征是提供了 MFC 类库，封装了 Windows API 接口函数，并建立了应用程序框架，极大方便了程序开发人员工作，可以将主要精力集中在所要解决的具体问题上[64, 65]。

2）C#是微软公司推出的基于.NET Framework 的编程语言，源于 C、C++和 Java，吸收三家之长并添加了自己的新特性。C#在可视化程序上有其他开发语言无法比拟的优越性，它拥有庞大的可视化控件库供用户即拖即用，提供比 VC++ 更多的预留控件。此外，C#完全采用面向对象编程思想，使问题的抽象、程序的扩充和修改都很容易[66]。

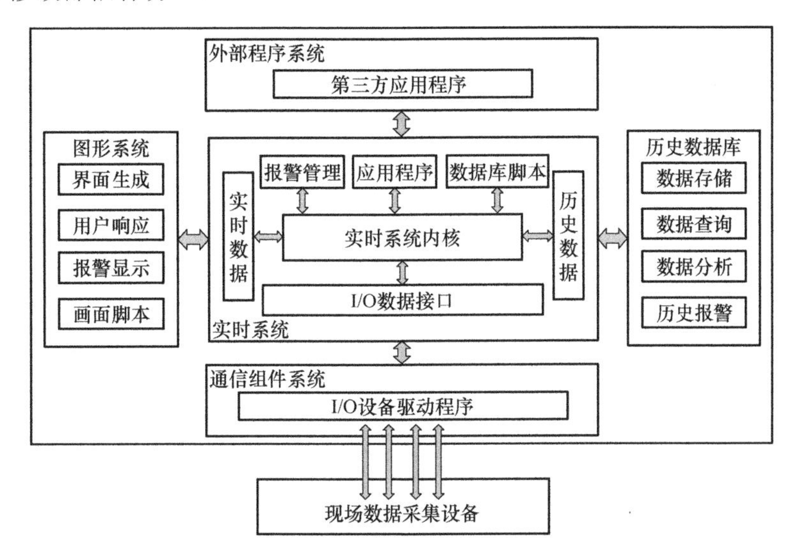

图 6-11　监控软件架构

3）Visual Basic 作为一种面问对象的可视化设计工具,可以用来实现风格各异的应用系统。这些系统具有精美的用户界面、简单方便的操作方式，强大的数据库功能、丰富的表格和图形输出，对于图形监控程序的开发是一个很好的 Windows 编程环境[67]。

（2）组态软件 SCADA 系统　集散控制系统的出现将组态的概念引入过程自动化领域。DCS 是比较通用的系统，用户不需要编写程序，而是利用 DCS 厂商提供的应用软件便可生成需要的控制系统，该应用软件就是组态软件[66]。

组态软件主要面向数据采集和数据监控，早期组态软件的功能主要体现在人机图形界面，随着工业控制系统的发展，实时数据库、策略控制、跨平台应用、丰富的 I/O 设备支持、实时监控、第三方软件接口、联网等成为组态软件的主要内容。组态软件的基本构成包括图形系统、数据库系统、通信接口等几个部分。与使用高级语言编写的其他工控软件相比，组态软件的突出特点是实时多任务，系统运行时组态软件需要完成硬件接口扫描获取输入数据、刷新监控界面、响应用户操作、转发控制命令、保存历史数据等。组态软件的接口兼容性也很好地适应了不同硬件厂家的产品，组态软件在其内部预装了符合工业通信协议标准的接口程序，同时组态软件提供接口程序开发包，利用开发包用户只需填写几个 API 函数就可以生成需要的通信协议。另外，组态软件对底层的程序进行了封装，图形化的操作和软件使用向导极大地降低了控制系统的开发难度[66]。图6-12所示为一个典型的自动监控系统，包括管理层、监控层、控制层、工业现场等几个部分，其中组态软件应用于监控层和管理层。

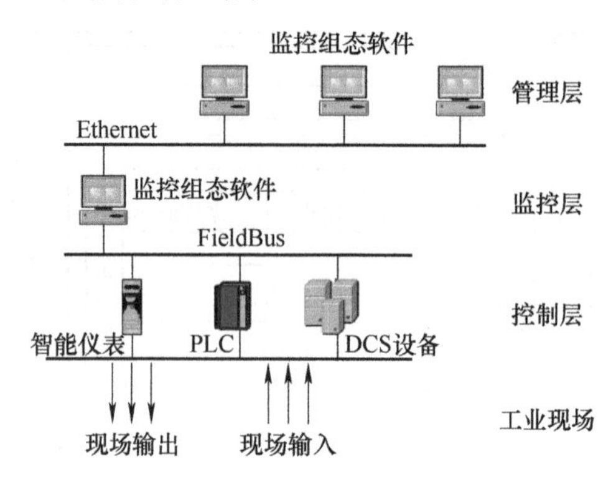

图6-12　自动监控系统的组成结构

目前国际上的组态软件有上百种之多，其中比较知名的有美国Wonderware公司的InTouch，美国国家仪器公司的LabView，Interllution公司的iFIX，罗克韦尔公司的RSView32，德国西门子公司的WinCC，澳大利亚CIT公司的CiTech，日本欧姆龙公司的CX-Supervisor等。国内的组态软件有北京亚控公司的组态王，大庆紫金桥公司的RealInfo，北京三维力控公司的ForceControl，北京昆仑通态公司的MCGS，南思资讯公司的NSPro，中控技术（SUPCON）的InPlant SCADA等。国产组态软件设计上更加符合国内工控人员的使用习惯，关键功能对汉字的支持较好，另外其专用性较强，如RealInfo在石油化工行业应用较多，NSPro在电力自动化行业得到广泛使用[66]。

6.2.2　工程用超导电缆监控系统开发

1. 工程化应用的要点

（1）总体要求　工程用超导电缆监控系统面向的服务对象是电网及大型电力用户，作为基础的供电保障装备，其安全稳定性要求较高，应直接参照军工产品六性的要求来组织生产和维护，即可靠性、维修性、保障性、测试性、安全性与环境适应性[68,69]。此外，还应对维修性提出更高要求，即在不停机的前提下，完成产品在规定条件下和规定时间内，按照规定的程序和方法进行维修时，保持或恢复到规定状态的能力。

（2）统筹总系统和子系统的关系　工程用超导电缆系统以及产品必须合理划分子系统模块，制定严谨的实施规范和验收标准。监控系统必须纳入超导电缆系统的整体设计中，既要按照实施规范严格执行，又要预留一定的裕度，展现出一定的灵活性。

监控系统的灵活性体现在其硬件构造扩展性强和实施相对简单的特点，决定了其可以在一定范围内进行调整，但不意味着整个系统及产品的设计实施可以随意变更，应在充分论证前提下进行设计变更，以满足超导电缆系统的总体功能。调整的优先次序依次是监控系统、制冷系统、超导电缆本体。

（3）系统工艺流程设计　首先应完成超导电缆系统的整体工艺流程设计，重点是确定制冷系统及其辅助系统的工艺流程。重要的节点是出具相应的工艺管道及仪表流程图并进行评审。

工艺管道及仪表流程图（Piping & Instrument Diagram，PID）用图示的方法将化工工艺流程和所需的全部设备、机器、管道、阀门及管件和仪表表示出来，它是设计和施工的依据，也是操作运行及检修的指南[70]。

只有在整体系统的机械硬件执行机构的工艺流程确立后，才能依据总体系统的 PID 图确定监控系统的工艺流程（监测节点、控制流程、模块划分等）。同理，系统级的变更也应该从 PID 图纸进行设计变更，依次落实到子系统和监控系统的变更。

（4）模块划分与接口规范　模块划分不只是监控系统内部的模块划分，也应包括超导电缆系统的子模块划分，依据不同模块的功能、分布位置等参数，合理划分监控系统的子模块。同理，接口规范也应该考虑到超导电缆系统各个子模块的划分依据，设计好对应的电气接口、信号接口、通信接口和物理接口。最后，应定义好连接规范和方案，做好不同实施阶段的连接和检验，为最终系统的可靠集成提供基础保障。

2. 监控系统

（1）监控系统架构　监控功能包括三部分，即操作层、中间层、执行层，结构如图 6-13 所示。

操作层包含控制台、控制软件系统、人机界面、数据管理、诊断、远程通信；中间层为主控设备、采集设备、输出设备、隔离设备、控制程序等；执行层主要是针对具体前端设备（含超导电缆本体）的传感器采集、执行器输出的布线和附件。

（2）总体控制流程　液氮循环与冷却设备的冷却方式是过冷液氮循环，液氮闭循环流程简述如下：

液氮从低温压力管道端头出口开始，经液氮泵增压，进入冷箱换热，设置三级制冷机构，使循环液氮进一步过冷后流入低温压力管道端头进液口，冷却低温压力管道，最后再返回低温压力管道端头出液口，开始新一轮次循环，如图 6-14 所示。

主要控制流程包括系统补液、压力控制、温度控制、流量控制、冗余切换、手自动切换。

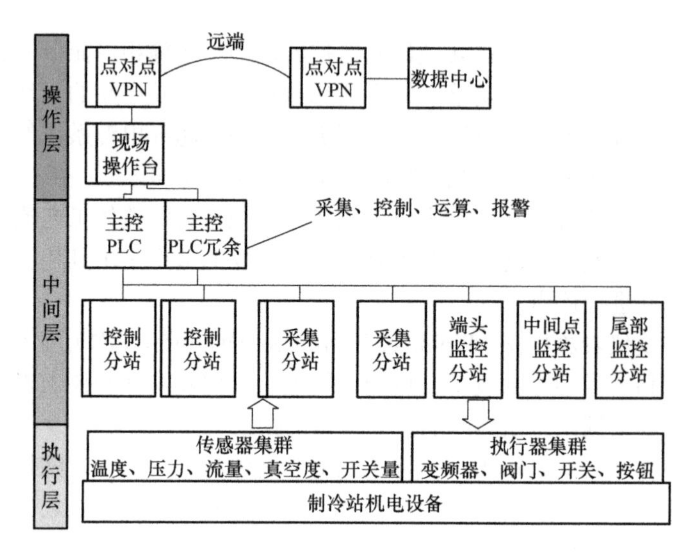

图 6-13　监控系统架构

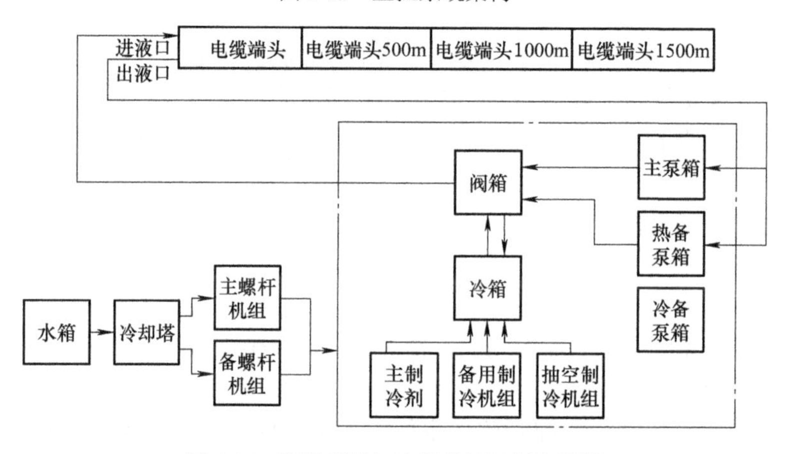

图 6-14　液氮循环与冷却系统运行流程图

（3）监控系统设备构成　采用集中控制与分布控制，即主体设备的控制方式，除被控设备自带控制面板外，均接线至总控制柜，由 PLC 或手动控制面板实现统一控制。对于距离较远或者布线较长的设备，可考虑设置分站控制柜就近集中接线，实现方式与总控制柜的规范相同，如图 6-15 所示。

集中控制规范为同时实现手动控制和自动控制两种方式。手动控制的按钮、指示灯、端口、设备和接线都集成在手动控制柜中，按控制目标分组实现分块布置规则。PLC 控制柜连线到手动控制柜中，按手动控制柜分块分组，设置 I/O 模块和布线。

3. 总控制柜集中控制

总控制柜分块布置规则如下：按控制目标分组，划分为对应的控制区块。例

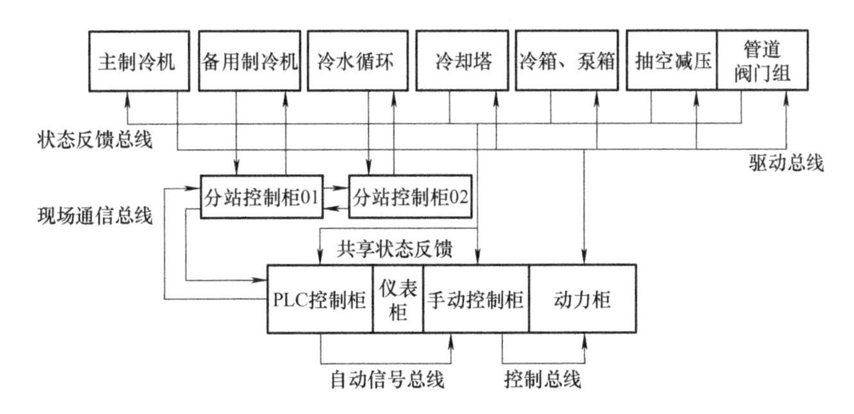

图 6-15　监控系统设备构成框图

如，冷水机组包含主循环泵、备循环泵、冷水机、风机、喷淋泵等为一组，对应的是冷水机组的控制区块，与配套的控制按钮和指示灯，布置于手动控制柜中，如图 6-16 所示（该图仅为划分区块方式的示意图，不代表其具体结构如此）。

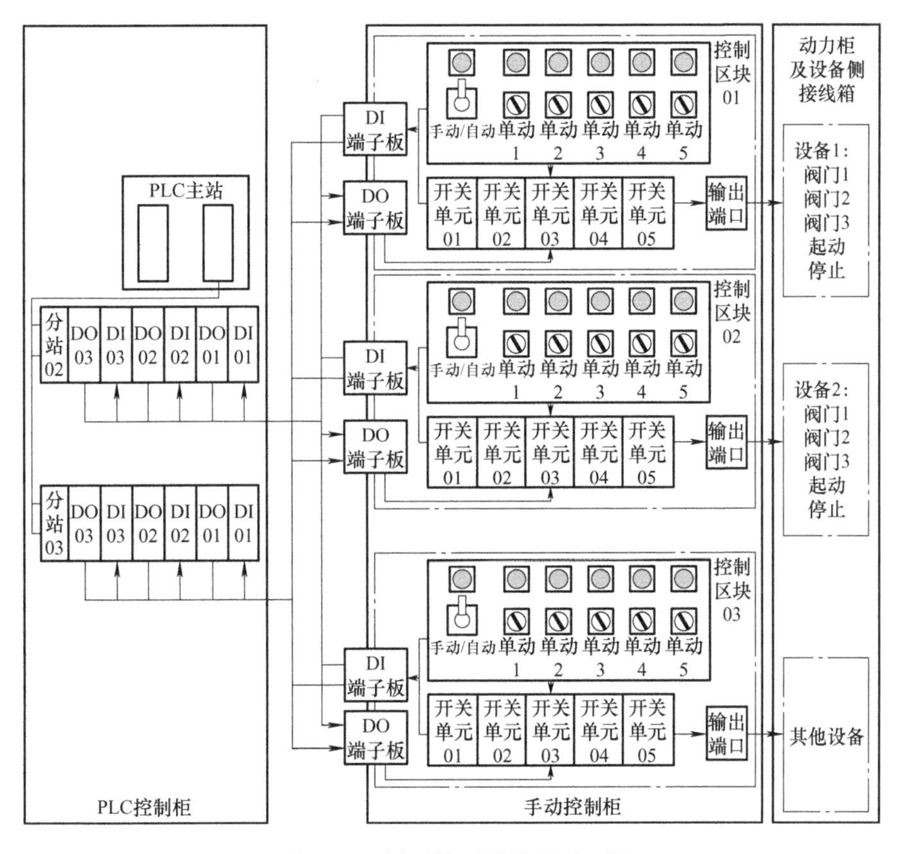

图 6-16　总控制柜分块布置原理图

每个控制区块由按钮、指示灯、开关单元、输出端子插座构成，每个开关单元只能控制输出一个控制信号，详细定义见后文。

每个开关单元的输出信号为DC 24V/10A的高电平信号，只能直接驱动小电流设备，比如电磁阀门，当需要驱动电动机等大功率设备时，需要通过动力柜中的接触器和热保护器来驱动。

每个控制区块应包含区块标签、按钮标签、指示灯标签，内部布线应含有编组标签、线号标签、端子标签。

与手动控制柜的分块布置相对应，每个控制区块对应着 PLC 柜中一个 PLC 的 I/O 模块或冗余 I/O 模块，尽量做到同一个区块由同一个 I/O 模块驱动，通过 PLC 专用的 I/O 端子板进行连接和接线。

4. 分站控制柜

分站控制柜即分布控制方案的实现方式，在距离较远时，例如屋顶、室外，或布线较长的设备可考虑在侧设置分站控制柜，实现就近布线。

每个分站控制柜相当于将总控制柜中的一个控制区块及对应动力柜中的功率器件打包并迁移到远处的设备侧，包含全套的控制按钮、指示灯、开关单元、输出端子及接触器和热保护器，在分站控制柜中集中布置。

分站控制柜的实现方式应采用与总控制柜相同的实现规范，分站控制柜的尺寸应与主站控制柜的尺寸匹配，方便彼此迁移，如图6-17所示。

5. 就地控制

在变电站保护及自动化系统中，就地控制是最底层，也是非常重要的子控制系统[71]，基于电站的就地控制作为备用系统，当集中控制失败时，可迅速代替执行，以保证电力系统安全的运行[72]。具体的就地控制可参考断路器防跳回路操作控制，作为变电站保护及自动化整个控制过程的最后环节和执行环节[73]。

超导电缆的控制对象主要是制冷循环设备，如成套设备硬节点开关、阀门开关、信号调节接口等，分为开关量控制和模拟量控制两类。成套设备硬节点开关通常集成在自带的控制面板上，兼具就地控制功能㊀，对其控制可靠性的要求不是很高，直接通过集中控制设备进行输出即可，建议成套设备选购数字通信接口及控制组件，采用数字通信协议进行控制。阀门开关和信号调节接口的控制，直接影响到阀门等设备的工作状态，应重点关注，除了配置较高稳定性的集中控制设备，还应配置更加稳定的就地控制设备。

6. 开关信号控制

开关信号的主要控制对象是超导电缆所用低温截止阀，无论是气动阀门还是电磁阀门都只具有开关两种状态，为单稳态控制模式，即开通信号有效时阀门打

㊀ 成套设备通常称之为本地控制，具有本地/远程切换功能。

开，开通信号无效时阀门自复位。基于低温阀门的这种特性，决定了控制系统必须更为可靠，这也是就地控制作为备用控制子系统存在的必要性。

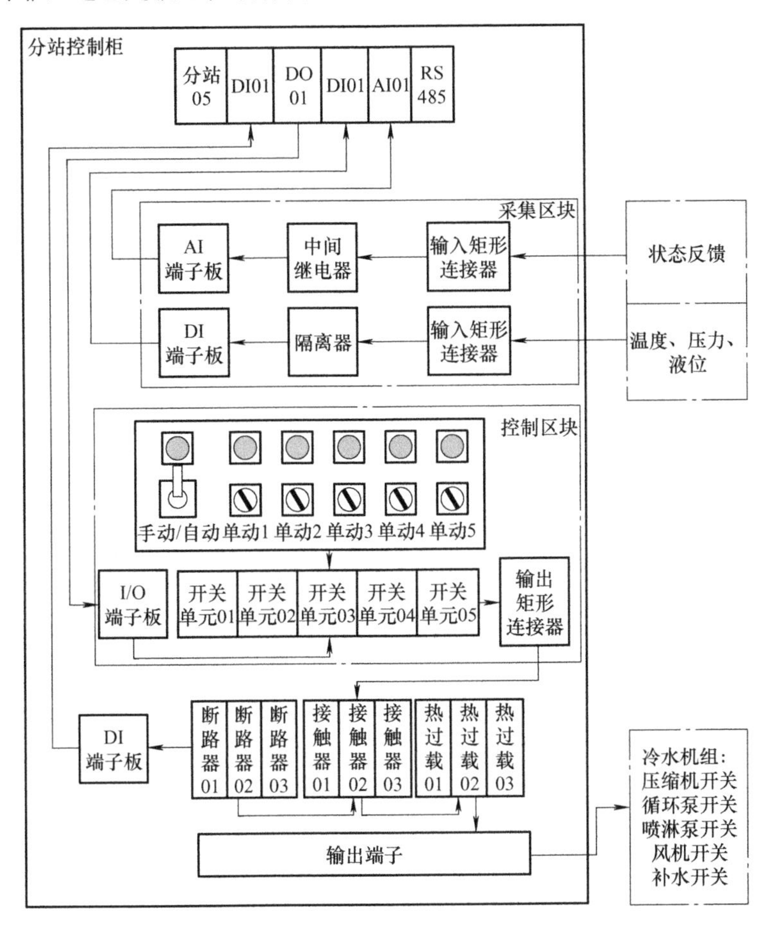

图 6-17　分站控制柜布置

根据低温阀门的特性，最直接的办法是提高 PLC 可靠性来保持阀门控制信号的稳定。尽管如此，一旦 PLC 的 DO 模块在失效后，输出归于零电位，如果输出控制的是液氮循环的主干道管路阀门，则会直接阻塞液氮循环，导致超导电缆系统整体失效。

就地控制的策略则是在 PLC 系统失效后，自动切换到手动开关进行控制信号输出，这里用到了继电切换的功能来识别 PLC 失效，如图 6-18 所示。在 PLC 有效状态下，PLC 的 DO 模块驱动中间继电器 1、2 和大电流继电器 1、2 切换 24V 自动状态。当 PLC 失效后，中间继电器 1 和中间继电器 2 会自动复位，使大电流继电器转换到 24V 手动状态。此外，手动/自动切换旋钮也可以控制切换到 24V 手动状态。

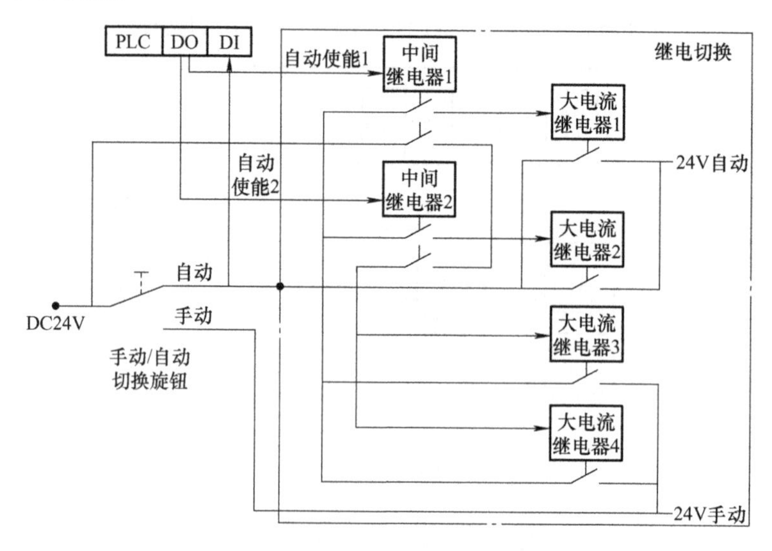

图 6-18　继电切换原理图

进一步，执行设备的每一个开关控制信号，如阀门开关、压缩机开关等，均由一套独立的开关单元生成，当执行部件为小电流设备，如起动阀门开关，可直接由输出端驱动，大电流设备，如风机、电动机等，需要通过动力柜的接触器来驱动，接触器的状态也需要反馈至 PLC，如图 6-19 所示。

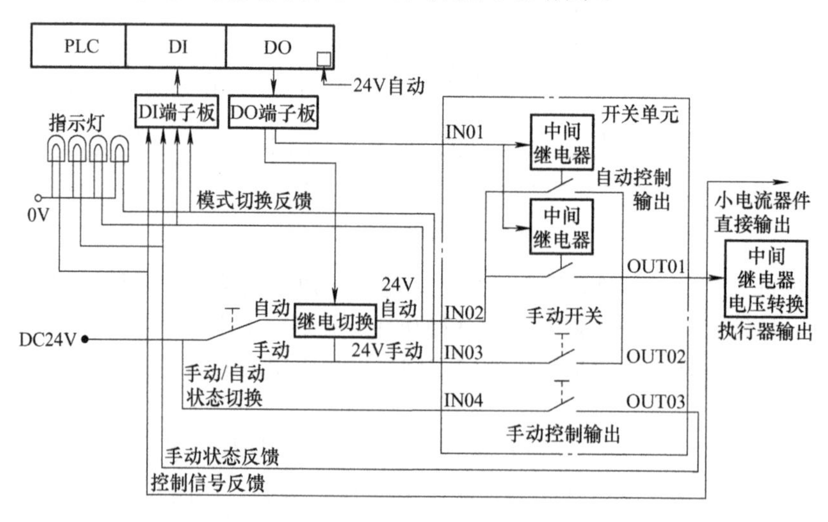

图 6-19　开关单元接线原理图

每套开关单元由继电器等逻辑器件组成，包含的输入、输出端口及其定义见表 6-3。

表 6-3　开关单元端口定义表

编号	名称	接线说明
IN01	自动信号输入	来自 PLC 端控制信号，DO
IN02	自动使能	切换开关 1 输出端，DC 24V
IN03	手动使能	切换开关 2 输出端，DC 24V
IN04	手动状态正极	DC 24V 正极
OUT01	控制信号输出	输出至执行器
OUT02	控制信号反馈	输出至 PLC 端 DI 接口，DC 24V
OUT03	手动状态反馈	输出至 PLC 端 ID 接口，DC 24V

（1）接线描述　内部接线如图所示，通过手动/自动切换旋钮选择手动模式或自动模式。手动模式依靠手动开关实现单点控制信号输出；自动模式由 PLC 的 DO 模块通过中间继电器输出。

（2）模式切换反馈　通过 PLC 采集手动/自动状态切换开关的输出端来判断，在正常运行时切换至手动模式将被判定为非法操作，PLC 系统应及时报警。

（3）手动信号反馈　配置手动开关为双刀开关，可始终反馈手动开关状态至 PLC，以便程序判断其状态是否正确，避免切换手动控制后造成系统冲突。

（4）控制信号反馈　反馈开关单元的控制信号输出至 PLC，以此判断控制系统端功能的有效性，便于对后端执行部件进行有效性诊断。

（5）PLC 侧配置　DO 模块需配置为冗余 I/O 模式，DI 模块可以为单 I/O 模式，前者用来生成自动控制信号，后者用来记录开关的状态。

开关信号编组由一组开关单元组成，是所述控制区块的核心组成，对某一个大型设备或一组设备进行控制，如图 6-20 所示。

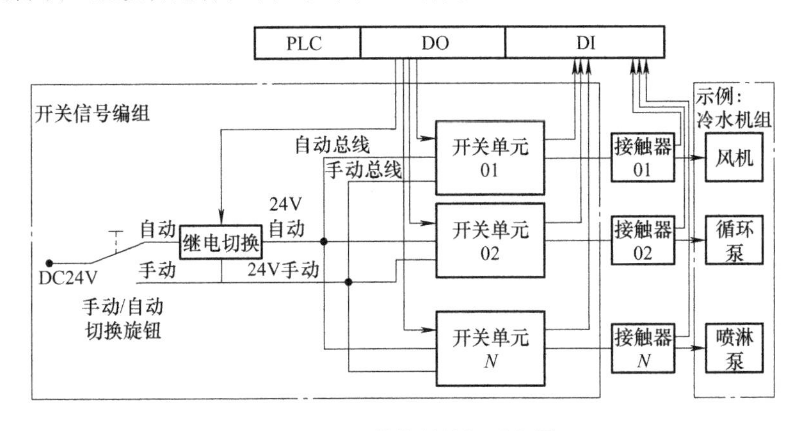

图 6-20　开关信号编组示意图

7. 模拟信号控制

模拟信号的应用对象较少，目前可预见的有液氮泵、可变频冷水机、液氮制冷机等需要无级调节的设备，通常配置有变频器。变频器都配置控制面板，可直接进行手动控制操作，另外从信号控制稳定性考虑，应直接采用数字信号接口及其通信协议进行控制，可参考成套设备与控制系统连接的执行方式。

直接由PLC进行模拟信号控制的应用场合较少，出于方案完备性考虑，这里提供一种实现方案作为参考，在具体实现中，应至少实现一键切换手动/自动控制模式，并组成一个独立的控制区块。

模拟信号单元由双二极管隔离实现手动和自动共同输出控制调节同一个目标，通过手动旋钮和继电器实现控制方式的切换，手动旋钮布置于控制面板上，如图6-21所示。

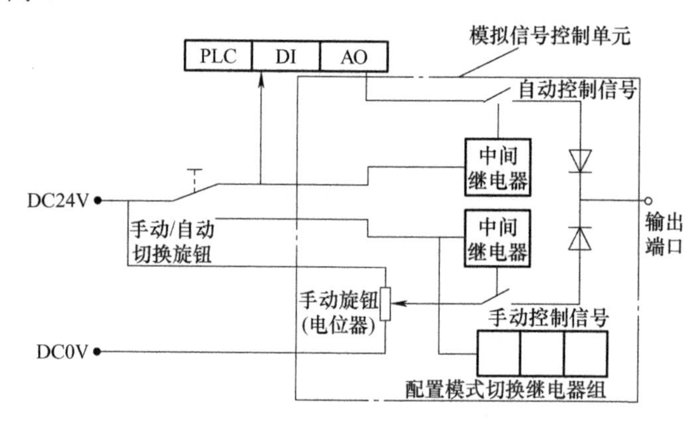

图6-21 模拟信号控制单元

配置模式切换继电器组是根据执行器（如变频器）的配置模式端子接线设置，切换其工作模式为手动/自动控制模式，应由具体执行器的参数决定，实现方式如图6-22所示，其会根据控制目标设备的工作模式进行调整。

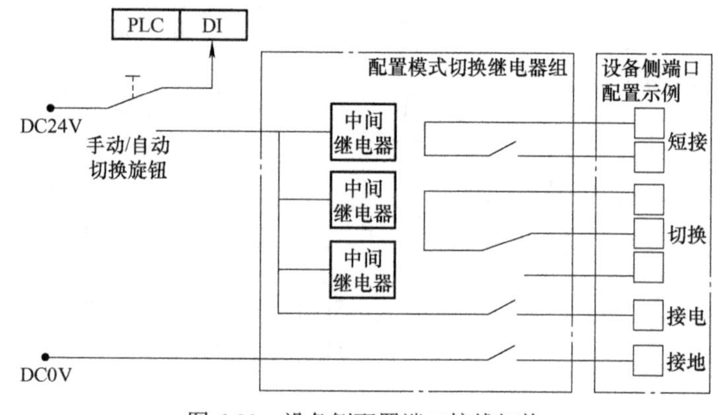

图6-22 设备侧配置端口接线切换

8. 动力柜实施

动力柜是将 380V 工业用电统配至各个用电单元的统一中转单元，是评估系统自身用电损耗和故障诊断的重要依据，分为总进线区、分项开关、控制开关、保护开关、输出区，如图 6-23 所示。

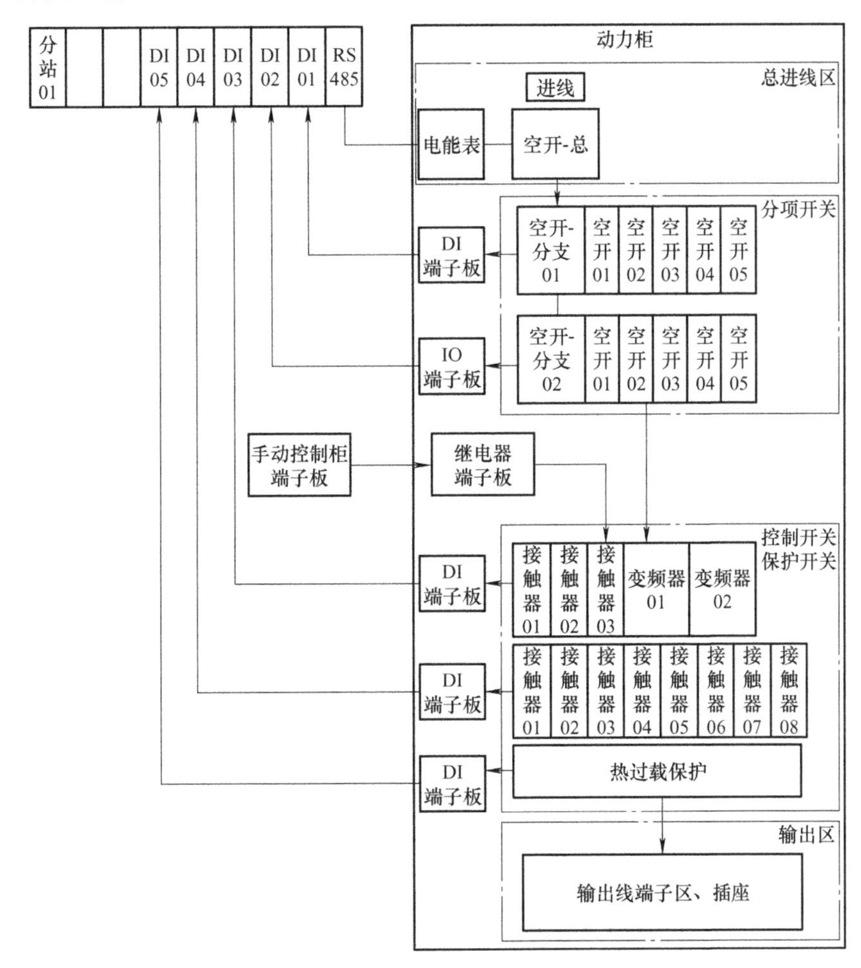

图 6-23　动力柜布局

（1）动力柜的状态采集　所有开关都需要有状态采集反馈，以详细了解每个开关的动作状态，由 DI 模块专用端子板对每个开关状态采集，DI 接线端子板将在后文 PLC 设备中介绍，或者根据 PLC 控制柜空间占用，直接在动力柜中设置一组分站控制器。

（2）电量采集　至少对总开关配置一个三相电能表，理想状态是对每个分支开关配置单独的三相电能表，电能表应配置有数字通信接口，采集供电参数，包括电压、电流、功率、纹波等，读取报警信号，包括过电压、过电流、欠电压等。

9. 参数采集原理

采集区块布置规则如下：按控制目标分组相邻布置，构成一个采集区块，运行参数采集和状态信号的连接器彼此独立，如图6-24所示（该图仅为划分区块方式的示意图，不代表其具体结构如此）。

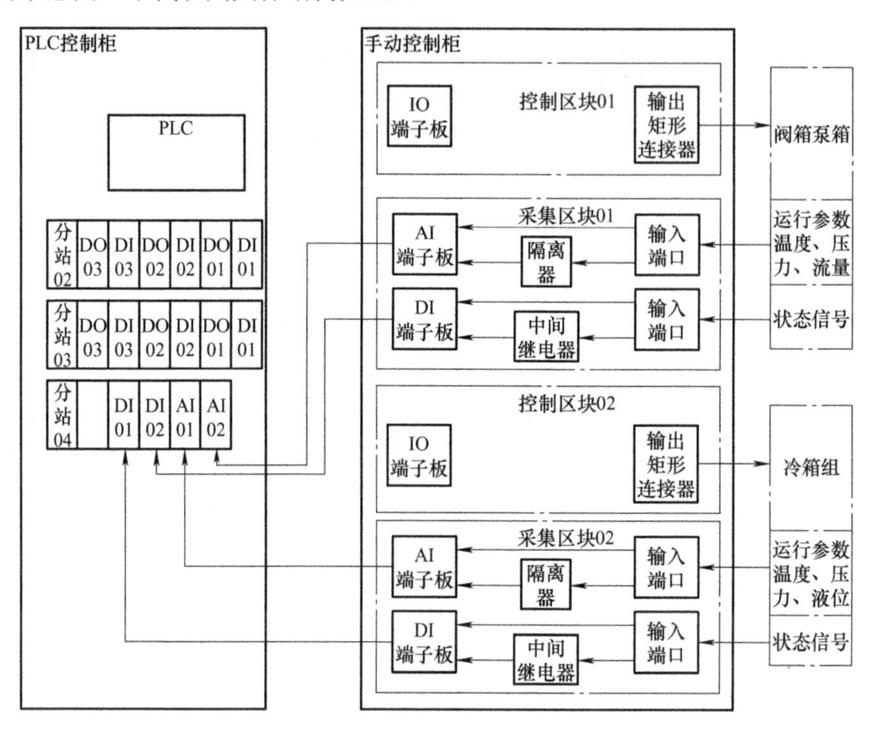

图6-24 采集区块布置

对于室内设备的运行参数采集，一般采用AI模块，可不用隔离器隔离。

状态参数的输入采用DI模块，根据电压情况和响应速度考虑是否采用中间继电器。

（1）DI信号采集 该类信号反馈具体设备的状态。例如压缩机故障、压缩机正常、断路器动作、接触器热过载等信号，都是通过DI信号模块采集到PLC的。该类信号的可靠性等级没有DO信号高，对部分参与控制逻辑运算的故障反馈信号需要冗余配置。

（2）AI信号采集 该类信号可靠性等级分为参考点信号采集和控制点信号采集。参考点信号仅用来了解掌握系统的运行状态，例如终端-接头沿线的温度分布；控制点信号采集是用来生成控制信号逻辑运算的输入参数，需要冗余传感器和冗余AI模块，例如冷箱换热器温度、出口流量等。

（3）数字通信协议接口信号采集　数字量信号具有输入和输出两种作用，这里主要用到的是输入，可以根据部分设备的特殊需要配置专用于输出控制的数字接口模块，例如布雷顿制冷机的控制接口。

数据接口信号包含以太网、RS485、现场总线等，均有对应型号的通信模块产品。数据接口信号的布线在分支较多的地方应考虑设置中继器。

10. 定制设备侧接口

设备侧接口分为三种，即动力线、反馈线、信号线，如图 6-25 所示。

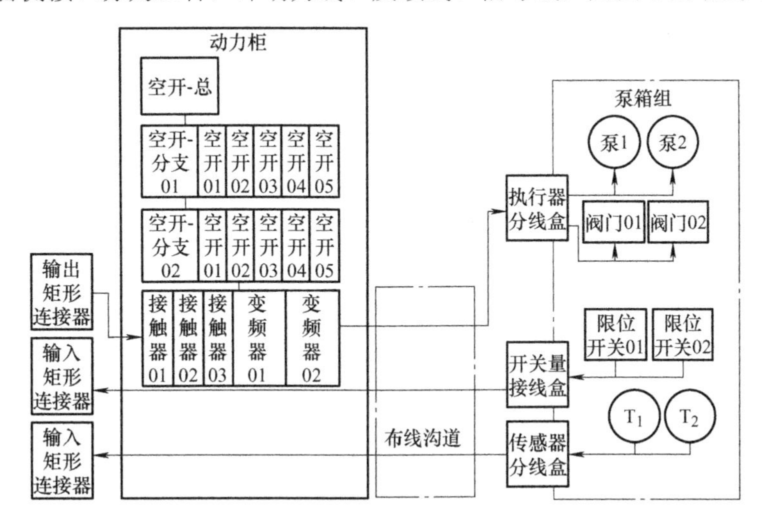

图 6-25　输入/输出连接器到设备的接线方式

1）动力线由控制柜的输出矩形连接器出发，驱动配电柜中的执行部件后，输出至现场设备。执行器件包含接触器、变频器及其他功率器件。

动力线在现场设备侧设置有专用的执行器分线盒，根据功率大小和设备特征选型配置，实现总线插拔式布线。

2）反馈线主要反馈设备状态，由专用接线盒或分线盒，实现总线插拔式布线。

3）信号线测量设备的各类传感器，传感器测量由现场变送器执行，输出信号为 4～20mA 电流信号。在设备侧设置有传感器分线盒，可根据电流信号测量规范提供 DC24V 电源，支持 3 线制、4 线制接线方式。

11. 成套设备与控制系统连接的执行方式

成套设备主要指深冷制冷机、冷水设备、变频器、智能仪表等，其连接到控制系统的实现方式各有不同。主流的接口形式有工业以太网、现场总线、I/O 触点等，通信协议有 Profinet、Modbus、Profibus 等。

由设备厂商集成独立 PLC 控制器的设备，通过数据接口连接和控制，需要开放参数列表，包含采集参数、控制参数、状态参数、故障信息等。

1）采集参数。为设备侧 PLC 采集的所含全部传感器的测量值，包含模拟量和数字量，提供 PLC 的内存表。设备侧的全部传感器必须通过 PLC 统一采集，不允许出现独立的仪表或控制模块独占任何传感器。

2）控制参数。为设备侧 PLC 接收上级控制系统的控制参数，包含数据接口接收的控制指令和 I/O 触点检测到的控制命令。

3）状态参数。为设备侧 PLC 反馈至上级控制系统的状态参数，包含数据接口反馈的状态列表和 I/O 触点反馈的状态参数，还需包含设备的全部状态量。

4）故障信息。为设备侧 PLC 反馈至上级控制系统的故障信息，需包含设备的全部故障信息，所对应的维修策略指导意见等，以用户手册的方式提供，同时提供纸质文档和未加密的电子文档。

12. 硬件设备选型配置

（1）冗余 PLC 系统　采用的 PLC 冗余方式分为两种，即软冗余和硬冗余。软冗余需要在程序中调用冗余软件包的功能模块，初始化冗余系统运行参数、故障诊断、主备切换程序、数据同步等过程[74]。软冗余是提升可靠性和降低成本的一种折中方案，在条件允许的情况下，更推荐使用硬冗余方案，即由硬件本体诊断故障、切换主备 PLC 和同步数据，使控制过程几乎不停滞。带有冗余配置的 PLC 有西门子 S7-300/400 的软冗余和 S7-400H 的硬冗余、三菱 MELSEC IQ-R 系列、GE90-30 系列、Rockwell 公司的 ControlLogix 软件/硬件冗余等。

这里以西门子的 S7-400H 系列 PLC 为例，组建一套冗余系统，如图 6-26 所示。包含双机热备控制器，并将组要的控制模块和采集模块进行冗余 I/O 配置，其他运行参考信号的采集则主要通过远距离分布式 I/O 实现。

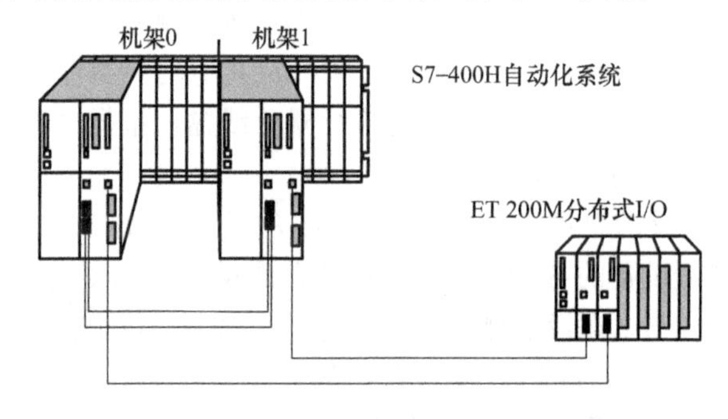

图 6-26　S7-400H 系统和冗余 I/O 配置

（2）分站接口模块及扩展 I/O 模块　分站接口模块作为整个自动化控制系统的重要组成部分，其主要功能可以分为两部分：一是集成现场总线通信接口，实现与上级 PLC 的顺畅通信；二是加挂 I/O 模块，进一步提升系统的输入输出能力。这就意味着分站接口模块在很大程度上影响着整个自动化控制系统的运行效率和稳定性。

在 S7-400H 系统中，主要的通信接口有两种，即 Profibus 接口和 Profinet 接口。Profibus 接口模块 ET200M 具有较高的灵活性，最多可加载 12 个模块，并且支持冗余 I/O 组态，这在一定程度上保证了系统的稳定运行。此外，Profinet 接口也拥有多个系列的接口模块，其中 ET200SP HA 接口模块同样支持冗余 I/O 组态，为系统提供了更多的运行保障。

在扩展 I/O 模块方面，需要根据系统的实际功能和分布方案进行配置。DI（数字输入）、DO（数字输出）、AI（模拟输入）、AO（模拟输出）以及数据通信模块等，都是扩展 I/O 模块的重要组成部分。通过对这些模块的合理配置，可以使整个自动化控制系统在应对各种工况时具有更强的适应性和可靠性。

总结来说，分站接口模块在自动化控制系统中的作用不可忽视，它通过集成现场总线通信接口和加挂 I/O 模块，提升了系统的运行效率和稳定性。同时，S7-400H 提供的 Profibus 接口和 Profinet 接口，以及多种扩展 I/O 模块，为实际应用提供了丰富的选择，用户可以根据系统的具体需求进行灵活配置，从而实现更高的自动化控制水平。

（3）冗余 I/O 端子板和单 I/O 端子板　模块化布线作为一种现代化的布线解决方案，应运而生于控制柜布线领域，旨在简化布线过程，提高系统可靠性和稳定性。这一创新技术适用于冗余 I/O 和单 I/O 布线，既可以满足复杂数字信号的处理需求，也能应对实时控制的应用场景。

西门子为冗余 I/O 提供了专用的接线端子板（MTA 端子板），它专门设计用于连接冗余 I/O 模块与现场信号或执行机构，实现了信号的快速、准确传输。MTA 端子板包含了 DI、DO、AI、AO 对应的端子，分别用于输入、输出、模拟量和输出信号的连接，大大简化了布线过程，提高了系统的可维护性，如图 6-27 所示。

模块化布线系统具有以下优势：

1）高度集成：模块化设计使得各种信号处理功能被封装在单个模块中，降低了系统复杂性，提高了设备的可靠性和稳定性。

2）易于扩展：模块化布线系统支持灵活的扩展，可以根据项目需求添加或删除模块，以满足不同应用场景的要求。

3）快速连接：使得接线过程更加简便，大幅度提高布线效率，降低人力成本。

4）高可靠性：冗余设计确保了系统在某个模块出现故障时，其他模块可以立即接管，保证系统的持续运行。

5）易于维护：模块化布线系统采用标准化设计，便于故障诊断和维修，缩短了停机时间。

6）兼容性强：模块化布线系统可以与多种现场总线和通信协议兼容，满足各类设备的连接需求。

单 I/O 端子板，从 PLC 的扩展 I/O 模块到线号端口或执行器的模块化连接，有很多相关产品可选择，如图 6-28 所示。

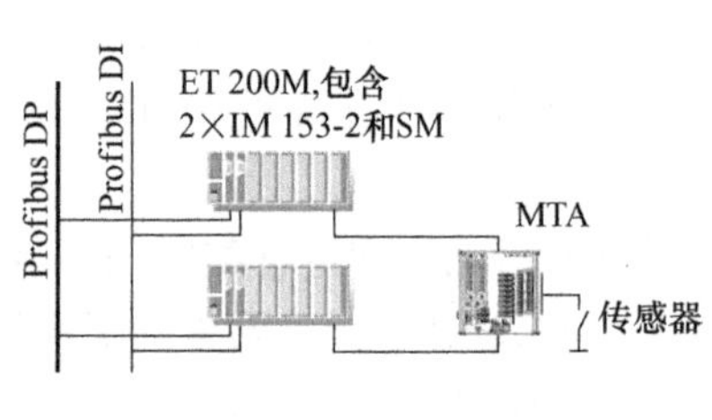

图 6-27　冗余 I/O 接线端子板

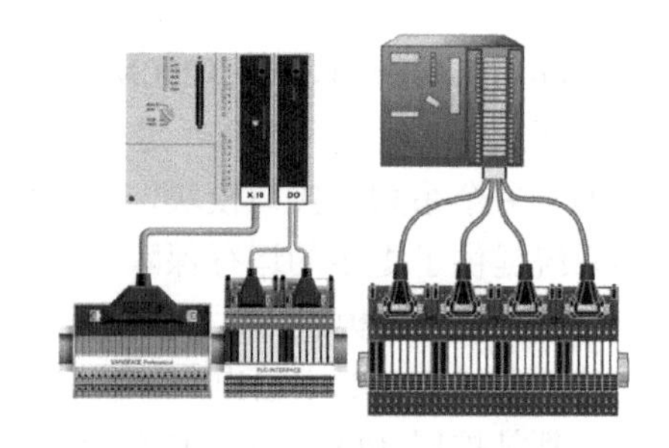

图 6-28　PLC 接线 I/O 板

6.3　控制程序与软件系统

6.3.1　软件系统建模与架构

软件系统建模是通过模拟和优化硬件架构，将运行数据和控制参数按照硬件设备的特性进行分组，从而实现对各个设备的高效数据采集和控制，为信息传输和系统集成奠定坚实基础。在软件系统建模过程中，数据采集与控制为两大关键环节。数据采集涉及从各类硬件设备中获取运行数据，如传感器所测得的温度、湿度等信息，这些数据对于系统性能分析和优化具有重要作用。控制则通过对硬件设备的调控，实现对整个系统的管理与调度。

系统集成旨在将多个硬件设备及服务整合为高效、稳定的系统。软件系统建模为系统集成提供理论依据与实践指导。通过对硬件设备进行建模，可了解各设备间的依赖关系与合作方式，进而设计出合理的系统架构。这将有助于提升系统可扩展性、可靠性和易维护性，以满足不断变化的需求。

在设备建模领域，对设备类型进行分类是一项基础且关键的任务，建立精确且可靠的模型显得尤为重要。以深冷制冷机为例，根据统一的制冷机类别，可以衍生出多种制冷机组，并且每个机组都包含具有唯一编号的制冷机。

为了确保模型的准确性和有效性，主要依赖原厂提供的采集参数和控制参数进行建模。同时，结合长期的运行经验，还能够进一步计算并得出设备的状态诊断和评价信息。目前，深冷制冷机的模型主要可以划分为逆布雷顿、斯特林和 GM 三类。为了完成这一建模过程，必须以设备类型为基础，与原厂紧密合作，共同协商并制定数据交互的详细列表，充分利用原厂提供的采集参数和控制参数，并结合长期运行经验进行模型优化。同时还要确保数据交互的顺畅与准确，这是完成建模工作的关键。通过这种方法，能够更加精确、全面地掌握深冷制冷机的运行状态，为设备的优化和管理提供科学依据。此外，这种建模方法也为其他类型设备的建模工作提供了有益的参考和借鉴。制冷机和冷水系统软件模型如图 6-29 和图 6-30 所示。

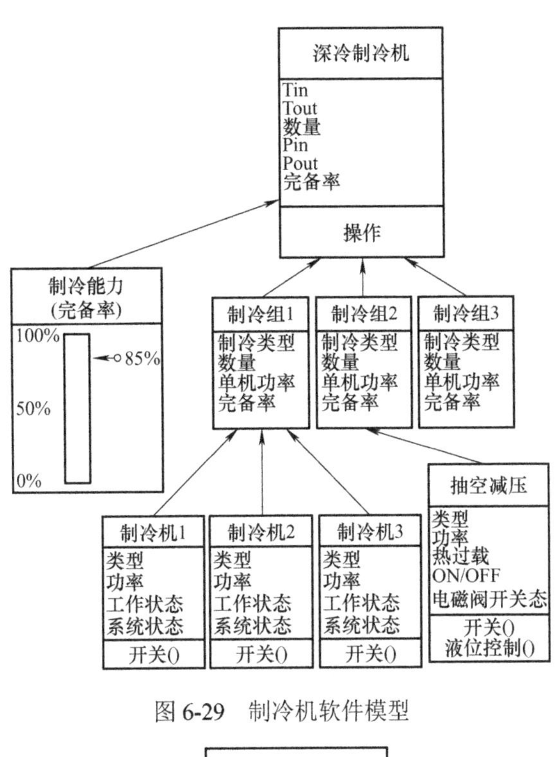

图 6-29　制冷机软件模型

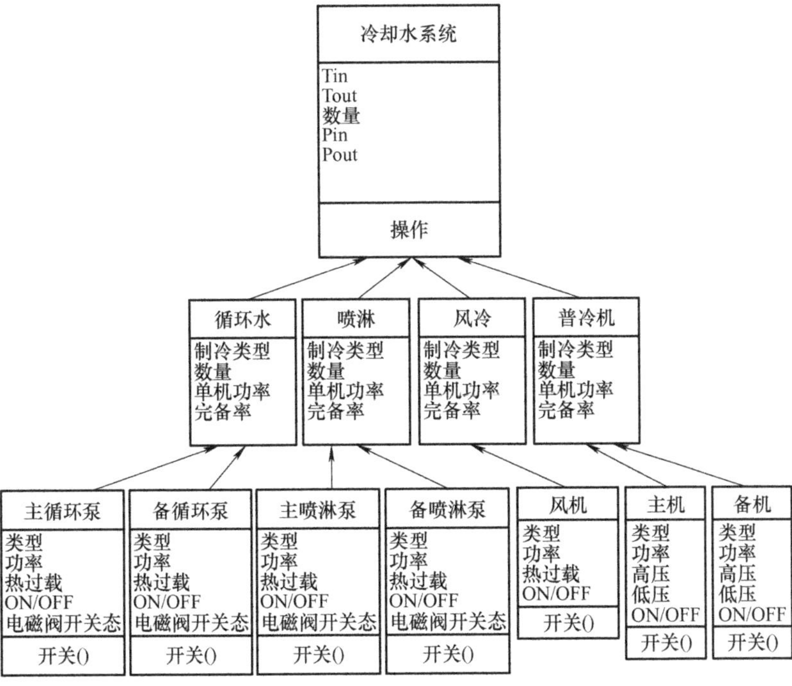

图 6-30　冷水系统软件模型

6.3.2 系统运行模式

冷却系统作为整体运行框架的关键组件，被细分为调试模式、运行模式、故障状态及故障维护四个阶段，如图 6-31 所示。这些阶段的顺利转换，主要依赖于主 PLC 站与上位机程序的协同工作。每个阶段均具备独特的操作和运行方式，以确保冷却系统在不同工作场景下均能发挥最佳性能。

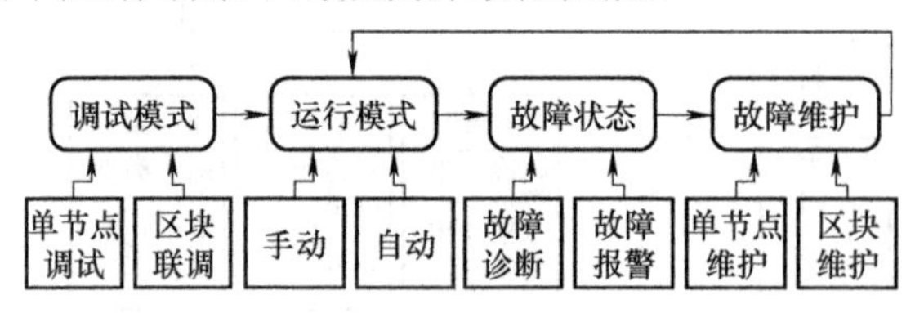

图 6-31 运行模式状态

在系统部署与调试阶段，调试模式扮演着举足轻重的角色。它负责对各个组件进行独立且详尽的调试，以及模块间的联合测试。在此模式下，技术人员有权根据设备的实时状态，随时暂停进程并进行必要的优化调整，以确保每个组件的性能均达到预期标准。一旦系统转入正常运行状态，其稳定性和安全性将成为首要考量，因此将不再允许切换回调试模式，除非获得系统管理员的明确授权。

运行模式是系统自动化运作的核心阶段，此时系统表现出高度的稳定和效率。虽然允许对参数进行手动调整以适应不同运行场景，以及进行单机操作以满足特定维护需求，但所有操作均受到严格的行为管控和保护连锁机制的制约。这意味着一旦系统检测到任何异常或故障，将立即触发故障处理机制。

故障状态是系统运行过程中应对异常情况的重要机制。当系统检测到故障时，将自动转入此状态，并对故障信息进行精确分类和及时报警。此举旨在确保维护人员能够迅速定位问题并采取有效措施进行修复。

在故障维护阶段，系统将执行在线故障诊断和修复任务。为确保维护过程的安全性和有效性，受影响的设备将被自动锁定，避免意外起动。维护完成后，系统将基于维护日志和自检结果评估系统状态，并自动恢复到正常运行模式。若故障范围广泛导致系统全面停机，那么将需要系统管理员介入操作，手动将系统重置为调试状态，以进行全面检查和恢复工作。

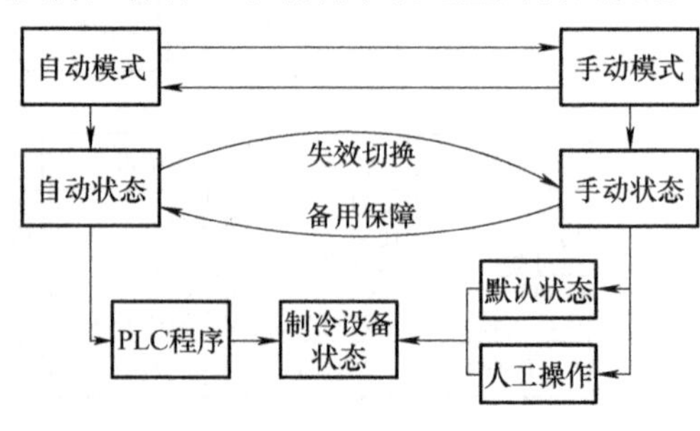

图 6-32 控制模式转换

控制模式转换如图 6-32 所示。从调试模式到正常运行模式，再到故障状态及故障维护流程，每一步都体现了对系统稳定性和可靠性的高度重视。这些阶段共同构成了系统生命周期中不可或缺的环节，确保了系统能够在各种情况下保持高效稳定的运行。通过主 PLC

站与上位机程序的协同控制，冷却系统得以在不同状态下实现高效稳定的运行。这种严谨、理性的管理方式不仅有助于提升设备的运行效率和使用寿命，还为超导电缆的安全稳定运行提供了坚实保障。

6.3.3　行为管控

在超导电缆运行中，对设备运行状态的管理与控制至关重要。鉴于超导电缆在极低温度下运行的特性，其制冷系统的稳定性和可靠性直接决定了电缆的工作效能。

针对制冷系统的各个运行状态，包括起动、稳定工作、故障处理以及维护保养等，制定了详细且严谨的行为管控定义，其原理如图6-33所示。这些定义确保

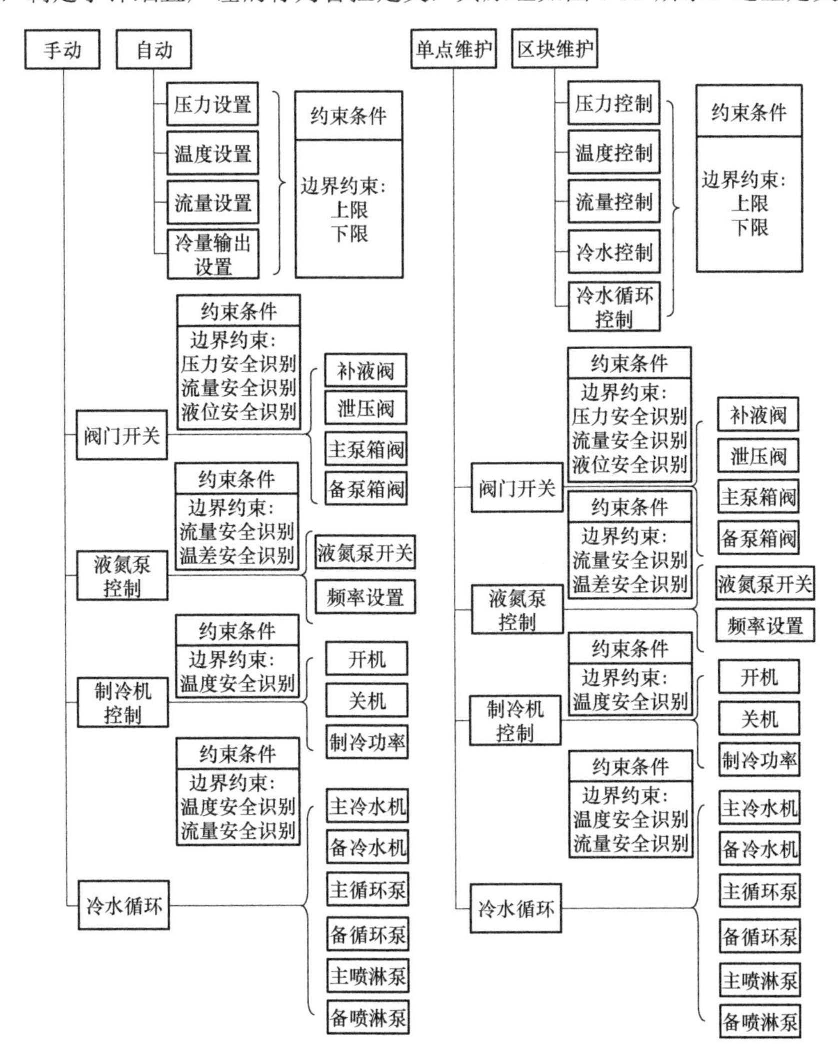

图6-33　行为管控原理

了在上位机系统的精确控制下，制冷系统能够按照预设的逻辑和顺序进行操作。在起动阶段，上位机系统确保所有相关设备按照既定顺序正确起动，并在达到预设温度后，自动转入稳定运行状态。在此状态下，上位机实时监控制冷系统的各项关键参数，包括温度、压力和流量等，以确保系统始终在预设的安全范围内运行。当制冷系统出现故障时，上位机系统能够迅速而准确地识别故障类型，并自动转入故障处理模式。在这一模式下，系统将协调相关设备执行故障隔离和修复操作，力求在最短时间内恢复系统的正常运行。

通过实时采集和分析制冷系统的各项参数，上位机系统能够精准判断系统状态，并自动执行相应的控制操作，为超导电缆制冷系统提供稳定可靠的运行环境，从而为电缆的卓越性能和长久使用提供保障。

6.3.4 数据共享运行维护系统开发

运行维护系统在工业自动化领域发挥着至关重要的作用，特别是针对 PLC 的控制系统而言。由于 PLC 控制系统通常局限于特定的现场操作台与数据中心操作台，其开放性相对有限，因此这是出于严谨的安全考量。

此种限制确保了控制系统能在封闭且受控的环境中稳定运行，有效减少外部干扰与潜在安全风险，然而这也给远程管理与故障诊断带来了一定的制约。为了确保更高的安全性与稳定性，运行维护系统通常采用多重安全认证机制、数据加密技术及精细的权限管理策略，以确保仅有授权人员能对 PLC 控制系统进行操作与监控。

尽管如此，随着技术的持续进步，已提出多种解决方案，旨在克服 PLC 控制系统在开放性方面的局限。例如，借助先进的远程访问技术，操作人员可在安全网络环境下实现对 PLC 控制系统的远程监控与操作，进而提升工作效率与响应速度。同时，新型运行维护系统还提供了丰富的数据分析与报告功能，以辅助用户更深入地理解并优化控制系统的性能。

综上所述，尽管 PLC 控制系统的开放性受到一定限制，但通过采用先进且稳健的运行维护系统与技术手段，仍然可以实现高效管理与维护，从而确保工业自动化生产的顺利进行，如图 6-34 所示。

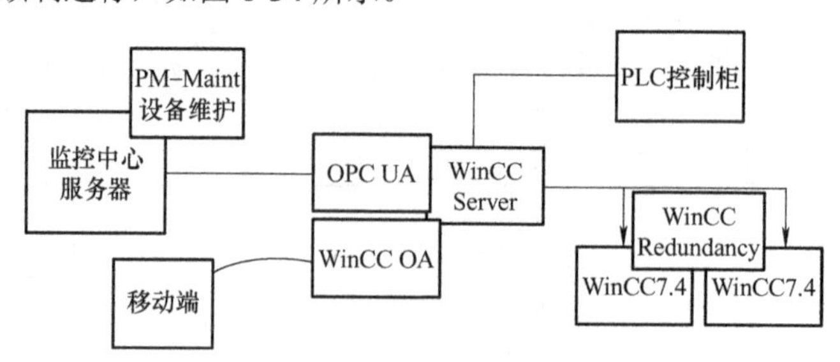

图 6-34　运行维护系统软件架构

6.3.5　远程组网

在现代工业应用中，为了确保现场与数据监控中心之间数据的安全、高效传输，往往要借助虚拟私人网络（Virtual Private Network，VPN）连接技术构建虚拟局域网连接。通过这一连接，不仅可以实现远程访问，还能确保数据传输的保密性、完整性和可用性。在此基础上，进一步采用开放平台通信统一架构（Open Platform Communication United Architecture，OPC UA）通信协议，使得两边的设备与系统能够无缝互联，从而满足现代化工业生产的需要。

VPN 连接技术作为一种在公共网络上建立加密通道的方法，使得远程用户能够安全地访问公司内部网络资源。在工业应用中，VPN 连接能够有效地将现场设备与数据监控中心连接在一起，形成一个虚拟的局域网。通过这种连接，即使现场与监控中心相隔千里，也能实现实时的数据传输和远程监控，如图 6-35 所示。

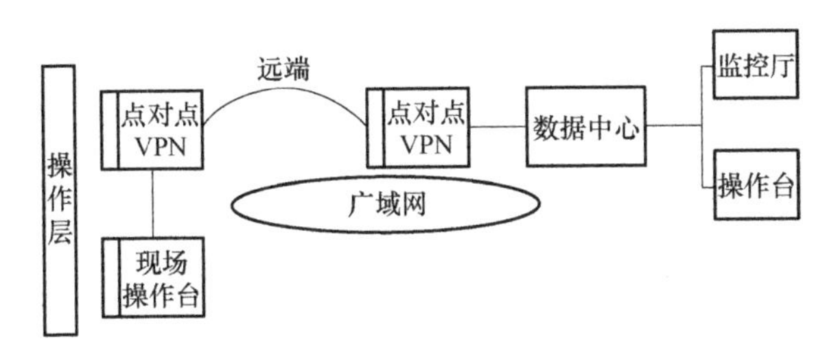

图 6-35　远程组网方案

然而，仅仅建立 VPN 连接并不足以满足现代化工业生产的需要。为了确保设备与系统之间的无缝互连，还需要借助 OPC UA 通信协议。OPC UA 是一种开放、独立平台的通信协议，它提供了丰富的数据模型和服务，使得不同厂商的设备与系统能够相互通信、协作。通过 OPC UA 通信协议，现场设备可以将实时数据发送给数据监控中心，同时，监控中心也可以向现场设备发送控制指令，实现远程操控。

在实际应用中，通过 VPN 连接和 OPC UA 通信协议的结合使用，可以实现以下功能：

1）实时数据监控。通过 VPN 连接，现场设备可以实时将数据传输到数据监控中心，使得监控人员能够随时了解设备的运行状态和生产情况。同时，利用 OPC UA 协议的数据模型，可以对数据进行解析、处理和可视化展示，为监控人员提供直观、易懂的数据界面。

2）远程控制与管理。通过 OPC UA 协议的控制服务，数据监控中心可以向现场设备发送控制指令，实现远程操控。这使得监控人员无需亲自到现场就能对设备进行管理和维护，提高了工作效率和响应速度。

3）VPN 连接和 OPC UA 协议的结合使用还可以提高数据传输的安全性。VPN 连接通过加密技术保护数据在传输过程中的安全，而 OPC UA 协议则提供了身份验证、访问控制和数据加密等安全机制，确保数据的完整性和保密性。

综上所述，通过 VPN 连接和 OPC UA 通信协议的结合使用，可以实现现场与数据监控中心之间的无缝互连，满足现代化工业生产的需要。在实际应用中，这种方案不仅提高了工作效率和响应速度，还确保了数据传输的安全性和可靠性。未来，随着技术的不断发展，有理由相信这种方案将在更多领域得到广泛应用和推广。

6.3.6 人工智能应用

（1）人工智能在电力系统中的应用　人工智能的应用和发展已经渗透到各个领域，其中，电力行业是一个备受关注的应用场景。人工智能技术能够提高电力设备的可靠性和稳定性，降低能源消耗，优化电力调度等，为电力行业带来革命性的变革。

人工智能包含众多分支，其中，机器学习算法是近年来应用较多的一种。机器学习算法基于数据驱动，通过对大量数据进行学习，挖掘数据中的潜在规律，从而实现对未知数据的预测和决策。在电力行业中，机器学习算法被广泛应用于电力负荷预测、能源消耗预测、故障诊断等领域。

卷积神经网络（Convolutional Neural Networks，CNN）是机器学习算法中的一种，它具有较强的特征学习和分类能力，适用于图像处理、语音识别、自然语言处理等领域。近年来，卷积神经网络也被应用于电力行业中，并取得了较好的应用效果。

人工智能在支持电力系统维护中的信息收集方面发挥着重要作用。

人工智能技术还可以应用于智能变电站的运维管理中，通过降低人工巡检的压力，提高效率，保证变电站处于高效率的工作状态，从而确保电力系统的稳定运行。

通过实现信息收集，人工智能可以为后续的状态评估和风险评估提供基础，从而为制定维护策略提供支持。在电力设备的状态维护过程中，信息采集是首要环节，对于准确评价电网的运行状况和制定整体运维策略至关重要。人工智能可以应用于电力平台信息智能搜索，实现对电力人工智能创新型平台的数据收集、管理和人机交互，提高数据查询的智能化水平。此外，人工智能可以对设备工作过程的参数信息进行储存和备份，通过自主判断和反应处理故障问题，避免设备故障导致生产停滞，提高生产效率。

通过实现风险评估，人工智能可以根据设备的风险评估结果分类，制定相应的维护策略，并执行变电站设备的维护计划，以确保电力设备的安全性和稳定性。利用机器学习方法对电力设备的多模态数据进行全面分析，形成多模型的机器学习，提高对多源模态信息的认识和处理能力，并建立设备状态预测模型，综合考虑历史状态、实际状况和外界环境信息，对未来设备进行预测，提前发现潜在问题并采取相应措施，从而为设备的运行和维修提供支持，有助于做出正确的判断，制定更有效的维护策略。

（2）人工智能在超导电缆系统中的应用　尽管人工智能的应用广泛，但是在超导电缆系统中，尚不具备直接接管监控系统的条件，可以通过故障诊断、系统健康预测、维护管理、辅助报警等方面的应用来提高系统的可靠性和稳定性，这一点与常规变电站运维中的应用是相似的。

在超导电缆系统中，人工智能算法可以通过分析数据特征进行故障诊断和系统健康预测。例如，利用卷积神经网络等算法对超导电缆的运行数据进行特征提取和分析，从而实现对电缆故障的早期发现和预防。同样，人工智能算法也可以通过对超导电缆系统的运行数据进行学习，预测系统的健康状况，预防潜在的故障和问题。

在维护管理方面，人工智能算法可以通过分析超导电缆的运行数据预测电缆的使用寿命和维护需求，制定更加科学合理的维护计划和管理策略。此外，人工智能算法还可以通过对超导电缆系统的运行数据进行实时监测和分析，辅助报警和应急处理，提高系统的安全性和可靠性。

为了提高人工智能在超导电缆系统中的应用效果，可以通过典型工程的数据库来训练人工智能算法的可靠性。一般通过开放数据库的方式提供训练用数据，再实时分析当前数据并提供算法支持。随着人工智能技术的不断发展和应用场景的不断扩展，相信未来人工智能在超导电缆系统中的应用将会越来越广泛和深入。

参考文献

[1] 丁怀况, 施锦, 滕健, 等. 4M-2000A 高温超导电缆冷却系统[J]. 低温与超导, 2003(3): 70-74.

[2] 施锦, 丁怀况, 席海霞, 等. 4M-2000A 超导电缆小型冷却系统的设计计算[J]. 低温与超导, 2003(4): 12-16.

[3] 宁政. 高温超导电缆监测系统的研究[D]. 北京: 中国科学院研究生院(电工研究所), 2004.

[4] 范宇峰, 徐向东, 龚领会, 等. 高温超导电缆低温系统数据实时监控[J]. 低温工程, 2004(5): 26-30, 40.

[5] 范宇峰, 龚领会, 徐向东, 等. 10 米 10.5kV/1.5kA 三相交流高温超导电缆低温系统[J]. 制冷学报, 2005(1): 49-53.
[6] 张勇刚, 张哲, 尹项根, 等. 高温超导电缆监测与保护系统管理软件的开发[J]. 电网技术, 2005(1): 7-10,19.
[7] 杨军, 张哲, 唐跃进, 等. 高温超导电缆监测与保护装置的研制[J]. 电力系统自动化, 2005(7): 101-104.
[8] 蔡磊, 张哲, 张勇刚, 等. 高温超导电缆监测与保护系统下层机单元的研制[J]. 继电器, 2005(11): 55-58,62.
[9] 蔡磊. 高温超导电缆监测与保护系统研制[D]. 武汉: 华中科技大学, 2005.
[10] 杨军. 高温超导电缆保护理论与技术研究[D]. 武汉: 华中科技大学, 2006.
[11] 丁怀况, 施锦, 陈登科, 等. 30M-35kV/2000A 高温超导电缆冷却系统[J]. 低温与超导, 2005(4): 60-63.
[12] 侯波, 廖泽龙, 韩征和, 等. 35kV/2kA 高温超导电缆系统的研制及测试[C]// 2007 云南电力技术论坛论文集. 昆明: 云南科技出版社, 2007.
[13] 张羿, 任安林, 田密, 等.超导电力数据监测平台技术架构与实现[J]. 电气自动化, 2011, 33(5): 61-64,67.
[14] 任安林, 田密, 字美荣, 等. 普吉变电站超导电力设备运行分析[J]. 电工技术学报, 2012, 27(10): 86-90.
[15] 董大磊, 魏斌, 陈盼盼, 等. 基于LabVIEW的高温超导电缆测试平台的设计[J]. 低温与超导, 2013,41(4): 60-64.
[16] 董大磊. 高温超导电缆监测与保护系统的研究[D]. 北京: 北京交通大学, 2014.
[17] 张大义, 张喜泽, 魏东. 35kV 2000A 冷绝缘高温超导电缆监控系统设计与开发[J]. 电线电缆, 2014(6): 1-4.
[18] 郭仁春, 宗曦华, 张大义. 超导电缆的自动化监测系统[J]. 沈阳化工大学学报, 2015,29(1): 65-68.
[19] 朱志芹, 戴少涛, 张京业, 等. 10kA 高温超导直流电缆在线监控系统及其试验研究[J]. 低温物理学报, 2015, 37(5): 418-422.
[20] 张大义, 田祥, 黄阿娟. 基于 CP341 的 AL600 低温制冷机状态监控[J]. 低温与超导, 2015,43(9): 15-19.
[21] 喻志广, 田祥, 陆小虹. 超导电缆系统的运行与维护[J]. 电线电缆,2019(1): 42-46.
[22] 李继春, 张立永, 曹雨军, 等. 百米级冷绝缘高温超导电缆系统设计及运行[J]. 低温与超导, 2021,49(3): 19-23.
[23] 朱红亮, 曹雨军, 夏芳敏, 等. 高温超导电缆冷却系统设计控制方案及试验验证[J]. 真空与低温, 2021, 27(6): 543-548.
[24] 陈贵伦, 汤寿泉, 李敏虹, 等. 10 kV/2.5 kA 三相同轴超导电缆失超保护装置研制[J]. 低温

与超导, 2023,51(1): 27-32, 39.

[25] 信赢, 任安林, 洪辉, 等. 超导电缆 [M]. 北京: 中国电力出版社, 2013.

[26] 佚名. 计算机兼容的远方监视控制和数据采集系统(SCADA 系统)[J]. 电力系统自动化, 1978(1): 39-51.

[27] 叶世勋. 魁北克电网调度中心及其数据收集与控制系统(SCADA)[J]. 电力系统自动化, 1981(1): 59-68.

[28] 刘培金. 东黄复线通过中国石油天然气总公司验收[J]. 油气储运, 1992(2): 49.

[29] 卢满涛. 钢铁生产过程控制中的 DCS 和 PLC[J]. 工程设计 CAD 及自动化, 1995(5): 43-45.

[30] 徐宣. 组态软件在工业控制和生产过程管理中的应用[J]. 化工自动化及仪表, 1997(6): 35-37.

[31] 热合曼·玉山. 高温超导电缆保护与运行状态监测技术研究与应用[D]. 武汉: 华中科技大学, 2022.

[32] 张会明, 丘明, 邓祥力, 等. 基于实时电流采样数据的超导电缆失超检测方法研究[J]. 三峡大学学报(自然科学版), 2020, 42(5): 95-100.

[33] 刘宏伟, 范霄汉, 张慧媛, 等. 低温绝缘的高温超导电缆失超检测研究[J]. 低温与超导, 2014,42(2): 38-42, 94.

[34] 刘少波. 高温超导电缆失超保护研究[D]. 武汉: 华中科技大学, 2013.

[35] 牛艳召. 220kV 高温超导电缆暂态特性及失超检测研究[D]. 武汉: 华北电力大学, 2019.

[36] 王克军. 国外低温温度传感器的研制现状[J]. 低温工程, 2002(5): 49-53, 64.

[37] 孙凤伟, 王颖, 陈鸿彦. 新型低温温度传感器的研制[J]. 低温工程, 2003(6): 1-4, 46.

[38] 张平. 低温温度传感器的辐照效应[J]. 低温与超导, 1997(2): 53-57.

[39] 梅加兵, 刘景全, 江水东, 等. 用于低温环境的铂电阻温度微传感器[J]. 传感器与微系统, 2013, 32(4): 119-120, 124.

[40] 李小换, 邹其利, 张世名. 超低温薄膜压力传感器的研究[J]. 仪表技术与传感器, 2009(s1): 171-174.

[41] 李星, 赵珊珊, 王东方. 20～80K 低温压力传感器校准系统的研制[J]. 低温工程, 2017(4): 62-67.

[42] 宋伟荣, 白红宇, 汪涓涓. 低温流量测量[J]. 低温与超导, 2001(2): 21-25.

[43] 张敏, 王如竹. 超流氦流量测量[J]. 低温工程, 2000(6): 14-18.

[44] 马登奎, 毕延芳, 冯汉升, 等. 浮力式低温液位计的设计原理及运行工况分析[J]. 低温与超导,2009, 37(7): 16-19.

[45] 陈树军, 李文亮, 唐迎春, 等. 电容液位计测量液氮气瓶液位的实验研究[J]. 实验技术与管理, 2019, 36(2): 96-100.

[46] 王际强. 几种低温液体液位的测量方法[J].深冷技术, 2007(4): 37-39.

[47] 王德宽, 王桂平, 张毅, 等. 水电厂计算机监控技术三十年回顾与展望[J]. 水电站机电技

术,2008(3): 1-9+120.
[48] 王德宽, 孙增义, 王桂平, 等. 水电厂自动化技术30年回顾与展望[J]. 中国水利水电科学研究院学报, 2008(4): 308-316.
[49] 鲍芳, 冯燕. 基于 PCI/PXI/VXI 总线的虚拟仪器测试系统[J]. 工业仪表与自动化装置, 2000(3): 17-19.
[50] 孙亚飞, 陈仁文, 周勇, 等. 测试仪器发展概述[J]. 仪器仪表学报, 2003(5): 480-484, 489.
[51] 林建民. 嵌入式操作系统技术发展趋势[J]. 计算机工程, 2001(10): 1-4.
[52] 张利敏, 丁坚勇. 嵌入式技术及其在电力系统中的应用[J]. 继电器, 2002(3): 43-47.
[53] 张晶, 曾宪云. 嵌入式系统概述[J]. 电测与仪表, 2002(4): 42-44, 11.
[54] 陶波, 丁汉, 熊有伦. 基于嵌入式 Internet 的工业控制[J]. 测控技术, 2001(8): 5-9.
[55] 刘桥, 蒋梁中, 谢存禧,等. 集散控制系统与现场总线控制系统[J]. 现代电子技术, 2003(13): 89-93.
[56] 张桢, 牛玉刚. DCS 与现场总线综述[J]. 电气自动化, 2013,35(1): 4-6, 46.
[57] 王立奉. 融入现场总线技术的 DCS 系统[J]. 中国仪器仪表, 1999(2): 5-11.
[58] 王常力. 分布式控制系统的现状与发展[J]. 电气时代, 2004(1): 82-84, 86.
[59] 易传禄. "可编程序控制器及其应用"讲座 第十六讲 网络控制和工业通信系统[J]. 自动化仪表, 1990(1): 40-45.
[60] 刘新华, 王仲东, 黄剑. 基于 MODBUS 协议 PLC 通信的模块化实现[J]. 电气自动化, 2001,23(1): 44-47, 3.
[61] 陈洁. 新技术形势下 PLC 的发展前景[J]. 机械工程与自动化, 2004(4): 84-85, 89.
[62] 王劲松, 孟海斌. 简述 PLC DCS FCS 三大控制系统[J]. 控制工程, 2006(s2): 153-155, 187.
[63] 崔起明, 方明星, 王亮敏, 等. PLC、DCS、FCS 三大控制系统基本特点与差异[J]. 自动化技术与应用, 2013, 32(3): 91-93.
[64] 陈众, 方璐, 李楠. VC 环境下小型工业监控软件的开发[J]. 计算机自动测量与控制, 2000(5): 33-35.
[65] 朱桂凤, 田莺, 田宇. 基于 MSComm 的串口通讯及 PLC 系统监控软件开发[J]. 计算机工程与设计, 2006(6): 1101-1104.
[66] 王光. 基于 C#的监控组态软件开发[D]. 哈尔滨: 哈尔滨工业大学, 2014.
[67] 周海涛. 用 VB6.0 实现三菱 PLC 与微机的通讯[J]. 微计算机信息, 2002(4): 57-58.
[68] 余琼, 任志乾, 孙映竹. 军工产品设计定型"六性"评估工作分析[J]. 电子产品可靠性与环境试验, 2022, 40(2): 40-45.
[69] 戈进飞. 军用电子设备结构设计"六性"分析[J]. 电子机械工程, 2015,31(2): 1-6.
[70] 中国石油和化工勘察设计协会.化工工艺设计施工图内容和深度统一规定: HG 20519—2009[S]. 北京: 中国计划出版社, 2010.
[71] 孙巍峰, 张清枝, 冯广涛, 等. 特高压直流换流站就地控制功能设计[J]. 电力系统保护与

控制, 2008(20): 62-65,77.

[72] 邱军. 电力系统无功电压就地控制研究[D]. 武汉: 华中科技大学, 2005.

[73] 李志平. 断路器操作控制设计相关问题分析[J]. 继电器, 2004(4): 64-66.

[74] 马伯渊, 吕京梅, 张志同. PLC 软冗余系统性能分析[J]. 电力自动化设备, 2009,29(2): 98-101.

第7章　超导电缆系统设计

超导电缆系统设计需要考虑传统的维持电缆运行环境的能力以及保障整个系统运行安全的监控系统设计。

7.1　电缆结构设计

如第 1 章所述，超导电缆一般包括衬芯、导体、绝缘、屏蔽、冷媒、绝热套六个部分，各部分设计除需要考虑额定电压、额定载流量、短路电流等因素外，还需要结合具体工程情况，考虑制冷系统制冷量、液氮压损等。

7.1.1　衬芯设计

超导电缆衬芯主要用于为超导电缆导体层及后续结构提供中心支撑，为电缆施工提供机械拉伸强度，为故障电流提供短时的电流通道，避免超导体过度发热，影响电缆安全。对于采用空心（一般为波纹管）结构衬芯的超导电缆，衬芯还可为液氮流通提供通道。本部分将重点介绍依据系统故障电流等级的超导电缆衬芯设计方法。

故障电流一般远大于额定电流，且衬芯导体截面远大于超导带材截面，设计时一般认定所有故障电流均由衬芯承担，假定故障电流完全通过铜衬芯。另一方面，由于故障电流持续时间很短，一般短于 1s 就会断开，只有发生多级保护设备拒动情况下才会超过 1s，一般最大不超过 5s，所以故障电流产生的热量基本都留在衬芯内部，来不及传导到外部结构，所以设计时认定衬芯与外部各层结构没有热量传递，短路电流产生的焦耳热全部被衬芯所吸收。根据基础物理原理可知

$$Q = I^2 Rt = \frac{I^2 \rho_R Lt}{S} \tag{7-1}$$

$$\Delta\theta = \frac{Q}{mc} = \frac{Q}{\rho_m LSc} = \frac{I^2 \rho_R t}{\rho_m S^2 c} \tag{7-2}$$

$$S = \sqrt{\frac{I^2 \rho_R t}{\Delta\theta \rho_m c}} \tag{7-3}$$

式中 I——故障电流；

R——衬芯电阻；

t——故障电流持续时间；

ρ_R——材料电阻率；

L——衬芯长度；

S——衬芯截面积；

ρ_m——材料密度；

c——导体材料的比热容；

$\Delta\theta$——所产生的温升。

设计时需将故障电流引起的温升限制在对应运行压力下的液氮沸点，以防液氮汽化膨胀，威胁电缆安全。从运行温度到沸点的温度跨度一般为 10～20K，在这个温度跨度内，衬芯导体材料的电阻率和比热系数均有明显的变化，以铜为例，其在不同温度下的电阻率和比热容如图 7-1 和图 7-2 所示，所以需要进行相应的积分计算。

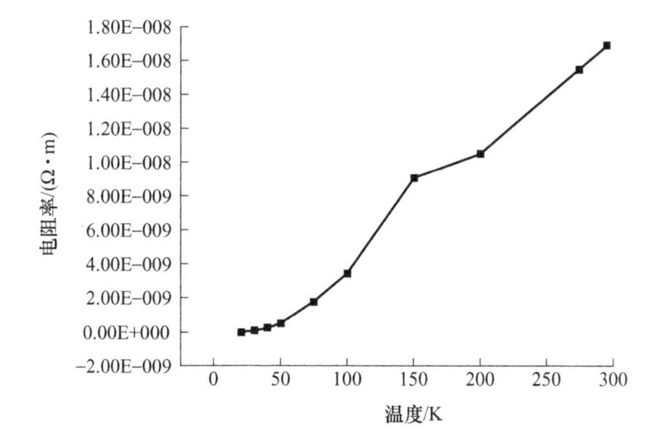

图 7-1 铜电阻率随温度变化曲线

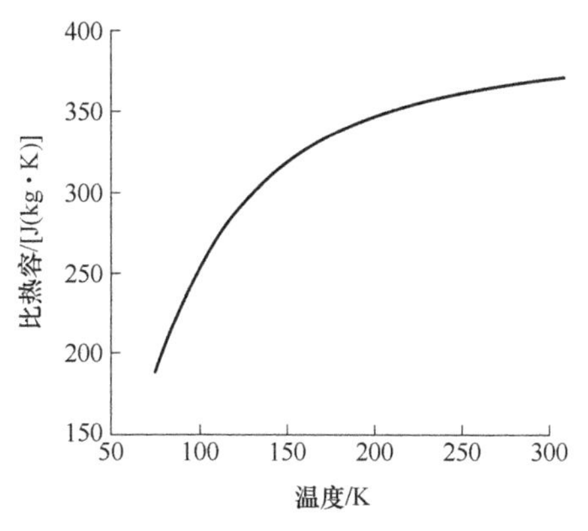

图 7-2 铜的比热容曲线

$$Q=\int_0^t \frac{I^2\rho_R(T)L}{S}\mathrm{d}t=\int_{T_0}^{T}\rho_m SLc(T)\mathrm{d}T \tag{7-4}$$

从图 7-1 和图 7-2 可以看出，电阻率与比热容在液氮温区附件区间比较接近线性函数，且电阻率为下凹曲线，比热容为上凸曲线，所以采用线性关系进行近似计算，结果趋于保守。以起始温度为 75K，故障电流为 25kA 为例进行计算，可以看出近似计算结果与积分计算的截面需求结果差异不大，且趋于保守。

随着温度上升，在电阻率增大的同时，比热系数也在增大。通过有限元仿真，以时间为变量，可以看出不同截面下，衬芯温升与时间接近线性关系，如表 7-1 和图 7-3 所示。

表 7-1　不同计算方法所求得的衬芯截面需求

允许温升/K	平均算法截面/mm^2	积分算法截面/mm^2
10	409.5	386
15	334.3	322
20	289.5	284

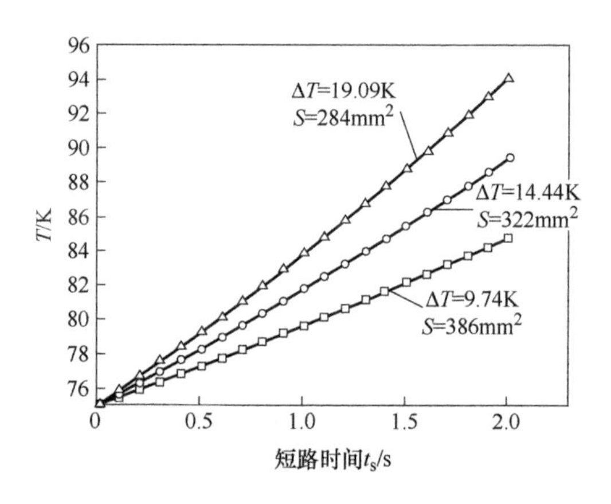

图 7-3　不同铜衬芯截面积下导体温度-短路时间变化曲线

相比于传统电缆，超导电缆允许的故障电流温升很小，而过大截面的衬芯将给电缆带来额外的重量和成本，正常运行时并无实际价值，所以一般建议在超导电缆系统中采用更为可靠的保护系统，确保故障电流能够更快断开，从而减小对衬芯截面的需求。

7.1.2　超导电缆导体与屏蔽设计

超导电缆导体与屏蔽设计首先应根据额定电流参数设计足够的超导带材，一般对于直流超导电缆，由于完全零电阻，所以导体所用带材的总临界电流值有一定的裕度即可确保电缆载流能够达到额定指标，通常建议留 20%裕度。直流超导电缆屏蔽无需通过大电流，可以用常规导体制作。对于单芯结构或三相统包结构交流超导电缆，屏蔽层感应电流与导体电流大小相当。随着交流电流的幅值接近临界电流，交流损耗将迅速增加，为使电缆保持较低的交流损耗水平，保障电缆系统运行安全，建议将电缆临界电流设计为不低于交流电流（有效值）的 2 倍。三相同轴结构交流超导电缆由于三相电流对外磁场相互抵消，三相平衡下屏蔽层无感应电流，因此三相同轴超导电缆也可以采用传统导体作为屏蔽层。

其次对于多层结构的导体和屏蔽，还需要考虑电流分布问题，尤其是交流超导电缆，各层（包括屏蔽层）电流分布主要取决于各导体层以及导体层与屏蔽层之间的电感和互感，必须对各层带材的绕包节距进行精确的设计，才能确保各层导体电流分布合理，否则极有可能因部分导体层失超导致电缆损坏。当然选取合适的节距，以确保电缆弯曲性能也是超导电缆导体和屏蔽设计需要考虑的因素。

7.1.3 超导电缆绝缘设计

综合考虑技术经济性能指标，超导电缆一般选用聚丙烯木纤维复合纸作为绝缘材料。由于电缆主绝缘实际是复合纸与液氮一起组成的复合绝缘，所以在设计电缆绝缘时应避免采用单独复合纸的电气性能参数，而应该选用模拟电缆样品试验所得到的复合绝缘电气性能参数。电缆绝缘厚度设计一般取以下三者的最大值。

1）按工频电压设计绝缘厚度的公式如下：

$$t_{ac} = \frac{U_{max}}{\sqrt{3}} K_1 K_2 K_3 / E_{ac} \tag{7-5}$$

式中 t_{ac}——平均工频击穿场强下的绝缘厚度；

U_{max}——系统最高工作电压；

K_1——工频电压老化系数；

K_2——温度系数；

K_3——裕度系数；

E_{ac}——符合韦伯分布工频击穿电压最低值。

超导电缆工作在 35kV 电压等级下时，U_{max} 取 1.15 倍工作电压，即

$$U_{max} = 1.15 \times 35\text{kV} = 40.25\text{kV} \tag{7-6}$$

$$K_1 = \left(\frac{t_0}{t}\right)^{\frac{1}{n}} \tag{7-7}$$

式中 t_0——电缆设计运行寿命；

t——模拟电缆的测试时间；

n——寿命系数，通过测试模拟电缆击穿的 V-t 特性得到。

$$V^n t = C \tag{7-8}$$

式中，C 为常数。

K_2 一般取 1（液氮温度影响较小），K_3 一般取 1.2。

2）按冲击电压设计绝缘厚度的公式如下:

$$t_{\mathrm{imp}} = U_{\mathrm{BIL}} k_1 k_2 k_3 / E_{\mathrm{imp}} \tag{7-9}$$

式中　U_{BIL}——系统冲击电压水平；

k_1——冲击电压老化系数；

k_2——冲击电压温度系数；

k_3——冲击电压裕度系数；

E_{imp}——符合韦伯分布冲击电压最低值。

按规程规定，当电缆工作在 35kV 电压等级时，U_{BIL} 取 200kV。目前国际上 k_1 一般取 1.1，液氮温度下基本不考虑温度系数影响，k_2 取 1，k_3 取 1.2。

3）局部放电是导致电缆绝缘老化的重要因素，因此绝缘设计时应确保电缆绝缘最大场强（靠近导体处）小于绝缘起始放电场强。

$$\frac{U_0}{r_1 \ln(r_2 / r_1)} < \mathrm{PDIV} \tag{7-10}$$

式中　PDIV——起始局放电场强度；

r_1——导体半径；

r_2——绝缘层的外半径。

7.1.4　超导电缆绝热套设计

电缆绝热套设计首先要考虑液氮循环压损，确保液氮循环处于合理的压力水平，这对大长度电缆工程尤为重要。

液氮循环压损可用达西摩擦公式计算

$$\Delta P = 4f \frac{L}{d} \rho \frac{v^2}{2} \tag{7-11}$$

式中　ΔP——液氮循环压力损失，单位为 Pa；

f——绝热管内的液氮流动摩擦系数，一般通过试验获得；

L——电缆长度，单位为 m；

d——水力直径，单位为 m；

ρ——对应工况下的液氮密度，单位为 $\mathrm{kg/m^3}$；

v——液氮的流速，单位为 m/s。

电缆绝热套设计还需要考虑绝热套的真空寿命，一般通过放置一定量的各型吸附剂来实现，以确保电缆运行周期内真空夹层内的漏气和放气均能被吸附。

当然机械性能也是绝热套设计必须考虑的因素，一方面是绝热套必须能够承受内部液氮的压力和外部的大气压力；另一方面绝热套还需要满足电缆安装敷设过程的拉伸、侧压力等机械性能要求。

7.2 超导电缆附件设计

超导电缆工程中终端与接头的设计首先需要考虑电缆结构、额定电压和电流承载能力，这部分设计已经在第 5 章有详细描述。另外还需要考虑液氮流通接口等基本条件，对于试验线路，建议采用承插结构进行连接，方便多次拆装。对于商业化工程，建议采用焊接方式进行连接，免于维护。

若终端运行于户外环境条件，则需要针对温湿度、盐雾、紫外线等不利条件，设计必要的防护措施。如终端套管可采用技术较为成熟的陶瓷套管或硅胶干式套管。若终端运行于户内环境，则应尽可能采用小型化设计，同时根据传统电缆侧的接口形式进行针对性的设计。终端内腔体需要设有两个安全阀和两个辅助泄放装置，辅助泄放装置一般使用爆破片装置。安全阀的开启压力应不大于整个液氮循环系统的设计压力；辅助泄放装置的动作压力应不大于终端内容器设计压力的 1.16 倍，应保证任何时间安全阀和辅助泄放装置至少各有一个与内容器保持连通。

超导电缆中间接头一般安装于地下工井等环境，在内部电气结构合理设计的基础上，需要考虑接头杜瓦设计以及电缆冷缩的补偿等特有问题。对于具有较大通道环境的超导电缆工程，终端和接头前后的电缆可以采用蛇形敷设形式对超导电缆的冷缩进行补偿，如图 7-4 所示。

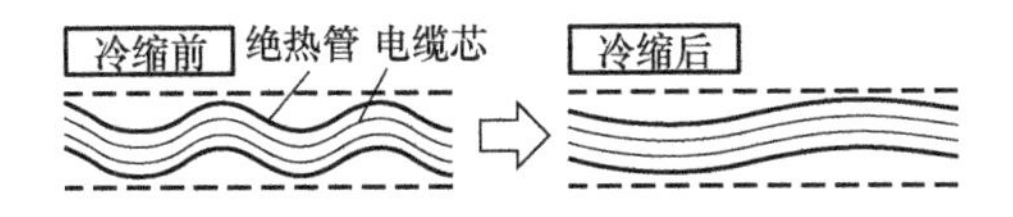

图 7-4　蛇形敷设补偿原理图

对于通道条件较窄的情况，超导电缆终端和超导电缆中间接头必须在前后设有集中的补偿弧。图 7-5 所示为 Ampacity 工程终端所采用的补偿结构，该结构仅适用于电缆终端。

图 7-6 所示为上海徐汇区超导电缆工程的补偿弧结构。工程在电缆终端前与中间接头前后均设有该形式的补偿弧，很好地解决了电缆收缩，尤其是接头间电缆收缩补偿的难题。

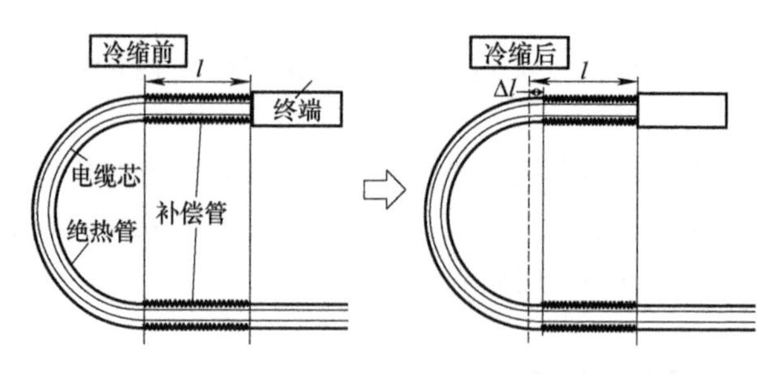

图 7-5 U 形敷设补偿原理图

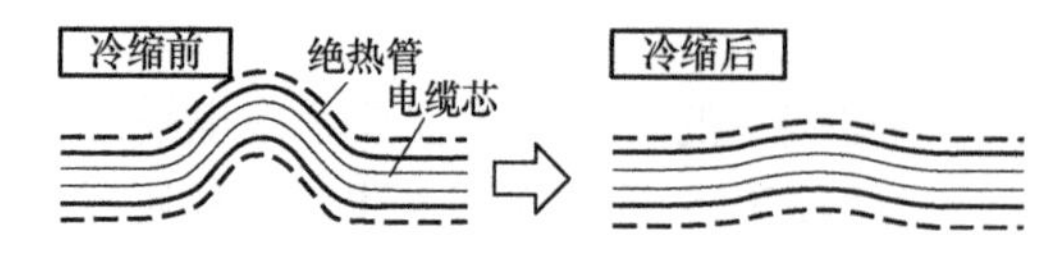

图 7-6 弧形敷设补偿原理图

7.3 低温系统设计

低温制冷系统是高温超导电缆工程不可或缺的组成部分。低温系统主要可分为几个模块：

1）制冷模块：制冷模块以制冷机为核心，为系统提供冷量。

2）循环模块：循环模块以液氮泵为核心，辅以阀门控制系统，控制系统液氮流循环。

3）信号采集模块：信号采集模块以各类传感器为核心，通过监测各核心节点的运行参数，为监控系统提供基础数据。

4）辅助模块：辅助模块包括冷却水系统、气路系统等，用于维持和保障关键设备正常运行。

制冷系统设计以工程参数为输入条件，以制冷机和液氮泵的选型为关键，以各模块合理设计为核心，总体设计流程如图 7-7 所示。

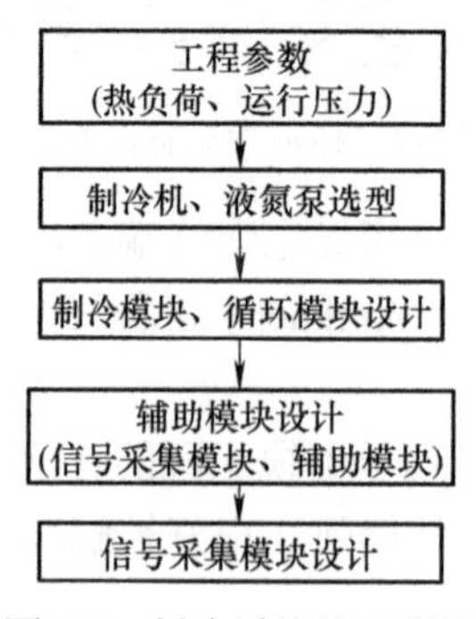

图 7-7 制冷系统设计流程

在明确工程热负荷与运行压力的情况后，首先需要选择合适的制冷机，使其在各种工况下均能满足系统制冷需求，一般工程会设置两套或更多套制冷机，确保单套故障时，其他制冷机可以及时为系统提供冷量。为能够使电缆在全长度范围的温度均维持在电缆的设计运行温区内（一般在 65～77K），液氮循环必须不低于特定的流速，否则末端电缆温度将超过限制，但是随着流速的增大，循环系统压力损失将迅速增大，近似和流量的二次方成正比。过高的压力损失将导致循环起始压力超过系统设计值，或者没有合适的液氮泵可以选择。反之降低流速可以减少压损，但将导致电缆出口温升太高，超出电缆的设计运行温度，甚至超出液氮沸点，使得液氮循环难以进行，工程无法运行。

电缆系统温升与压力损失和流量的关系如图 7-8 所示。图中阴影区域的液氮流速既可满足温升需求，也可满足压力损失需求。这就要求所选择的制冷机在设计的运行温区内能提供足够的冷量，同时液氮泵可以在该压力范围内提供足够的扬程和流量。

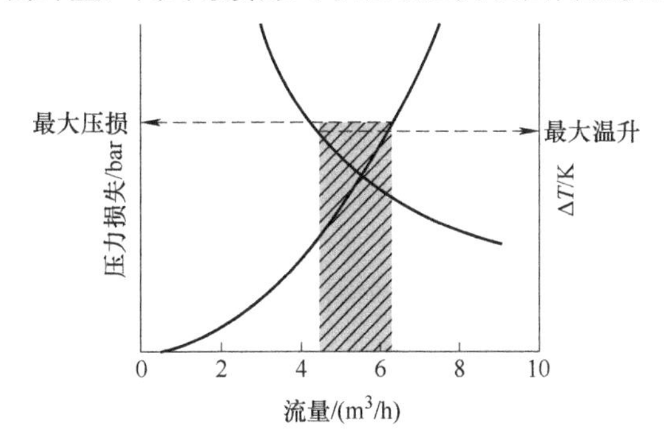

图 7-8 电缆系统温升与压力损失和流量的关系示意图

完成制冷机与液氮泵选型后，需要针对性地设计制冷模块与循环模块，最重要的是确保模块内的运行制冷机与备份制冷机，运行液氮泵与备份液氮泵在故障下可以顺利平滑地切换，确保系统的温度波动在可以接受的范围。循环模块还应该包括循环压力保持的能力，确保系统压力波动可控。

完成制冷与循环模块设计后，需要针对性地进行辅助模块的设计，比如为制冷机提供冷却水的冷水系统设计，为各气动阀门提供气压的气路系统以及由在各关键节点设置的各型传感器组成的信号采集模块。辅助模块各核心部件也需要有合适的冗余设计，用来保障系统的可靠性能。

7.4 监控系统设计

相比于传统电缆系统的静止、单机运行，超导电缆系统存在液氮泵、制冷机、水泵、阀门等多个运动部件，且相互依赖运行，任一部件的失效均可能导致整个系统的失效。因此合理的监控系统的设计对系统的安全稳定运行至关重要。

制冷系统的信号采集模块是监控系统最重要的数据来源，用来判断系统的运行状态。该部分设计的重点一方面是关键传感器的合理选型，另一方面是需要对传感器的布置点与布置方式进行合理化设计，确保关键节点及关键参数可以被准确采集。

制冷系统中的阀门等开关部件，以及设备中模拟/数字量控制单元室控制系统的执行部件的设计重点是可靠的选型与在线可运维可更换。

在数据来源与执行部件之间就是监控系统核心的数字化设备和程序。数字化设备主要由 PLC 以及上位服务器构成，这部分硬件设备设计可以参考成熟的经验，同时设置必要的安全冗余。控制程序的设计主要以智能化为目标，包括智能诊断、智能控制等。监控系统的智能化水平很大程度上决定了监控系统的友好性与超导电缆系统的安全可靠性，必要时，监控系统应具备远程操作功能。

随着人工智能技术的深入发展，在监控系统中应用 AI 技术可提升监控系统智能化水平，可将参数繁多、控制复杂的缺点转变为诊断精细化、故障预警提前化和运维操作智能化的优点。为确保电网安全，监控系统应与电网调度系统保持协调，及时准确地将系统运行状态发送至调度系统，并通过调度系统对超导电缆以及其他电网设备进行操作。

图 7-9 展示了上海徐汇超导电缆工程监控系统与电网调度系统协作的模式。

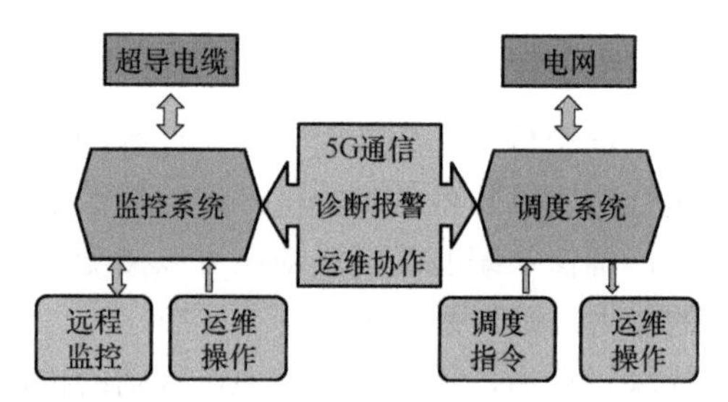

图 7-9　上海徐汇超导电缆工程监控系统与电网调度系统协作的模式示意图

参考文献

[1] 陈国邦. 低温工程材料[M]. 杭州:浙江大学出版社, 1998.

[2] 刘毅刚, 李熙谋. 关于高压 XLPE 电缆的绝缘厚度[J]. 电力设备, 2003, 4(3):41-46.

[3] 王之瑄, 邱捷, 吴招座, 等. 冷绝缘超导电缆绝缘材料测试综述[J]. 低温与超导, 2008, 36(12):14-18.

[4] 龚伟志, 张栋, 洪辉, 等. 冷绝缘超导电缆的结构及技术简介[J]. 低温物理学报, 2012, 34(3): 177-182.

[5] OKUBO H, HIKITA M, GOSHIMA H, et al. High voltage insulation performance of cryogenic liquids for superconducting power apparatus[J]. IEEE transactions on power delivery, 1996, 11(3): 1400-1406.

[6] 张蕴楠. 百米级冷绝缘高温超导电缆制冷系统的设计研究[D]. 上海:东华大学, 2024.

[7] 郑健, 宗曦华, 韩云武. 超导电缆在电网工程中的应用[J]. 低温与超导, 2020, 48(11): 27-31, 50.

第8章　超导电缆系统运行维护

8.1　运维基本概念

平均失效间隔时间（Mean Time Between Failures，MTBF）也称作平均无故障工作时间）[1-3]，定义为连续运行设备、电路或系统两次失效之间的平均时间（最好以小时为单位）。第一次失效后，可能通过修理或重新启动使其重新工作。

平均失效前时间（Mean Time To Failure，MTTF）[1, 2]主要是针对不可修复的系统，定义为多个项目的总运行时间除以总失效次数。取同样的多个元件、部件或系统，在同样条件下运行直到某些失效，总运行时间除以总失效次数便可以以一定的置信度相信其到失效的平均时间。

一般来说，MTBF 主要是针对可修复系统的，而 MTTF 主要针对不可修复的系统。经常使用的 MTBF=1/失效率，以及可用性=MTTF/（MTTF+MTTR）都是在系统失效工作时间与修理时间均服从指数分布的情况下推导出来的[1]。

1. 指数分布

可靠度函数 $R(t)$ 表示产品或系统在时间 t 之前不发生失效的概率。对于指数分布，可靠度函数 $R(t)$ 表达式为

$$R(t)=P(T>t)=\mathrm{e}^{-\lambda t} \tag{8-1}$$

式中　T ——发生故障时间；

$\lambda>0$ ——失效率参数；

$t\geqslant 0$ ——时间。

累积分布函数（Cumulative Distribution Function，CDF）在可靠性工程和寿命数据分析中，用 $F(t)$ 表示产品或系统在时间 t 之前（或恰好在 t 时）发生至少一次失效的概率。由于 $F(t)$ 和 $R(t)$ 是互补的（即一个事件发生的概率加上它不发生的概率等于 1），因此有

$$F(t)=P(T\leqslant t)=1-R(t)=1-\mathrm{e}^{-\lambda t} \tag{8-2}$$

概率密度函数（Probability Density Function, PDF）是失效概率分布的导数，

用 $f(t)$ 表示在连续时间随机过程中，单位时间内发生失效的概率。指数分布是描述简单随机失效过程的一种分布，其失效概率密度函数为

$$f(t)=\frac{\mathrm{d}F(t)}{\mathrm{d}t}=\lambda \mathrm{e}^{-\lambda t} \tag{8-3}$$

用失效概率密度均值来表示 MTTF 得[4]

$$\mathrm{MTTF}=\int_0^{+\infty} tf(t)\mathrm{d}t=\int_0^{+\infty} t(\lambda \mathrm{e}^{-\lambda t})\mathrm{d}t=\frac{1}{\lambda} \tag{8-4}$$

故障率函数 $\lambda(t)$ 是在时刻 t 尚未失效的系统中，在 t 之后单位时间内发生失效的概率，数学定义为

$$\lambda(t)=\lim_{\Delta t\to 0}\frac{P(t\leqslant T<t+\Delta t \mid T\geqslant t)}{\Delta t} \tag{8-5}$$

对于许多系统，故障率可能是时间的函数，表示为

$$\lambda(t)=\frac{f(t)}{R(t)} \tag{8-6}$$

累积故障率 $L(t)$ 也称为不可靠度函数，表示系统在时间 t 之前失效的概率，它可以通过对失效概率密度函数 $f(t)$ 积分得到

$$L(t)=\int_0^t f(\tau)\mathrm{d}\tau \tag{8-7}$$

可靠度函数 $R(t)$ 与故障率 $\lambda(t)$ 的关系可以通过以下公式表达：

$$R(t)=\mathrm{e}^{-\int_0^t \lambda(\tau)\mathrm{d}\tau} \tag{8-8}$$

如果 $\lambda(t)$ 是常数 λ，则

$$R(t)=\mathrm{e}^{-\lambda t} \tag{8-9}$$

2. 威布尔分布

威布尔分布是一种较为广泛的故障率分布形式，其广泛用于机械电子产品的故障率描述。威布尔分布在可靠性工程中被广泛应用，尤其适用于机电类产品的磨损寿命分布形式。装备中的滚动轴承、某些电容器、电动机、发动机、机械液压恒速传动装置、液压泵、齿轮、风电机组部件等都属于威布尔分布类型[15]，其累计分布函数为

$$F(t)=1-\mathrm{e}^{-\left(\frac{t}{\eta}\right)^{\beta}} \tag{8-10}$$

概率密度函数为

$$f(t)=\frac{\beta}{\eta}\left(\frac{t}{\eta}\right)^{\beta-1}\mathrm{e}^{-\left(\frac{t}{\eta}\right)^{\beta}} \tag{8-11}$$

故障率函数为

$$\lambda(t)=\frac{\beta}{\eta}\left(\frac{t}{\eta}\right)^{\beta-1} \tag{8-12}$$

可靠度函数为

$$R(t)=\mathrm{e}^{-\left(\frac{t}{\eta}\right)^{\beta}} \tag{8-13}$$

式中 β——形状参数；

η——生命特征参数（尺度参数）。

参数（m，η）一般要通过对设备历史故障数据的分析，利用数理统计的方法才能得到。当 $m\geqslant 2$ 时，函数单调递增，符合劣化部件失效率特征[15]。

8.2 备用系统可靠性分析

1. 并联系统可靠性

超导电缆系统中的并联系统配置，包含有冗余 PLC、冗余 I/O、冗余通信介子等，这些部件的可靠性分析可参考以下方法：

在一个并联系统中，假设在 $t=0$ 时刻，两个部件同时开始工作。当其中一个部件失效时，立即对它进行修理。如果在它修理的过程中，另一个部件仍在正常工作，则已修复的部件立即转入工作状态；如果在它修理的过程中，另一个部件也失效了，则后失效的部件必须等待修理，此时系统处于失效状态。关于系统失效的模型可见本章参考文献[5]。

S_0：进入 S_0 的时刻为部件 2 开始工作的时刻，此时部件 1 正在工作，状态持续到部件 2 失效的时刻；

S_1：进入 S_1 的时刻为部件 2 开始修理的时刻，此时部件 1 正在工作，状态持续到部件 2 修复的时刻；

S_2：进入 S_2 的时刻为部件 2 开始工作的时刻,此时部件 1 正在修理，状态持续到部件 2 失效的时刻；

S_3：进入 S_3 的时刻为部件 2 失效的时刻，此时部件 1 正在修理，状态持续到部件 1 修复的时刻。

容易看出，进入上述诸状态的时刻都是过程的更新点，可以用图 8-1 和图 8-2 来表示系统随时间的可能进程及过程状态之间的转换关系。

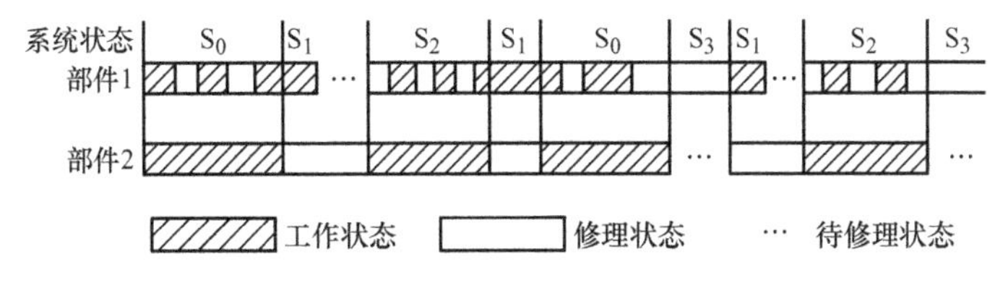

图 8-1　系统可能进程

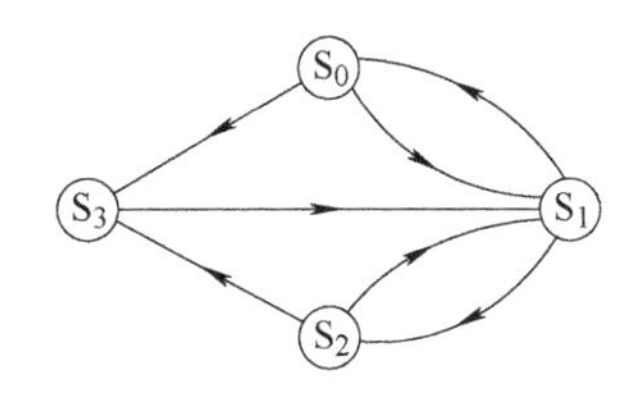

图 8-2　系统状态转换

任意时间区间[0,t]内，两个相同单元并联，存在相关失效时的平均寿命（MTBF）为

$$\mathrm{MTBF}=\int_0^{+\infty}R(t)\,\mathrm{d}t=\int_0^{+\infty}\mathrm{e}^{-2\lambda_1 t}+\frac{2\lambda_1}{\lambda_2-2\lambda_1}\left[\mathrm{e}^{-2\lambda_1 t}-\mathrm{e}^{-\lambda_2 t}\right]\mathrm{d}t=\frac{1}{2\lambda_1}+\frac{1}{\lambda_2}\quad(8\text{-}14)$$

两个单元并联（故障率均为）不考虑相关失效时，平均寿命为$1/(2\lambda)+1/\lambda$；当考虑相关失效时,如果故障率$\lambda_2>\lambda_1$，则由于相关失效使得平均寿命降低，相关失效越严重，平均寿命降低越多；如果故障率$\lambda_2=\lambda_1$（相当于不存在相关失效），则平均寿命与理想并联系统相同[6]。

2. 冷备用系统可靠性

超导电缆的冷备用系统配置包含主备用深冷制冷机（如内布雷顿、斯特林、G-M 等型号制冷机）、主备液氮泵、冗余冷水机、冗余水泵等，其可靠性分析较为复杂，其维护周期与设备本身特征等关系可参考以下结论：

冷备用系统由部件 C_1 和 C_2 组成，两个部件具有相同的退化特征，C_1 表示在线部件，C_2 表示冷备用部件，其中遭受随机失效过程和退化失效过程。冷备用系统最佳预防性维护周期 T^*对参数随机失效小修的效率和随机失效率的变化较敏感，对参数预防性维护效率的变化中等敏感，对其他参数的变化略不敏感。其中，最佳预防性维护周期 T^*随着较大随机失效率的增大而减小，这说明较大随机失效率带来了冷备用系统意外失效风险。一般情况下，为了保障系统可靠性，需要加大预防性维护频率。最佳预防性维护周期 T^*对随机失效小修的效率提高的变化最敏感，说明了随机失效小修的效率提高，较少的预防性维护就能够保障系统安全。对于冷备用系统，预防性维护对系统稳态可用度的影响大于其对系统首次 MTTF 的影响[7]。

3．运行维护策略

在传统的设备维护管理中，普遍采用了事后维护（事故后维修）和定期维护这两种策略，而这些策略在实际应用中往往存在明显的弊端，容易造成维护不足或维护过剩的情况[8]，对设备的运行稳定性及使用寿命造成潜在威胁。为了解决这一问题，实现从被动维护到主动预防的转变成了行业内的迫切需求。

事后维护主要是在设备出现故障后才进行修理，虽然可以在一定程度上解决当前问题，但无法预防类似问题的再次发生。此外，事后维护往往会导致设备停机时间较长，影响生产效率，甚至可能造成更大的经济损失。同时，由于缺乏对设备状态的持续监控，事后维护很难做到及时发现问题，使得维护成本难以控制。

定期维护按照一定的时间间隔对设备进行检查和维修，虽然可以在一定程度上预防设备故障的发生，但往往存在“一刀切”的问题。由于设备的运行状态、使用环境等因素各不相同，所以定期维护很难确保每台设备都得到恰到好处的维护。此外，定期维护还可能导致维护资源的浪费，增加不必要的维护成本。

为了解决这些问题，需要实现从被动维护到主动预防的转变。主动预防的核心思想在于通过对设备状态的实时监测和数据分析，提前预测设备可能出现的故障，并在故障发生前进行干预，以确保设备的稳定运行。这种维护方式不仅可以显著降低设备的维护成本，还能提高设备的运行效率和使用寿命。

在实现主动预防的过程中，可以借助现代科技手段，如物联网、大数据、人工智能等技术，对设备进行实时监控和数据分析。设备健康管理体系的状态维护（Condition-Based Maintenance，CBM）或预防性维护（Predictive Maintenance，PM）是电力系统实现数字化、网络化和智能化的重要基础。故障预测与健康管理（Prognostics and Health Management，PHM）的理念近年来受到很多学者的关注，旨在实现从被动维护到主动预防的转变，这样可以显著降低设备的维护成本，已有研究尝试将 PHM 体系引入电力系统（如风电机组、输变电设备等）的运行维护中，使之成为 CBM 或 PM 的重要环节[8]。

8.3 超导电缆系统维护策略

1．制定检修策略的方法

超导电缆系统作为电力传输的重要部分，参考电网主设备运维策略，主要包括以下几个方面：以可靠性为中心的检修（Reliability-Centered Maintenance，RCM）、基于风险的检修（Risk Based Maintenance，RBM）和基于全寿命周期成本（Life Cycle Cost，LCC）的检修[9]。

RCM 重于考虑设备运维策略对系统可靠性的影响。对于超导电缆系统，由于其在特定低温环境下运行，任何温度的波动或其他环境变化都可能对系统可靠性造成威胁。因此，RCM 检修方法将重点关注如何维持系统的环境稳定性和超导材料的完整性。

RBM 通过对设备运行风险进行量化评估，提供一种设备运维策略的决策依据。在超导电缆系统中，RBM 可以帮助识别那些因故障可能导致重大后果的部件，例如液氮循环系统或电流引线，并确保这些高风险部件得到适当的关注和维护。

基于 LCC 的检修考虑到超导电缆系统可能涉及的高昂建设和维护成本，基于 LCC 的检修策略致力于控制设备运维的总成本。这包括优化检修频率、选择合适的材料和技术以及实施高效的故障诊断技术，以减少不必要的支出和延长系统的整体寿命。

2. 设备风险评估与优先级排序

在进行设备检修时，应首先考虑设备的强制性条件约束，这些通常具有最高优先级。接下来，根据设备的风险评估结果进行排序，确保优先处理位于不可接受风险区域的设备，其次是位于最低合理可行（As Low As Reasonably Practicable，ALARP）区域的设备，最后是可接受风险区域的设备[9]。

超导电缆系统检修策略是一个综合而复杂的过程，它涉及对超导电缆系统中各类设备的细致评估、风险分析以及维修计划的制定。在检修过程中，不同类型的设备根据其重要性和潜在风险被划分为不同的区域，以便更有针对性地实施检修策略。

首先，对于强制性条件约束的设备，如压力容器和安全组件等，它们通常承担着系统的关键功能，并且一旦发生故障可能导致严重后果。因此，对于这些设备，检修策略应侧重于预防和定期维护，确保其始终处于良好的工作状态。同时，对于这类设备的检修应严格遵守相关的安全规范和操作标准，以防止因操作不当而引发事故。

其次，对于不可接受风险区域的设备，如液氮泵、深冷制冷机、控制系统等，它们虽然不像强制性条件约束设备那样关键，但一旦发生故障也可能对系统造成较大影响。因此，对于这些设备，检修策略应更加注重风险控制和快速响应。一方面，应加强对这些设备的日常巡检和定期检查，及时发现并处理潜在的安全隐患；另一方面，应建立完善的应急预案和快速响应机制，以便在设备发生故障时能够迅速采取措施进行修复。

对于最低合理可行区域的设备，如配电系统、备用制冷机等，虽然它们的风险相对较低，但也不能忽视其重要性。在检修策略上，可以侧重于对设备的性能优化和升级，以提高其运行效率和可靠性。同时，也应关注这些设备的维护成本和使用寿命，合理安排检修周期和维修计划。

最后，对于可接受风险区域的设备，如附属辅助系统、配有冗余备件的冷水机、水泵等，它们的故障对系统整体的影响相对较小。因此，在检修策略上，可以更加注重设备的日常保养和预防性维护，以延长其使用寿命并减少故障发生的可能性。

超导电缆系统检修策略应根据设备的不同区域和风险等级进行有针对性地制定和实施。通过加强预防性维护、风险控制和快速响应等方面的措施，可以确保超导电缆系统的安全稳定运行，提高系统的可靠性和效率。

3. 多周期维护策略制定

在对现有超导电缆工程运行情况的深入调研与分析中，作者发现稳定运行超过三年的项目相对较少，其稳定性、可靠性及长期维护管理等方面仍需进一步加强。随着技术的不断进步和产业化进程的推进，人们对超导电缆技术的未来发展持乐观态度。为确保超导电缆技术的产业化顺利推进，有必要将超导电缆的维护周期设定为五年甚至更长的时间。这一举措不仅符合技术发展趋势，也是实际应用需求的体现。在电力系统中，电缆作为关键的输电设备，其稳定运行对保障电力供应的可靠性和安全性至关重要。因此，延长维护周期有助于减少因维护导致的停电时间和次数，提升了电力系统的整体运行效率。

在制定长期维护策略时，应参考电力及常规设备的检修策略方法，并结合超导电缆的特性和实际运行状况，制定出一套科学合理的维护方案。这包括但不限于定期检测电缆的绝缘性能、接头连接状态、冷却系统工作状况等，以及及时发现并处理潜在的安全隐患。为实现超导电缆技术的产业化目标，应制定更加合理的维护周期，并采取相应的检修与维护策略。同时，还应加强对超导电缆在极端环境下的研究力度，以推动其在电力系统中的广泛应用与可持续发展。

传统的预防性维护往往采用周期性检修的方法，其维护周期 T 自始至终是相等的。但在实际操作中，由于预防性维护并不能使设备修复如新，所以随着维护次数以及设备役龄的增加，周期性维护策略不可避免地会使设备的可靠性逐步降低,从而使维护周期中出现的故障次数逐步增加。因此,更符合实际情况的应该是随着役龄的增加，设备需要更频繁的预防性维护，具体的计算方法如下[10-13]:

常用符号中，i 为预防性维护周期数 i=1, 2,⋯, N，其中 N 为最优维护次数。T_i 和 $h_i(t)$ [等同于 $\lambda(t)$]分别表示第 i-1 次与第 i 次预防性维护之间的时间间隔和设备故障率函数；R 为最优的设备可靠性阈值。假定某设备在生命周期中的工作环境及预防性维护过程相对稳定，中间无生产停歇。当设备的可靠性达到某一预先设定的阈值时，将对设备进行预防性维护，预防性维护只能使设备修复至非新状态。在预防性维护周期内出现的设备故障将用小修的方式加以解决，小修只能恢复设备的功能，不能改变设备的故障状态。由于小修所需的时间相对于设备运行时间来说很短，故可忽略不计。设备将在第 N 次预防性维护时被更新，更新可使设备修复如新。根据既定的维护策略，预防性维护是发生在设备的可靠性达到预先设定的阈值 R 时，即设备在进行预防性维护时的可靠性都为 R，由此可得可靠

性方程为

$$\exp\left[-\int_0^{T_1} h_1(t)\mathrm{d}t\right] = \exp\left[-\int_0^{T_2} h_2(t)\mathrm{d}t\right]$$
$$\cdots$$
$$= \exp\left[-\int_0^{T_i} h_i(t)\mathrm{d}t\right] = R \tag{8-15}$$

可改写为

$$\int_0^{T_1} h_1(t)\mathrm{d}t = \int_0^{T_2} h_2(t)\mathrm{d}t = \cdots = \int_0^{T_i} h_i(t)\mathrm{d}t = \ln R \tag{8-16}$$

这说明在每个预防性维护周期中，设备出现故障的概率相等（均为 $-\ln R$），关于可靠性的演化，维护模型的关键在于各预防性维护周期备的故障率分布函数的求解，主要有三种方法：

1）役龄递减因子的概念，即设备在第 i 次预防性维护之后的故障率模型将成为

$$h_{i+1}(t) = h_i(t + \alpha_i T_i), \quad 0 < t < T_{i+1} \tag{8-17}$$

式中，$0 < \alpha_i < 1$ 为役龄递减因子。在此规则下，预防性维护后设备的初始故障率变成 $h_i(\alpha_i T_i)$，而不是零。

2）故障率递增因子的概念，即第 i 次预防维护之后,设备的故障率模型将变成

$$h_{i+1}(t) = b_i h_i(t), \quad 0 < t < T_{i+1} \tag{8-18}$$

式中，$bh_i > 1$ 为故障率递增因子。每次预防性维护都使设备的初始故障率回到零，但同时也增加了故障率函数的变化率。基于调整因子的顺序预防性维护决策取决于设备的故障率状态，因此，该维护方法在工程实践中的可操作性很强，是对修复非新过程的一种通用建模方法。

3）混合式故障率演化模型。从以上对顺序预防性维护模型的描述可知，役龄递减因子模型可推算出设备预防性维护后的初始故障率，故障率递增模型可加快设备的功能衰退速度。而从设备的实际维护过程来看，首先，维护并不是对设备所有部件的彻底修复，特别是对于复杂系统，有些部件可能并没有被检修；其次，随着设备运行时间的增加，设备各部件本身会发生材料疲劳、老化或生锈，而维护本身并不能彻底改变这些情况。这两点都说明维护本身并不能使设备回到初始状态，同时，设备老化等的加剧势必也会加速设备故障的发生。考虑到设备运行的实际情况，综合考虑两种模型的优点，引入役龄回退因子 α 和故障率递增因子 b，用来描述维护后故障率的恢复度和故障率的变化速度，混合式故障率演化模型为

$$h_{i+1}(t)=b_i h_i(t+\alpha_i T_i),\quad t\in(0,T_{i+1}) \tag{8-19}$$

也可描述为设备在第 i 个维护周期内的故障率，即

$$h_i(t)=b_j h\left[t+\sum_{j=1}^{i-1}(1-\alpha_j)T_j\right] \tag{8-20}$$

$0<\alpha_j<1$，其值与维护的效果有关，可依据部件或者系统的维护历史数据统计得到；b_j 为部件的故障率递增因子，$b_j>0$，表征故障率变化的快慢。当 $b_j>1$ 时部件的故障率变化速度快，当 $0<b_j<1$ 时部件的故障率变化速度慢，当 $b_j=1$ 时，部件的故障率变化速度与维护之前的相同，函数图形如图 8-3 所示。

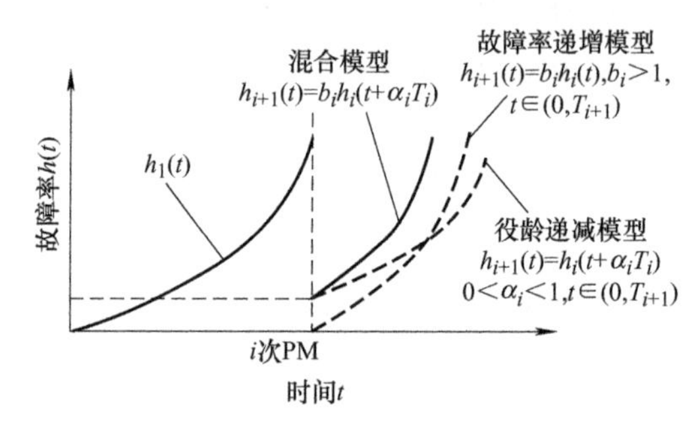

图 8-3　故障率变化规则

4）剩余寿命定义及剩余寿命预测。本章参考文献[14]根据 GJB 451—1990，使用寿命就是从产品制造完成到出现不可修复的故障或不可接受的故障时的寿命单位数,是随机变量，一般用 T 表示。寿命分布函数又称为累积失效函数，也称为累积故障概率,它被用来表示设备的不可靠度,记为 $F(t)$,系统寿命可靠度为 $R(t)$。系统的剩余寿命定义为当前时刻至发生失效这段时间的长度,m 时刻的剩余寿命记为 $T_{\rm m}$，剩余寿命分布记为 $F_{\rm m}(t)$，可靠度记为 $R_{\rm m}(t)$，概率密度函数记为 $f_{\rm m}(t)$，可知

$$T_{\rm m}=\{T-m|\ T>m\} \tag{8-21}$$

$$R_{\rm m}(t)=P(T_{\rm m}>t)=P(T-m>t|T>m)=\frac{R(m+t)}{R(m)},\ t\geqslant 0 \tag{8-22}$$

$$f_{\rm m}(t)=-\frac{{\rm d}R_{\rm m}(t)}{{\rm d}t} \tag{8-23}$$

m 时刻剩余寿命的均值为

$$u(m)=E[T_{\rm m}]=\int_0^\infty R_{\rm m}(t){\rm d}t=\int_0^\infty\frac{R(m+t)}{R(m)}{\rm d}t=\frac{1}{R(m)}\int_m^\infty R(t){\rm d}t\geqslant\int_m^\infty R(t){\rm d}t \tag{8-24}$$

系统的平均寿命就是失效前的平均时间，即 T 的期望值为

$$E[T_0] = \int_0^{\infty} R(t)\mathrm{d}t = \int_0^{m} R(t)\mathrm{d}t + \int_m^{\infty} R(t)\mathrm{d}t \leqslant m + u(m) \tag{8-25}$$

系统在运行过程中，受噪声干扰、检测误差和检测信息完备等因素的影响，难以获取精确的退化状态。同时，由于系统的退化状态分布函数估计困难，很难基于退化状态进行维护维修。而在系统已知寿命分布的条件下，多采用基于设备平均寿命 $E[T_0]$ 的定时维护维修策略，可知这样制定的维修策略容易导致过维修或欠维修。因此，在退化状态分布函数未知，也无法获取系统准确退化状态的情况下，可根据在 t 时刻预测得到的平均剩余寿命 $u(m)$ 动态地调整预防性维护维修时间，制定更为科学的预防性维护维修策略，提高系统的可靠度。此外，与传统维修策略相比，预测代替了周期性的检查，以提高系统的经济性。

8.4　超导电缆系统运维管理

8.4.1　运维制度

1. 总运维计划

应涵盖工程现场全部设备集合，根据每个设备特点，以维持系统安全运行为目标，编排运行维护的清单列表。

1）大型设备，超一年的维护周期，应从投运算起，取 10%以上余量设置维护时间点；

2）中型设备，不超一年维护周期，从投运算起，根据实际运行时间周期进行维护；

3）小型设备、耗材，按季度、月维护周期，应结合巡视任务和周期，同步安排完成维护。

2. 年度运维计划

应根据总运维计划提取当年的运维内容，结合设备前次运维情况安排合理的运维时间节点。运维计划编制完成后，应经过部门审核和质量部审核，确定为年度运维目标，并在年底考察执行情况。应在每年 12 月份底前根据运维协议完成下一年度的运维计划并审核。

年度运维计划下达，根据每年的运维合同、项目、协议生效后，将年度运维计划以任务单的形式下达给运维的负责人。

3. 压力容器管理

应与定期巡视计划有机结合，定制出合理的管理计划，执行定期检测、强制检测、报备、配合上级管理部门检查等工作。强制检测的器件、表头等应建立单

独的工程客户资料档案管理，管理报告文件，送检工作可委托公司综合办公室负责具体执行。

4. 定期巡视

定期巡视是发现意外情况和长演化故障的必要手段，也是配合公司及现场安全制度，以及完成短周期运维工作而安排的周期性巡视工作。巡视频次应不少于两周一次，每次巡视人员不少于 2 人。巡视工作的要求应严格参照现场巡检的要求进行，超出巡视工作的工作内容，应组织专职的维护小组进行抢修及消缺工作。每次巡视后，应安排巡视人员填写巡检表，记录巡视及异常情况，并记录维护维修记录，以备后续维护工作解决问题。

5. 值班制度

值班应通过网络、监控网页、报警 APP 等工具开展。应根据当前工作的难易，每日安排 1 人以上全天、倒班、兼职值班等方式。值班表，由部门负责人或值班组长制定和安排，一般安排工程部人员。春节等长假值班表，值班人员可适当扩大范围，由部门负责人制定和安排。应按照值班手册要求进行监视、异常处理等工作。每日值班结束，应填写超值班表，记录值班情况、报警及异常事件。

6. 紧急抢修及故障消缺

抢修及消缺是指发生紧急、意外情况和故障时，临时组织的抢修小组到现场进行抢修、消缺工作。

超导电缆及制冷系统的抢修小组成员应以资深技术人员为主，在运维消息群中互通消息，分为两个组，一组尽快赶赴现场，一组远程监控系统运行。

抢修方案应以设备特点情况结合技术人员的运维经验为主。

液氮储槽操作、液氮储槽泄漏等均应遵守相关的液氮储槽操作规程及泄露应急预案进行。

7. 超导电缆巡检制度

根据超导电缆及通道特点划分区域，结合状态评价和运行经验确定超导电缆及通道的巡视周期。同时依据超导电缆及通道区段和时间段的变化，及时对巡视周期进行必要的调整。

8. 定期巡视周期

超导电缆及户外终端巡视：投运后第一季度巡视不少于每周一次；竣工后第二季度，每两周巡视一次；投运半年以后，每一个月巡视一次。

超导电缆户外通道巡视：每一周巡视一次，梯度巡视。

超导电缆通道内部巡视：每两个月巡视一次。

超导电缆重载时的巡视周期应在原有巡视周期上增加一次，确保白天一次巡视、夜间一次巡视。

超导冷却泵房液氮储罐补充周期：常规情况，每一个月补充一次，与巡视周期同步；超导冷却泵房液氮储量不应低于 10%。

超导电缆及通道巡视应结合状态评价结果，适当调整巡视周期，并配合上级运行管理单位的加强巡视。

8.4.2 超导电缆本体巡视检查要求及内容

超导电缆巡视应对超导电缆每个接头、终端建档进行巡视。

超导电缆巡视检查的要求及内容按照表 8-1 执行，并按照表 8-2 中规定的缺陷分类及判断依据上报缺陷。

表 8-1　超导电缆巡视检查要求及内容

巡视对象	部件	要求及内容
超导电缆本体	本体	是否变形； 本体温度过低，表面是否存在结霜、结冰现象
	外护套	是否存在破损情况和龟裂现象
附件	超导电缆终端	套管外绝缘是否出现破损、裂纹，是否有明显放电痕迹、异味及异常响声
		瓷套表面不应严重结垢
		套管外绝缘爬距是否满足要求
		超导电缆终端、设备线夹、与导线连接部位是否出现发热或温度异常现象
		固定件是否出现松动、锈蚀、支撑瓷瓶外套开裂、底座倾斜等现象
		超导电缆终端及附近是否有不满足安全距离的异物
		超导电缆终端是否有倾斜现象
		有无放电声响，必要时测量局部放电
		终端绝缘套管下法兰是否有结露、结霜、液氮泄露； 异常结露，注意记录，通知超导电缆运维组； 局部结霜，联系超导电缆运维组赶赴现场评估和处理； 大范围结霜，液氮泄露伴随有液氮白色雾化，立即切换线路，后联系超导电缆运维组赶赴现场维修处理
		终端杜瓦容器是否有表面结露、结霜、液氮泄露； 异常结露，注意记录，通知超导电缆运维组； 局部结霜和大范围结霜，联系超导电缆运维组赶赴现场评估和处理； 液氮泄露伴随有液氮雾化，立即切换线路，后联系超导电缆运维组赶赴现场维修处理
	超导电缆接头	是否浸水
		外部是否有明显损伤及变形
		底座支架是否存在锈蚀和损坏情况，支架应稳固是否存在偏移情况
		是否有铠装或其他防外力破坏的措施
		超导电缆接头杜瓦容器是否有表面结露、结霜、液氮泄露； 异常结露，注意记录，通知超导电缆运维组； 局部结霜和大范围结霜，联系超导电缆运维组赶赴现场评估和处理； 液氮泄露伴随有液氮雾化，立即切换线路，后联系超导电缆运维组赶赴现场维修处理
	在线监测装置	在线监测硬件装置是否完好

（续）

巡视对象	部件	要求及内容
附件	在线监测装置	在线监测装置数据传输是否正常
		在线监测系统运行是否正常
	制冷监控装置	监控装置硬件装置是否完好
		站内监控屏幕是否为运行状态，系统心跳监测结果是否处于运行状态
		监控装置系统自诊断结果是否为正常
		监控装置数据传输是否正常，与远端连线状态是否为在线
	超导电缆冷却泵房和制冷系统	超导电缆冷却泵房外观巡视和防盗
		超导电缆制冷系统运行状态巡视，现场主屏幕系统检测结果是否为正常
		液氮储罐外观巡视，观察是否有液氮泄露并伴随有液氮雾化，如有则远离现场并通知超导电缆运维组处理和修复，或按照《液氮储罐泄漏应急预案》处理
		高阶巡视内容：通信异常、温度异常、压力异常、流量异常、循环水异常、供电异常、设备诊断异常等巡视

表 8-2　超导电缆缺陷分类及判断依据

部件	部位	缺陷描述	判断依据	缺陷分类	对应状态结果
超导电缆本体	超导电缆外护套及法兰	漏冷	有异常露水，结霜范围半径小于 10cm	一般	外表漏冷
			结霜范围半径大于 10cm	严重	
			有液氮泄露，滴液、喷溅，伴有液氮雾化	危急	
电缆终端	设备线夹	发热	温差不超过 15K，未达到重要缺陷要求的	一般	接器红外诊断
			热点温度>90℃或$\delta \geq 80\%$	严重	
			热点温度>130℃或$\delta \geq 95\%$	危急	
		弯曲	设备线夹明显弯曲	严重	其他
	终端套管	外绝缘破损、放电	存有破损、裂纹	严重	终端套管外绝缘
			存在明显放电痕迹，异味和异常响声	危急	
		终端瓷套脏污	瓷套表面轻微积污，盐密和灰密达到最高运行电压下能够耐受盐密和灰密值的 50%以下	一般	终端瓷套脏污情况
		表面灼伤	表面轻微积污，无放电、电弧灼伤痕迹	一般	其他
			表面局部有灼伤黑痕，但无明显放电通道	严重	
			表面有明显的放电通道或边缘有电弧灼伤的痕迹	危急	
		外绝缘爬距不满足要求	外绝缘爬距不满足要求，但采取措施	严重	外绝缘
			外绝缘爬距不满足要求，且未采取措施	危急	
		超导电缆套管本体测温	本体相间超过 2℃但小于 4℃	一般	超导终端套管测温
			本体相间相对温差≥4℃	严重	
		瓷质终端瓷套损伤	瓷套管有细微破损，表面硬伤 $200mm^2$ 以下	一般	瓷质终端瓷套损伤
			瓷套管有较大破损，表面硬伤超过 $200mm^2$	严重	

（续）

部件	部位	缺陷描述	判断依据	缺陷分类	对应状态结果
电缆终端	终端套管	瓷质终端瓷套损伤	瓷套管龟裂损伤	危急	瓷质终端瓷套损伤
		超导终端绝缘套管底部法兰漏冷	结露	一般	终端绝缘套管漏冷
			结霜，面积小于 25cm²	严重	
			结霜，面积大于 25cm²，或液氮泄露伴随液氮雾化	危急	
		超导终端绝缘套管底部低温或有温差	相对温差超过 6℃但小于 10K，或温度低于 5℃但大于 0℃	一般	终端绝缘套管漏冷
			相对温差大于 10℃，或温度低于 0℃	严重	
			相对温差大于 20℃，或温度低于-10℃	危急	
			相对温差超过 6℃但小于 10K，或温度低于 5℃但大于 0℃	一般	
电缆接头	防外破措施	无铠装或无其他防外力破坏的措施	接头无铠装或无其他防外力破坏的措施	严重	其他
	杜瓦容器及法兰漏冷	结露、小范围结霜	结霜面积小于 100cm²，且数量少于 3	一般	超导电缆接头杜瓦容器漏冷
		大范围结霜	结霜面积大于 100cm²，或数量大于 3	严重	
		液氮泄露	液氮泄露，滴液、喷溅，伴有液氮雾化	紧急	
制冷监控装置	监控系统运行状态	站内监控屏幕停止运行、心跳信号停止更新	工控机死机	一般	设备状态
			与主控制器硬件通信故障	严重	
			主控制器死机、冗余系统失效其他事故	紧急	
	配电故障	工业供电失效	双回路供电故障	一般	外部供电
		配电开关故障	过电压保护、漏电保护	严重	配电状态
		备用电源故障	切换开关故障、UPS 故障	严重	备用电源
		供电整体失效	双回路供电故障且备用电源故障，或备用电源起动后超过 2h	紧急	超导电缆强制升温
			配电柜整体失效		
	传感器	传感器故障	非重要节点传感器失效	一般	传感器失效
			控制点传感器失效	严重	控制稳定性
	执行器故障	中间继电器故障	控制点继电器失效、触点失效	严重	控制稳定性
		接触器故障	执行器供电接触器失效、触点失效	严重	控制稳定性
	室外接线盒、控制柜防水失效	结露、微漏	接线盒、控制柜防水圈失效	一般	配电安全
			紧固螺钉松动		
		浸水	接线盒、控制柜内部浸水，外壳破损	严重	

（续）

部件	部位	缺陷描述	判断依据	缺陷分类	对应状态结果
制冷监控装置	控制器程序	调节不精确	控制出现过调、频繁启停、失调	一般	控制逻辑
		控制异常	死锁、控制量超限、异常停机	严重	
制冷系统	管道漏冷	结露、结霜	结霜范围小于10cm²	一般	真空管道状态
		大范围结霜	结霜面积大于100cm²	严重	
		液氮泄露	液氮泄露，滴液、喷溅，伴有液氮雾化	紧急	
	制冷与循环设备故障	制冷与循环设备维护性预警、一般故障	控制器死机、传感器故障、预警信息	一般	制冷与循环设备可用性
		制冷与循环设备性能下降、频繁预警、	维护期到期性能下降、频繁停机报警、电控柜开关老化跳闸、动力线漏电跳闸	严重	
		制冷与循环设备重大故障、损毁、不可恢复故障	电路板老化损毁、关键部件损坏、意外性重大故障	危急	
			温度、压力、流量超过安全限定		
工作井	接头工作井	积水	工作井内存在积水现象，且敷设的超导电缆未采用阻水结构，接头未浸水但其有浸水的趋势；工作井内接头50%以下的体积浸水	一般	接头工作井积水
			工作井内存在积水现象，且敷设的超导电缆未采用阻水结构，工井内接头50%以上的体积浸水	严重	
			工作井内存在积水现象，但敷设超导电缆采用阻水结构，工作井内接头50%以上的体积浸水且浸水时间超过一个巡检周期	危急	

8.4.3 泵房环境维护

1. 制冷在线监控装置运维要点

根据在线监控平台、子站和装置运行情况，运维单位应及时进行软件升级和硬件改造。在线监测装置维护周期为每年一次。应对在线监测设备进行除尘、清理，扫净监控设备显露的尘土，对监控装置的主机、传感器、电磁阀、配电柜、备用电源等部件进行除尘工作。

2. 机房环境

1）检查各连接件状态，确保装置各部分接口连接紧密，触点连接正常。

2）检查机房环境，温湿度是否符合电子器件运行要求。

3）装置防水防潮状况。主要检查装置内部是否存在进水或积水情况，元器件表面是否存在露水情况。

4）室外采集和控制接线盒防水检查，尤其是接线端子是否有露水或浸水。

5）装置心跳状态核查。设备供电系统有无异常，装置心跳数据是否正常。

6）驱动器件检查，更换使用频繁的继电器、接触器等易老化器件。

7）配电柜内电气保护器件检查，过电压、漏电保护等器件检查。

8）备用电源检查，供电切换功能检查，蓄电池维护，更换有缺陷的电池组。

9）结合历史数据分析控制程序，优化控制过程和算法。

8.4.4　缺陷管理

危急缺陷消除时间不得超过 24h，严重缺陷应在 30 天内消除，一般缺陷可结合检修计划尽早消除，且应处于可控状态。

超导电缆及通道带缺陷运行期间，运维单位应加强监视，必要时制定相应的应急措施。

运维单位应定期开展缺陷统计分析工作，及时掌握缺陷消除情况和缺陷产生的原因，采取有针对性相应措施。

制冷系统缺陷消除规定：温度超限、压力超限、流量超限、制冷系统重大故障、严重漏冷管道漏冷、终端杜瓦漏冷、液氮储罐漏冷、接头漏冷缺陷为危急缺陷，消除时间不得超过 24 小时；轻微管道漏冷、终端杜瓦漏冷、液氮储罐漏冷、接头漏冷、制冷系统性能退化、频繁故障报警为严重缺陷，消除时间不得超过 30 天；制冷系统一般性设备故障、故障报警、易损配件更换、设备维护周期到期为一般缺陷，结合检修计划尽早消除，但应处于可控状态。

超导电缆缺陷处置办法：危急缺陷中，制冷系统设备严重设备故障或需要返厂维修的设备，维修时间根据设备故障等级决定，同时热备设备自动投运；系统控制故障导致的温度超限压力超限、流量超限由超导电缆运维组远程调节或现场消除缺陷。严重漏冷缺陷的修复时间根据真空破坏程度，由超导电缆运维组尽快修复。在缺陷消除规定范围内未能完成修复工作的，可切除超导电缆供电，以解除缺陷。

8.4.5　带电检测

带电检测内容及要求如下：

红外测温重点检测超导电缆终端、超导电缆接头、超导电缆分支处及接地线，应无异常温升、温差和/或相对温差。测量和分析方法参考 DL/T 664—2016。

红外测温重点检测超导电缆终端绝缘套管应无异常低温，温差不超过 10K，在排除无极端天气影响下，绝缘套管下法兰温度不应低于 0℃。

8.5 超导电缆应急预案

超导电缆系统结构和运行特性复杂，与常规系统存在较大差异，同时还需要考虑低温制冷等辅机系统的影响与协调配合。为了更好地促进超导输电技术的实用化进程，还需要进一步开展超导电缆系统运行状态参量的检测、在线性能评价技术研究，掌握超导电缆运行参数与运行状态的对应关系，突破超导电缆系统的带电运维技术，实现超导电缆系统与常规电网的协调运行控制，确保超导电缆示范工程建成后的安全稳定运行。

8.5.1 超导电缆故障演化机理

超导电缆故障演化机理如图 8-4 所示。

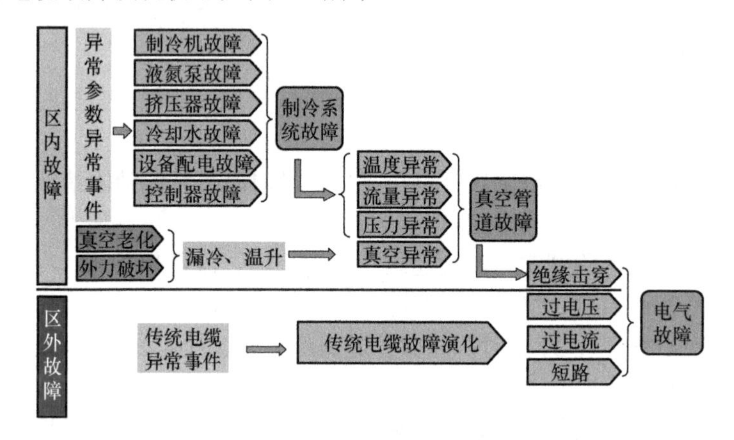

图 8-4 超导电缆故障演化机理

故障分为制冷系统故障、真空管道故障、电气故障三类。

根据历史工程运行经验，超导电缆系统故障主要发生在制冷循环等附属设备，其故障的演化规律为：制冷设备运行异常事件＞一般故障＞严重故障＞超导电缆真空管道故障＞超导电缆电气故障。

故障的演化特点如下：

1）制冷设备运行异常事件的发生，例如温度异常、压力异常等，往往是故障发生的前期征兆；

2）一般故障必然会演化到严重故障，直至超导电缆真空管道故障和电气故障；

3）各个故障阶段的演化时间呈现递减性，即异常事件的持续事件较长，最长可持续几周；一般故障阶段持续最长可持续几天；严重故障阶段可持续 3h 以上；真空管道的严重故障阶段从 10min～2h 不等；电气故障阶段只有数秒钟。

从故障演化的特点来看，超导电缆系统的运维主要工作在于预防和解决制冷设备运行异常事件和一般故障。

此外，超导电缆自身的真空老化和受外力破坏引起的真空管道故障，也是需要预防和维护的工作内容。

对于区外的过电流、过电压等故障，也需要关注和评估超导电缆系统自身的参数，采取对应的维护措施。

8.5.2 超导电缆系统故障应急预案

1. 超导电缆系统故障处置总体策略（见图 8-5）

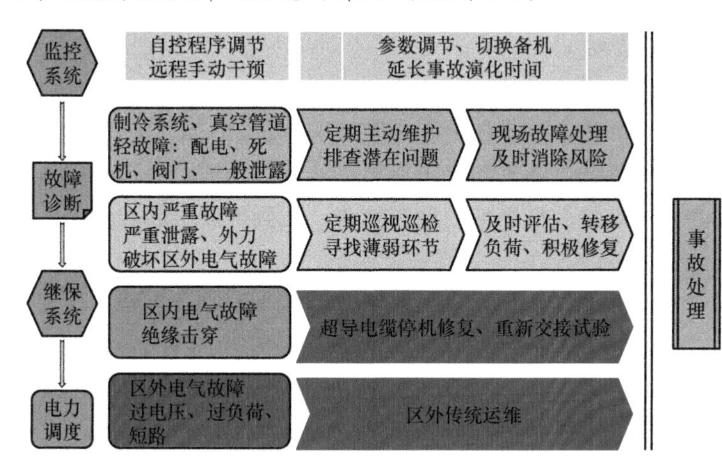

图 8-5 超导电缆系统故障处置总体策略

故障应急预案分为五个层级：

1）监控系统及自控程序调节。可以识别异常事件，及时调节系统运行状态，延长事故演化时间，并及时向运维人员发出报警。

2）制冷系统和真空管道轻故障的应对。针对制冷系统和真空管道等非电气故障，均采取定期巡检维护等主动运维来减少故障发生；一旦发生故障，应及时排除使系统恢复正常。

3）制冷系统和真空管道严重故障的应对：制冷系统的主要设备一般会配有备用设备，发生严重故障切换至备用设备运行后，则应及时排除原有设备的故障；如果发生不可恢复故障，则应及时通报电力调度，转移超导电缆的负荷。

真空管道的严重故障指外力破坏等引起的真空性能彻底失灵或液氮泄漏，除了要及时转移超导电缆负荷，还应做好故障现场管控。

4）区内电气故障绝缘击穿。主要由继电保护系统来保护电网安全，超导电缆系统停机修复。

5）区外的电气故障。除了开展传统的区外运维，区内超导电缆系统也应开展巡视检查，并评估是否要转移负荷。

2. 监控系统及自控程序的运行维护策略

（1）算法升级　充分利用计算机、自动化等技术，不断完善现场控制系统的软件和硬件，根据运行曲线分析和评估其自动控制策略的实际效果，尤其是针对大长度超导电缆的运行，应定期升级自控程序算法。

（2）远程监测值守制度配套　应设置固定值守人员，实行全天的运行数据监测，及时发现系统异常和故障，调节系统运行参数，以及主动切换备用设备等。

（3）报警发布系统　充分利用移动互联网技术，将系统的报警信息及时发布到运维人员的手机端，提升运维和故障处置效率。

3. 主动运维策略

主动运维策略主要是指按超导电缆系统各组件的维护周期，及时开展设备及组件的周期性维护；建立基于器件损耗程度，即运行时间、运行次数的运行档案，及时在维护周期内进行设备维护、更换易损件、添加或更换运行工质等；结合软件分析组成的专家系统分析系统的运行趋势，找到可能引起故障的其他因素，提前消除故障发生。

通过监控系统的运行数据分析，针对控制设备、制冷设备、真空设备、压力设备的特性，形成设备维护保养的管理机制，建立基于时间、基于负荷、基于状态的维护养护维护机制。

4. 一般故障处置与应急预案（见图 8-6）

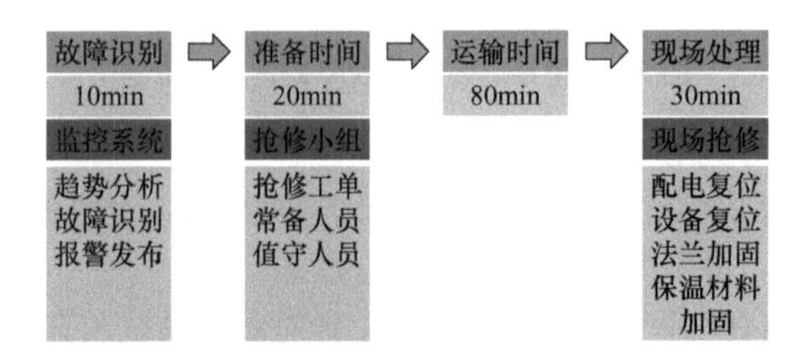

图 8-6　一般故障处置与应急预案

一般故障种类有配电开关跳闸、非关键管路阀门故障、非关键管路泄漏、单机控制器死机等。故障一般由监控系统自动识别，也会由运行人员诊断发现，目前可以做到 10min 以内发现问题。

1）准备阶段：不超过 20min，主要指抢修小组准备，任务安排，指定值守人员做好远程调控。

2）运输阶段：抢修小组赶赴现场的时间，根据大城市超导电缆应用场景的特点，该时段一般不超过 80min。

3）现场处理：有针对性地处理特定故障，处置流程较为固定，一般可在 30min 处理完毕。

配电开关跳闸无法通过监控系统恢复，由于意外因素跳闸，手动合闸即可。非关键管路阀门故障指附属设备供气、供水、排气等阀门故障，采用现场更换或紧固等方式处理。非关键管路轻微泄露，通常发生在液氮补液管道的密封圈破损、法兰松动，采用现场更换或紧固的方式处理。单机控制器死机时，直接重启上电即可。

8.5.3　制冷系统和真空管道的严重故障处置

1. 制冷系统主要设备故障，有备份

通过监控系统或远程操作切换至备用机，观察运行效果，确定无异常。

故障机维修，维修周期根据设备故障情况而定，应由原厂维修，或在原厂之技术指导下自行维修，更换磨损件等。

设备维修完毕后，上电试运行，若正常，则可作为新的备用机等待切入系统。

2. 制冷系统主要设备故障，无备份

主要指液氮循环管道阀门故障、制冷机全部故障、液氮泵全部故障等无备用机且故障的情况，通过监控系统及远程监控等手段获取，应及时通知电力调度切换超导电缆负荷，无法保持压力的情况下还应将超导电缆从电网切除，避免绝缘击穿。

同时应赶赴现场，修复故障设备，应由原厂维修，或在原厂的技术指导下自行维修，更换磨损件等。

无法保持运行压力的情况下，应在电网切除超导电缆后打开超导电缆泄压阀，避免安全阀起动，同时利用电缆内部利用液氮蒸发形成内部正压，避免水汽进入。

长期停运情况下，应做好设备防护，观察电缆系统内部压力、温度情况，及时封堵，避免外界杂质浸入。

3. 超导电缆真空管道自身真空性能老化

在条件允许的情况下，对于一般的真空性能退化，可开展带电真空处理，一般要持续三周以上时间。

突发性真空退化会引起超导电缆漏热量增加，可由监控系统对异常升温来发现，对于超过温度安全阈值的情况，应及时转移超导电缆负荷。

现场处理应分析评估真空性能，开展现场修复工作和真空处理工作，一般要处理四周以上。

无法修复的真空管道，修复时间根据实际进度而定。

4. 外力破坏真空管道和液氮泄漏

一般由监控系统的发现温度、压力超出安全阈值发布严重故障报警，应及时通知电力调度将超导电缆从电网切除，或直接触发继电保护的保护动作，及时赶赴现场评估受损情况和故障处理。

外力破坏真空层时，应根据受损部位和周边环境评估真空层受损程度，开展修复工作，或更换真空管道，修复时间根据实际进度而定。

外力破坏引起液氮泄漏，破损处会有大量液氮喷溅并气化，应在现场设置隔离区，并打开超导电缆泄压阀，控制受损区域的液氮喷溅，当压力恢复正常后，开展相关的修复工作或更换电缆，修复时间根据实际进度而定。

5. 外力破坏引起电缆本体绝缘击穿

由继电保护系统切除超导电缆，避免事故扩大。按前一条液氮泄漏的处置办法，保护现场。

有引起外部人员伤亡、设备损坏的情况，应交专业的救援单位处理，开展配合工作，管控现场。

6. 老化或外力引起液氮储罐破损

定期维护措施到位和产品寿命周期内使用，液氮储罐不会因老化而破损。

仅为液氮喷溅时，应设置隔离带，防止低温冻伤和窒息，待液氮排出后自然回温至常温后，交由原厂修复，或更换储罐。有条件的可更换临时储罐给超导电缆补充液氮，若无条件补充液氮，则应在合适时间内将超导电缆从电网切除。

若液氮储罐发生爆破事故，则应立即上报灾难救援单位开展救援，做好现场管控工作。

7. 区内绝缘击穿等电气故障处置办法

一般由继电保护系统和电力调度发现故障，通知区内超导电缆系统运维人员赶赴现场处置。

绝缘击穿会引起超导电缆系统多处安全阀门起动，待压力稳定后，打开超导电缆泄压阀，使超导电缆缓慢恢复常压，自然回温。

开展故障定位措施，结合运行数据分析估算，查找击穿点。更换击穿点所在的整段电缆，或在技术允许的条件下开展现场修复工作。修复完成，开展交接试验通过后，重新上电。

8. 区外过电压、过负荷、短路等电气故障处置办法

一般由继电保护系统和电力调度发现区外电气故障，组织区外消缺工作，并通知区内超导电缆系统运维人员检查和评估系统状态。

过电压故障在设计指标内，不会引起超导电缆系统异常，检查主要参数无异常后，可继续运行。

过负荷、短路故障会引起超导温度升高，根据传输的电能和温度升高来评估超导电缆的状态，如超过了正常运行工况，则应及时转移负荷。

过电压、短路故障发生后，应及时安排现场巡视，排查超导电缆潜在风险。

8.5.4 一般故障应急预案验证

超导电缆制冷系统严重故障、真空管路故障、电气故障，其修复周期较长，

发生概率较低，也不具备开展验证的条件。同时，此类故障发生后，通常会及时切换备用设备，直接转移或切换负荷，不会进一步演化至运行事故。

占超导电缆系统故障率较高的一般故障，如果处理不及时，则会向严重故障及运行事故的方向演化，是超导电缆系统运维策略中的重要关注对象，对其开展验证更具有实际意义。此外，通过一般故障应急处置的验证，还可培养运维人员的业务水平，形成固定的应急处置办法，为后续更多的超导应用提供支持。

（1）故障识别验证　将故障识别算法，交由第三方软件测评机构进行测评，评测故障识别的时效性，作为故障应急预案验证的依据。

（2）故障处置验证

1）故障报警模拟。由监控系统的报警模块模拟故障报警，记录报警时间。

2）组织演习人员赶赴现场。

3）通过工作群、OA 系统等，通报故障发生，组织演习人员赶赴现场，记录相关消息。

4）安排演习人员，距离演习现场距离应大于 20km。

5）现场排查故障。按一般故障应急预案进行现场处置，视频记录具体处置过程，同时开展多个其他故障的处置，一并记录。

6）确定故障类型，如配电故障、（备用）制冷机控制器死机、（液氮储罐备用）阀门漏冷等。

7）故障恢复。通报故障修复情况，系统报警消除，故障演习完毕。

（3）验证通过条件　所有故障应在 3h 及更短时间内发现和排除完毕。

8.5.5　小结

将常规电缆的传统故障处置和超导电缆系统特有的故障应对措施相结合，涵盖了超导电缆制冷系统故障、真空管路故障、电气故障三大类故障的应急处理办法，为超导电缆系统挂网运行提供全面保障。提出了超导电缆系统一般故障应急预案的验证方法，为指导超导电缆系统运维工作提供依据。

参考文献

[1] 闵应骅. 关于 fault 与 failure, MTBF 与 MTTF 的译名[J]. 科技术语研究, 2002, 4(1): 9-10.

[2] 雷慰宗, 顾唯明. 失效与故障、平均失效间隔时间与失效前时间的关系与区别浅谈[J]. 科技术语研究, 2002, 4(1): 16-17.

[3] 陈鹏. 平均无故障时间(MTBF)的概述与应用[J]. 电子产品可靠性与环境试验, 2012, 30(z1): 272-276.

[4] 马仲能, 钟立华, 卢错, 等. 基于电力设备全寿命周期成本最优的检修策略研究[J]. 电力系

统保护与控制, 2011, 39(16): 34-39.

[5] 程侃, 曹晋华. 两部件并行系统的可靠性分析[J]. 应用数学学报, 1978(4): 341-352.

[6] 金星, 文明, 李俊美. 寿命服从指数分布产品相关失效解析分析[J]. 装备指挥技术学院学报, 2002, 13(4): 37-39.

[7] 綦法群, 周宏明, 庞继红, 等. 基于半马尔可夫过程的冷备系统维护策略优化[J]. 中国机械工程, 2020, 31(3): 336-343.

[8] 李刚, 齐莹, 李银强, 等. 风力发电机组故障诊断与状态预测的研究进展[J]. 电力系统自动化, 2021, 45(4): 180-191.

[9] 黄炜昭, 皇甫学真, 陈建福, 等. 电网主设备运行维护策略辅助决策方法[J]. 电力系统自动化, 2013, 37(10): 119-123, 128.

[10] 周晓军, 奚立峰, 李杰. 一种基于可靠性的设备顺序预防性维护模型[J]. 上海交通大学学报, 2005, 39(12): 2044-2047.

[11] 奚立峰, 周晓军, 李杰. 有限区间内设备顺序预防性维护策略研究[J]. 计算机集成制造系统, 2005, 11(10): 1465-1468.

[12] 周晓军, 沈炜冰, 奚立峰, 等. 一种考虑修复非新的多设备串行系统机会维护动态决策模型[J]. 上海交通大学学报, 2007, 41(5): 769-773.

[13] 廖雯竹, 潘尔顺, 奚立峰. 基于设备可靠性的动态预防维护策略[J]. 上海交通大学学报, 2009, 43(8): 1332-1336.

[14] 石慧, 曾建潮. 基于寿命预测的预防性维护维修策略[J]. 计算机集成制造系统, 2014, 20(5): 1133-1140.

[15] 刘璐洁, 符杨, 马世伟, 等. 基于可靠性和维修优先级的海上风电机组预防性维护策略优化[J]. 中国电机工程学报, 2016, 36(21): 5732-5740, 6015.